高等学校建筑环境与能源应用工程专业规划教材

建筑安装工程经济与管理

马　立　主编
高理福　参编

中国建筑工业出版社

图书在版编目（CIP）数据

建筑安装工程经济与管理/马立主编. —北京：中国建筑工业出版社，2018.4
高等学校建筑环境与能源应用工程专业规划教材
ISBN 978-7-112-21820-2

Ⅰ.①建… Ⅱ.①马… Ⅲ.①建筑安装-工程经济-经济管理-高等学校-教材 Ⅳ.①TU758

中国版本图书馆 CIP 数据核字(2018)第 030408 号

本书以理论与实践相结合的方式，系统地介绍了建筑安装工程技术经济与管理的基础知识。本书主要内容包括：概论，建筑安装工程计价，工程项目经济学基础知识，工程项目可行性研究，工程项目经济评价方法，工程项目财务评价、费用效果与效益分析，工程项目风险与不确定性分析，价值工程，工程项目招投标与合同管理，建筑安装工程施工组织与管理，建筑安装企业管理等。本书内容广泛，具有较高的实用性。

本书可作为高等学校建筑环境与能源应用工程专业、建筑与土木工程专业的教材，也可作为相关专业及有关工程技术人员的参考用书。

* * *

责任编辑：张文胜 杜 洁
责任校对：王雪竹

高等学校建筑环境与能源应用工程专业规划教材
建筑安装工程经济与管理
马 立 主编
高理福 参编
*
中国建筑工业出版社出版、发行（北京海淀三里河路 9 号）
各地新华书店、建筑书店经销
霸州市顺浩图文科技发展有限公司制版
北京圣夫亚美印刷有限公司印刷
*
开本：787×1092 毫米 1/16 印张：16½ 字数：395 千字
2018 年 4 月第一版 2018 年 4 月第一次印刷
定价：**40.00** 元
ISBN 978-7-112-21820-2
（31662）

前　言

在经济渗透社会每个角落，关系到每一个人的时代，不学习经济学就将成为现代社会的“新文盲”，每个人的一生都永远无法回避无情的经济学原理。迅猛发展的工程与技术领域对复合型人才提出了强烈的需求，近代由于教育理念的片面性，导致多数工科毕业生缺乏必要的经济和管理知识，只是简单技术性工程师，很难适应现代工程及管理工作，暴露出我国工程教育与新兴产业和新经济发展有所脱节的短板。根据美国工业工程学会的调查，发现70%的工程师在40岁之后都要承担工程管理的工作。特别是现代社会，大力发展全民创新、创业，人人都可能成为企业管理者，由此，工科学生学习一些基础的工程经济学知识和工程管理学知识是必要而且非常有用的。

“建筑安装工程经济与管理”是一门实用性较强的专业课。本课程的任务是在学习完各专业课程和“建筑设备施工技术”课程的基础上，通过本课程的教学，使学生了解工程经济与管理方面的基本概念和理论方法，了解基本建设概况，学习安装工程定额的基本知识，掌握安装工程概预算编制方法、招标投标程序及方法、合同订立及管理、施工组织设计、项目控制与协调等实用技术，培养社会实践与工程实践能力，为从事工程建设和管理工作奠定基础。

本书共有10章内容，分建筑安装工程经济与管理两部分。在前7章主要是工程经济方面的基础知识，后3章简单介绍了工程管理方面的知识。在教学过程中，除了课堂上讲授工程经济与管理方面的基本内容外，还可结合课程设计课题内容，进行工程量、直接费、工程造价的计算，编制施工图预算，对工程设计方案进行技术经济比较；对工程管理方面的知识，还可结合认识实习或生产实习的任务要求，现场参观学习安装企业的生产经营与管理的经验；在施工现场，对施工组织、工程项目管理等进行积极参与，理论联系实际，从而获得更好的教学效果。

工程经济与工程管理是两门内容丰富的学科，工程经济与管理这门课程不可能求全，仅仅涉及一些基本的概念与原理，目的是学习基本的工程经济与工程管理基本知识，培养以科学定量的方法探讨工程建设过程中的人力、财力、物力和时间的合理运用，以谋求企业乃至建筑行业的最佳经济效益的基本素养，以适应现代社会对工程人才的需求。

本书绪论、第2～8章由西南科技大学马立教授编写，第1章、第9～10章由西南科技大学高理福副教授编写。感谢刘钦、吴王良、罗成乔、李祖豪、王柠、宋雨琳等同学为本书做的工作。本书的出版得到了中国建筑工业出版社的大力支持和帮助，在此表示衷心的感谢。

由于编者的水平有限，书中不妥与错误之处在所难免，敬请读者和专家批评指正。

目　　录

概　　论

工程建设是指为了国民经济各部门的发展和人民物质文化生活水平的提高而进行的有组织、有目的的投资兴建固定资产的经济活动，即建造、购置和安装固定资产的活动以及与之相联系的其他工作。一般来说，工程建设由民用建筑和工业工程两部分组成。工程建设要求采用经济和管理科学方法实施，可保证最大限度地节约资源，满足人们的需要。

1. 工程经济与管理基本概念

工程：工程是科学和数学的某种应用，通过这一应用，使自然界的物质和能源的特性能够通过各种结构、机器、产品、系统和过程，以最短的时间和精而少的人力做出高效、可靠且对人类有用的东西。

在现代社会中，工程一般是指将自然科学的原理应用于工农业生产而形成的各学科的总称。这些学科是应用数学、物理学、化学等基础科学的原理，结合在生产实践中所积累的技术经验而发展出来的，如化学工程、冶金工程、机电工程、土木工程、水利工程、交通工程、纺织工程、食品工程等。主要内容有生产工艺的设计与制订；生产设备的设计与制造、检测原理、原材料的研究与选择；土木工程的勘测设计与施工设计；土木工程的施工建设等。此外，在习惯上人们将某个具体的工程项目简称为工程，如建设项目的三峡水电工程、青藏铁路工程、北京奥运会场馆建设工程、大型炼油厂工程、核电站工程、高速公路建设工程、城市自来水厂或污水处理厂工程、企业的技术改造及改扩建工程等，还有生产经营活动中的新产品开发项目、新药物研究项目、软件开发项目、新工艺及设备的研发项目等都具有工程的涵义。工程经济学中的工程既包括工程技术方案、技术措施，也包括工程项目。上述的所有工程都有一个共同的特点，即它是人类利用自然和改造自然的手段，也是人们创造巨大物质财富的方法与途径，其根本目的是为全人类更好的生活服务。

建筑工程：建筑工程是指为新建、改建或扩建房屋建筑物和附属构筑物设施所进行的规划、勘察、设计和施工、竣工等各项技术工作和完成的工程实体以及与其配套的线路、管道、设备的安装工程。

安装工程：安装工程是指各种设备、装置的安装工程。通常包括电气、暖通空调、给排水以及设备安装等工作内容。工业设备及管道、电缆、照明线路等往往也涵盖在安装工程的范围内。

经济：经济是价值的创造、转化与实现。经济的概念有四个方面的涵义：一是社会生产关系，指人类社会发展到一定阶段的社会经济制度，它是社会生产关系的总和，是政治和思想等上层建筑赖以存在的基础。二是指国民经济的总称，如一国的社会产业部门的总称。三是指人类的经济活动，即对物质资料的生产、交换、分配和消费活动。四是指节约或节省，即人们在日常工作与生活中的节约，既包括了对社会资源的合理利用与节省，也包括了个人家庭生活开支的节约。

工程经济学：工程经济学是工程与经济的交叉学科，是研究工程技术实践活动经济效果的学科。即以工程项目为主体，以技术—经济系统为核心，研究如何有效利用资源，提高经济效益的学科。工程经济学研究各种工程技术方案的经济效益，研究各种技术在使用过程中如何以最小的投入获得预期产出或者说如何以等量的投入获得最大产出，以及如何用最低的寿命周期成本实现产品、作业以及服务的必要功能。

工程经济学主要应用了经济学中节约的涵义。工程经济学是对工程技术问题进行经济分析的系统理论与方法。工程经济学是在资源有限的条件下，运用工程经济学分析方法，对工程技术（项目）各种可行方案进行分析比较，选择并确定最佳方案的科学。它的核心任务是对工程项目技术方案的经济决策。

工程经济学是工程技术与经济核算相结合的边缘交叉学科，是自然科学、社会科学密切交融的综合科学，一门与生产建设、经济发展有着直接联系的应用性学科。其分析方法主要包括：

（1）理论联系实际的方法。

（2）定量分析与定性分析相结合。

（3）系统分析和平衡分析的方法。

（4）静态评价与动态评价相结合。

（5）统计预测与不确定分析方法。

工程管理：工程管理是对一个工程从概念设想到正式运营的全过程进行管理。其具体工作包括：投资机会研究、初步可行性研究、最终可行性研究、勘察设计、招标、采购、施工、试运行等。

工程经济与工程管理是两门内容丰富的学科，工程经济与管理这门课程不可能求全，仅仅涉及一些基本的概念与原理，目的是学习工程经济与工程管理基本知识，培养以科学定量的方法探讨工程建设过程中的人力、财力、物力和时间的合理运用，以谋求企业乃至建筑行业的最佳经济效益的基本素养，以适应现代社会对工程人才的需求。

2. 基本建设

基本建设是指建设单位利用国家预算拨款、国内外贷款、自筹基金以及其他专项资金进行投资，以扩大生产能力、改善工作和生活条件为主要目的的新建、扩建、改建等建设经济活动。如：工厂、矿山、铁路、公路、桥梁、港口、机场、农田、水利、商店、住宅、办公用房、学校、医院、市政基础设施、园林绿化、通信等建造性工程。基本建设是形成固定资产的生产活动，也是把投资转化为固定资产的经济活动。

基本建设的类型主要包括：

（1）按建设的性质分为新建项目、扩建项目、改建项目、迁建项目和恢复项目。新建项目是从无到有、“平地起家”的建设项目；扩建和改建项目是在原有企业、事业、行政单位的基础上，扩大产品的生产能力或增加新的产品生产能力，以及对原有设备和工程进行全面技术改造的项目；迁建项目是原有企业、事业单位，由于各种原因，经有关部门批准搬迁到另地建设的项目；恢复项目是指对由于自然、战争或其他人为灾害等原因而遭到毁坏的固定资产进行重建的项目。

（2）按建设的经济用途分为生产性基本建设和非生产性基本建设。生产性基本建设是用于物质生产和直接为物质生产服务的项目的建设，包括工业建设、建筑业和地质资源勘探事业建设和农林水利建设；非生产性基本建设是用于人民物质和文化生活项目的建设，包括住宅、学校、医院、托儿所、影剧院以及国家行政机关和金融保险业的建设等。

（3）投资额构成分类：建筑安装工程投资、设备工具投资和其他基本建设投资。

（4）按建设规模分类：按建设规模和总投资的大小，可分为大型、中型、小型建设项目。

（5）按建设阶段分类：预备项目、筹建项目、施工项目、建成投资项目、收尾项目。

（6）按行业性质和特点划分：竞争性项目、基础性项目、公益性项目等。

固定资产是指在其有效使用期内重复使用而不改变其实物形态的主要劳动资料，它是人们生产和活动的必要物质条件，是一个物质资料生产的动态过程，这个过程概括起来就是将一定的物资、材料、机器设备通过购置、建造和安装等活动转化为固定资产，形成新的生产能力或使用效益的建设工作。

基本建设程序是人们在长期进行基本建设经济活动中，对基本建设客观规律所作的科学总结，是对基本建设项目从酝酿、规划到建成投产所经历的整个过程中的各项工作开展先后顺序的规定。它反映工程建设各个阶段之间的内在联系，是从事建设工作的各有关部门和人员都必须遵守的原则。基本建设程序是建设项目从筹划建设到建成投产必须遵循的工作环节及其先后顺序，因而，从事任何一项基本建设活动，都必须遵循这些规律，即严格按照程序办事。

一项工程从计划建设到建成投产要经过许多阶段和环节，有其客观规律性，这种规律性与基本建设自身所具有的技术经济特点有着密切的关系。首先，基本建设工程具有特定的用途。任何工程，不论建设规模大小，工程结构繁简，都要切实符合既定的目的和需要。其次，基本建设工程的位置是固定的。在哪里建设，就在哪里形成生产能力，也就始终在哪里从物质技术条件方面对生产发挥作用。因此，工程建设受资源和工程地质、水文地质等自然条件的严格制约。基本建设的这些技术经济特点，决定了任何项目的建设过程一般都要经过计划决策、勘察设计、组织施工、验收投产等阶段，每个阶段又包含着许多环节。这些阶段和环节有其不同的工作步骤和内容，它们按照自身固有的规律有机地联系在一起，并按客观要求的先后顺序进行。前一个阶段的工作是进行后一个阶段工作的依据，没有完成前一个阶段的工作，就不能进行后一个阶段的工作。工程项目建设客观过程的规律性，构成基本建设的科学程序和客观内容。

在我国，按照基本建设的技术经济特点及其规律性，基本建设程序主要包括八项步骤，步骤的顺序不能任意颠倒，但可以合理交叉。

（1）编制项目建议书。对建设项目的必要性和可行性进行初步研究，提出拟建项目的轮廓设想。

（2）开展可行性研究和编制设计任务书。具体论证和评价项目在技术和经济上是否可行，并对不同方案进行分析比较。可行性研究报告作为设计任务书（也称计划任务书）的附件。设计任务书对是否上这个项目，采取什么方案，选择什么建设地点，做出决策。

建设项目的可行性研究是依据国民经济的发展计划，对建设项目的投资建设，从技术和经济两个方面，进行系统、科学、综合性的研究、分析、论证，以判断它是否可行，即在技术上是否可靠，经济上是否合理。

建设项目的可行性研究是计划任务书编制的基础，其内容主要包括：

1）建设项目的背景、必要性和依据；

2）建设项目的国内外市场需求预测分析；

3）拟建项目的规模、产品方案、工艺技术和设备选择的技术经济比较和分析；

4）资源、能源动力、交通运输、环境等状况分析；

5）建设条件和地址方案的比较和选择；

6）企业组织、劳动定员和人员培训的估算；

7）投资估算、资金来源及筹措；

8）社会效益、经济效益及环境效益的综合评价。

计划任务书又称任务书，是确定基本建设项目的基本文件依据。计划任务书应由主管部门组织计划、设计等单位进行编制。大中型工业建设项目计划任务书一般应包括以下几项：

1）建设项目的目的和依据；

2）建设规模，产品方案，生产工艺或方法；

3）矿产资源，水文地质，燃料、水、电、运输条件；

4）资源综合利用，环境保护及可持续发展的要求；

5）建设地点与占用土地的估算；

6）建设总投资控制额；

7）建设工期要求；

8）生产劳动定额控制数；

9）抗震、防空、防洪要求；

10）预期技术水平与经济效益等。

按照国家有关规定，大中型建设项目的计划任务书按照隶属关系由主管部门或省、直辖市、自治区提出审查意见，报国家发展和改革委员会批准。有些重点项目需由国家发展和改革委员会报国务院批准。一般性建设项目可由主管部门或省、直辖市、自治区审批。

（3）进行设计。大中型项目一般采用两段设计，即初步设计与施工图设计。技术复杂的项目，可增加技术设计，按三个阶段进行。对有些工程，因技术较复杂，可把初步设计的内容适当加深，即扩大初步设计。

设计文件是安排建设项目和组织工程施工的主要依据。建设项目的计划任务书和厂址选择报告经批准后，主管部门应指定或委托设计单位，按计划任务书规定内容，认真编制设计文件。

1）初步设计。初步设计是一项带有规划性质的轮廓设计，内容包括：建设规模、工艺设计、设备选型及数量、主要建筑物和构筑物、“三废”治理等，以及建设工期、建设项目总概算。

2）技术设计。技术设计是初步设计的深化。它的内容包括：进一步确定初步设计所采用的产品方案和工艺流程，校正初步设计中设备的选择和建筑物的设计方案以及其他重大技术问题。同时，在技术设计阶段，还应编制修正的总概算。一般修正的总概算不得超过初步设计的总概算。

3）施工图设计。施工图设计是初步设计和技术设计的具体化。主要通过图纸，把设计者的意图和全部设计结果表达出来，作为施工制作的依据，它是设计和施工工作的桥梁。对于工业项目来说，包括建设项目各分部工程的详图和零部件、结构件明细表以及验收标准方法等。民用工程施工图设计应形成所有专业的设计图纸，含图纸目录、说明和必要的设备、材料表。施工图设计文件，应满足设备材料采购、非标准设备制作和施工的需要。同时，在施工图设计阶段还应根据施工图编制施工图预算，施工图预算必须低于总概算。

（4）安排计划。可行性研究和初步设计送请有条件的工程咨询机构评估，经认可，报计划部门，经过综合平衡，列入年度基本建设计划。建设单位根据批准的初步设计、总概算和总工期，编制企业的年度基本建设计划。

（5）进行建设准备。包括征地拆迁，搞好“三通一平”（通水、通电、通道路、平整土地），落实施工力量，组织物资订货和供应，以及其他各项准备工作。

（6）组织施工。准备工作就绪后，提出开工报告，经过批准，即开工兴建。遵循施工程序，按照设计要求和施工技术验收规范，进行施工安装。

（7）生产准备。生产性建设项目开始施工后，及时组织专门力量，有计划、有步骤地开展生产准备工作。生产准备工作的内容包括：培训生产人员，组织生产人员参加生产设备的安装、调试和验收；制定严格的组织生产管理制度和岗位生产操作规程；准备原材料、能源动力以及生产工具、器具等。

（8）验收投产。按照规定的标准和程序，对竣工工程进行验收，编制竣工验收报告和竣工决算，并办理固定资产交付生产使用的手续。小型建设项目建设程序可以简化。

建设项目按照批准的设计文件所规定的内容建设完工后的程序，一般分为两个阶段：

1）单项工程验收。单项工程验收是指单项工程完工后，可由建设单位组织验收。

2）全部验收。全部验收是指整个项目全部工程建成后，则必须根据国家有关规定，按工程的不同情况，由负责验收的单位组织建设单位、施工企业、监理和设计单位，以及建设银行、环境保护和其他有关部门共同组成验收委员会或小组进行验收。

对工业项目，需经负荷试运转和试生产的考核；对非工业项目，若符合设计要求，能正常使用，就可及时组织验收并交付使用；对大型联合企业，可分期分批验收。

（9）项目后评价。项目完工后对整个项目的造价、工期、质量、安全等指标进行分析评价或与类似项目进行对比

3. 基本建设项目划分

基本建设项目划分是为了便于建设项目预算的编审以及基本建设计划、统计、会计核算和基本建设拨款等各方面工作的开展。按基本建设项目所组成部分的内容不同，从大到小可划分为：建设项目、单项工程、单位工程、分部工程、分项工程。

（1）建设项目，是指具有计划任务书和总体设计，经济上实行独立核算，行政上具有独立组织形式的建设单位。通常是以一个企业、事业单位或独立工程作为一个建设项目。例如，在工业建设中，一般是以一个工厂或一座矿山或一条铁路等作为一个建设项目；在民用建筑中，一般是以一个学校或一个医院或一个商场等作为一个建设项目。

（2）单项工程，也称为工程项目，是建设项目的组成部分。它是指具有独立的设计文件，竣工后可以独立发挥生产能力或工程效益的工程。一个建设项目，可以是一个单项工程，也可能包括许多单项工程。在工业项目中，例如一个工厂由几个车间组成，每个能独立生产的车间作为一个单项工程；在民用项目中，例如一个学校由教学楼、图书馆、学生宿舍等组成，每个能独立发挥工程效益的建筑作为一个单项工程。

（3）单位工程，是单项工程的组成部分，一般是指不能独立发挥生产能力或效益，但具有独立施工条件的工程。实际组织施工中，通常是根据工程的内容和能否满足独立施工的要求，将一个单项工程划分为若干个单位工程。例如一个车间的土建工程、电气工程、工业管道工程、水暖工程、设备安装工程等均为独立的单位工程。

（4）分部工程，是单位工程的组成部分，通常是按建筑物的主要部位或安装对象的类别划分的。例如土建工程分为基础、混凝土、砖石等分部工程；安装工程分为供暖工程、燃气工程、通风工程、空调工程、自动化控制仪表安装工程等分部工程。

（5）分项工程，是分部工程的组成部分。在建筑安装工程中，一般是按工程工种划分的。例如供暖工程分部工程，可分为各种管径的管道安装、阀门安装、散热器安装等分项工程；空调工程分部工程，可分为各种通风管道的制作安装、各种风口的制作安装等分项工程。分项工程是建设预算最基本的计量单位，是建筑安装工程工程量或工作量的计算基础。它是为了确定工程造价而划定的基本计算单元。

4. 基本建设费用

基本建设费用（或称基本建设投资、基本建设工程造价），是用于支付各项基本建设工程的费用。根据其费用的性质，基本建设费用一般由工程费用、工程建设其他费用、预备费、专项费用等部分组成。

（1）工程费用：建筑工程费、安装工程费、设备购置费。

（2）工程建设其他费用：是指应在建设项目的建设投资中开支的固定资产其他费用、无形资产费用和其他资产费用（递延资产），包括：建设管理费、可行性研究费、研究试验费、勘察设计费、环境影响评价费、劳动安全卫生评价费、场地准备及临时实施费、引进技术和引进设备其他费、工程保险费、联合试运转费、特殊设备安全监督检验费、市政公用设施建设及绿化费、建设用地费、专利及专有技术使用费、生产准备及开办费等。

工程建设其他费用项目是项目的建设投资中较常发生的费用项目，但并非每个项目都会发生这些费用项目，项目不发生的其他费用项目不计取。

（3）预备费：基本预备费、涨价预备费。

基本预备费是指在初步设计及概算内难以预料的工程费用，包括：1）在批准的初步设计范围内，技术设计、施工图设计及施工过程中所增加的工程费用；设计变更、局部地基处理等增加的费用。2）一般自然灾害造成的损失和预防自然灾害所采取的措施费用。3）竣工验收时为鉴定工程质量对隐蔽工程进行必要的挖掘和修复费用。

涨价预备费是指建设项目在建设期间内由于价格等变化引起工程造价变化的预测预留费用。涨价预备费是对建设工期较长的投资项目，在建设期内可能发生的材料、人工、设备、施工机械等价格上涨，以及费率、利率、汇率等变化，而引起项目投资的增加，需要事先预留的费用，亦称价差预备费或价格变动不可预见费。

（4）专项费用：建设期利息、流动资金。

建设期利息是指工程项目在建设期间内发生并计入固定资产的利息，主要是建设期发生的支付银行贷款、出口信贷、债券等的借款利息和融资费用。流动资金是指项目投产后，为进行正常生产运营，用于购买原材料、燃料，支付工资及其他经营费用等所必不可少的周转资金。铺底流动资金是项目投产初期所需，为保证项目建成后进行试运转所必需的流动资金，一般按投产后第一年产品销售收入的30%计算。

思考题与习题

1. 什么是工程经济学？
2. 简述基本建设程序的基本内容及其实施步骤。
3. 如何划分基本建设项目？
4. 基本建设费用组成及内容是什么？

第 1 章　建筑设备安装工程计价

1.1　概　　述

工程经济与管理的基础是工程造价控制，其贯穿于整个项目建设过程中，工程项目建设的基本建设程序和造价控制的关系如图 1-1 所示。

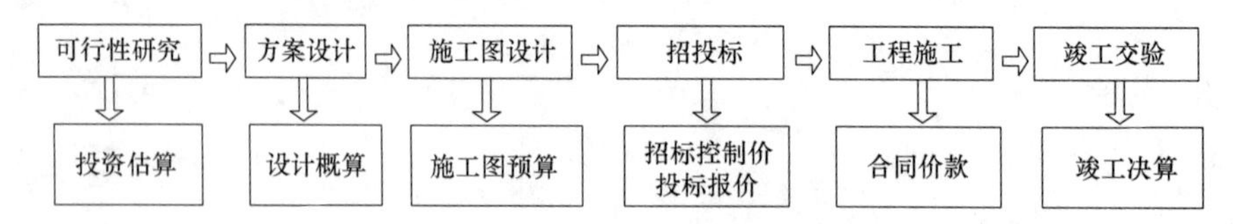

图 1-1　基本建设程序造价控制过程

可见，在基本建设的各个环节，均有相应的造价控制。造价控制的目的在于：将工程造价控制在规定的范围内。

工程造价计价的顺序为：

分部分项工程造价⇨单位工程造价⇨单项工程造价⇨建设项目总造价。

基本建设项目施工图设计完成后，利用施工图设计资料、预算定额、费用文件等对项目进行详细的施工图预算，并以此作为工程招投标价格控制的依据（招标控制价）。

安装工程施工图预算的基本程序是：

(1) 计量：以施工图纸、施工组织设计等设计资料作为基础资料；执行现有的定额标准、遵循工程量计算规则，对设计图纸范围内的安装工程进行实物量的计算。其成果形式为：分部分项工程量汇总或清单工程量。

(2) 计价：对计算出的实物工程量以费用的形式体现出来。分两个步骤：第一步是利用单位估价表计算直接工程费单价（工料单价或综合单价）；第二步是利用各种费用记取文件、费用调整文件按照规定的费用计取基数计取和调整各项费用并汇总，最后得出预算造价。

安装工程预算的最终表现方式为：定额计价或清单计价。目前对于招投标项目，一般均采用清单计价。

1.2　安装工程定额

1.2.1　定额的概念

定额：指在一定时期、正常生产条件下、完成一个合格产品所需要消耗的人工、材料、施工机械台班的数量标准。

安装工程定额：在一定时期、正常生产条件下、完成一个合格的分部分项工程所需要消耗的人工、材料、施工机械台班的数量标准。

1.2.2 定额的产生过程

一般而言，定额首先是一个企业为满足自身需要，根据自身的技术、装备、企业管理水平，利用统计分析法、经验估算法、类比分析法等方法编制出的完成一个合格产品需要消耗的人、材、机的数量标准，以此作为劳动力组织、材料采购、设备工器具购置的依据。在此基础上，企业成本控制部门再根据消耗量折算费用，进而进行企业生产成本分析和成本控制。这是一个企业在一定时期、正常生产条件下对本企业进行经济管理的基本过程，这种定额，通常称为企业定额或施工定额。

施工定额只能满足企业自身的需要，对一个地区而言，也需要有这样的数量消耗标准来衡量一个地区的技术、装备及管理水平。因此，在企业定额的基础上，由地方定额编制部门（一般是各省、直辖市、自治区定额站）收集本地区各行业的企业定额，在此基础上综合平衡，得出一定时期本地区的各种数量消耗标准，这是通常所说的地区预算定额。

而全国统一定额，是国家相关部门综合平衡全国各地区的预算定额的基础上形成，用以反映一个国家，在一定时期的生产力技术水平，并反过来作为各地区、各企业定额编制的参考依据。

1.2.3 定额的特点

从定额的概念及定额的产生过程，不难归纳出定额的主要特点：

1. 定额具有时限性和相对稳定性

定额首先是消耗量的数量标准，这个标准可以用于既有企业组织生产的依据，也可以用于新、改、扩建项目的消耗量控制依据。既然是标准，各行各业就要遵循该标准，不得随意更改，这是定额的相对稳定性；其次，定额是反映某个时期、某个地区或国家的技术、装备、管理水平，也就是通常所说的生产力发展水平，随着技术的进步、管理水平的提高、新设备、新工艺的使用，消耗量标准是不断下降的，因此，到了一定时期，原有的消耗量标准已不适合生产力发展水平，这时需要对消耗量标准进行修订，这是定额的时限性。在我国，定额的修订时限一般为5年左右。

2. 定额具有科学性和实践性

从定额的产生过程可以看出，定额本身是利用统计分析等方法从工程实践中来，但在编制定额时必须进行科学的分析对比，综合考虑劳动者文化结构、技术水平、作业条件、环境条件、原材料情况、设备情况、生产组织的合理性等众多因素，最后得出一个合理的标准供大家执行。

3. 定额具有权威性、系统性和统一性

定额的这些特性体现在定额编制人员须具有丰富经验的相关专业，对每一行业的定额编制要求系统化且统一格式、统一编号、统一名称等。

1.2.4 定额的作用

（1）定额是编制施工进度计划、劳动力计划、材料、设备计划的基础依据；

（2）定额是编制工程造价的基础依据；

（3）定额是进行经济活动分析的依据；

（4）定额是衡量生产力发展水平的尺量。

1.2.5 定额的分类及定额组成要素

定额从不同的角度可将定额作如图 1-2 所示分类。

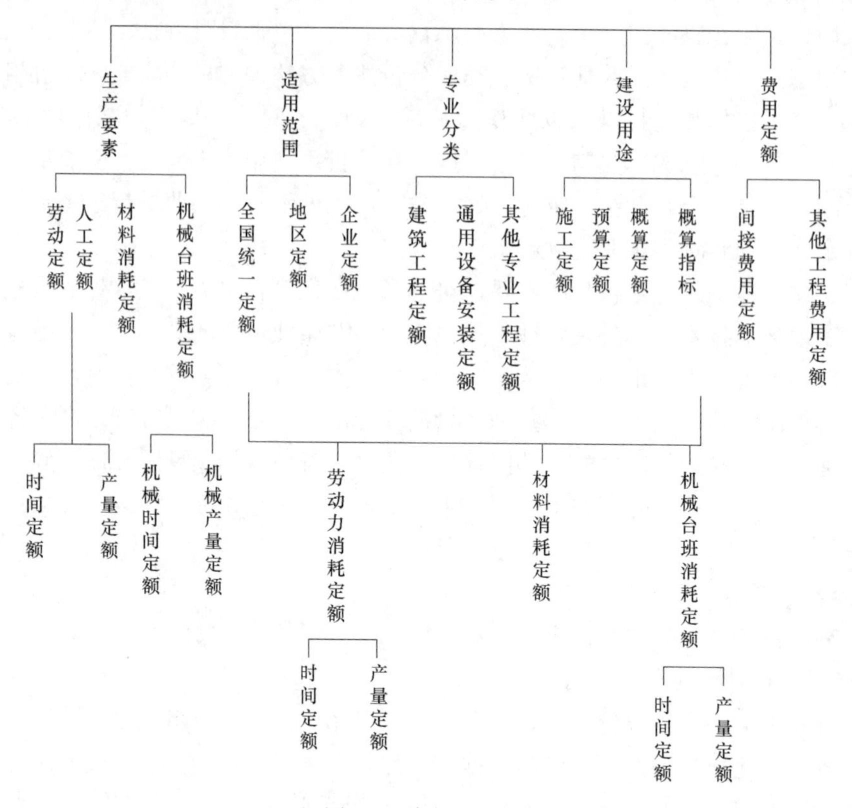

图 1-2 定额的分类

从定额的分类可以看出，定额最基本的是按生产要素的分类，即人、材、机消耗量的数量标准，俗称“定额三要素”，而按照适用范围分类的定额反映的是企业、地区或一个国家在某个时期的生产力发展水平；定额的专业分类说明不同的专业类别有不同的定额标准；按建设用途分类的定额反映的是基本建设项目不同阶段需要不同的标准来控制造价；费用定额实质上是规定的费用文件，用于费用的计取和调整。

定额的组成要素有：定额说明、定额表、附录及附注。定额说明中又包含总说明、册说明、章节说明，不同的说明各有侧重点。定额附录及附注主要是对定额中某一具体条款的说明。定额表是定额的重要组成部分，有两种表现形式：《全国统一安装工程基础定额》GJD-2006 的定额表称为基础定额表，是以“量”的形式给出的“人、材（主材和辅材）、机”的消耗量标准，其反映的是完成规定计量单位分项工程或工序所需的人工、材料、施工机械台班消耗量额定标准，它是作为编制消耗量定额的依据和编制工程量清单综合单价的基础，以及投标报价、数据积累的参考。而各地方制定的《安装工程量清单计价定额》是以“价”的形式给出的定额标准，它是以《全国统一安装工程基础定额》为基础，以地方单位估价表为依据编制而成，是各地方编制施工图预算、招标控制价、投标报价等的依据。下面分别举例说明。

1.《全国统一安装工程基础定额》GJD-2006

（1）定额说明

以第六册“管道组对、安装”为例：

1）定额总说明：主要说明定额的组成（1～9册）、定额的作用、定额的编制依据、适用条件、关于“定额三要素”的解释、水平运输、垂直运输的规定等。如定额的适用范围，在定额说明的第三条规定了“正常气候、地理环境和施工条件，海拔2000m以下、地震烈度七度以下”；关于水平运输，在定额第七条说明中说明“本定额包括机具、材料（半成品）在50m以内的地面水平运输”。

2）定额册说明：主要说明本册定额的适用范围、定额包括的内容、编制依据、不包括的内容等。如定额说明第一条“项目内容包括管口组对、管道安装、阀门安装、法兰组对”；第三条“本册定额不包括下列工作内容：管道水平运输；管道切割、坡口加工、焊接；管道压力试验、吹扫、脱脂、清洗、无损探伤及热处理；管道刷油、防腐、绝热”。

3）章节说明：主要说明本章定额适用的管材材质、规格型号、工作内容及其他说明。如第一条“本章适用于管道安装中各种材质、规格的管口组对、管道安装”；第二条 刚性承插接口的工作内容“管道清理检查、对口、接口、养护”

从以上示例可看出，从总说明到章节说明，各说明的侧重点不一样。因此，如果要正确使用定额，必须充分理解定额各说明，了解其适用条件、适用范围、包括/不包括的工作内容等。只有这样，才能保证在使用定额时不会错算、漏算和重复计算。

（2）定额表

定额表是定额的核心部分，它是在定额说明限定的条件下规定的“人、材、机”的“量”的消耗标准，见表1-1：

基础定额表示例

预应力钢筋混凝土给水管道接口　单位：10个口　表1-1

定额编号				6-509	6-510	6-511	6-512	6-513	6-514	6-515
项目名称				外径(mm以内)						
				400	500	600	700	800	900	1000
名称			单位	数量						
人工	合计工日		工日	4.320	5.400	6.469	7.693	9.149	10.700	12.305
	其中	管工	工日	4.320	5.400	6.469	7.693	9.149	10.700	12.305
材料	胶圈		个	10.400	10.400	10.400	10.400	10.400	10.400	10.400
	润滑剂		kg	0.947	1.122	1.328	1.493	1.709	1.917	2.121
机械	电动卷扬机(单筒慢速)5t		台班	0.080	0.100	0.120	0.150	0.170	0.200	0.220

这是《全国统一安装工程基础定额》GJD-2006中关于管道接口定额表，由此可知定额表的组成要素及作用如下：

1）分部分项名称：要求在计算工程量时，其分部分项名称需要按照定额表规定的名称编写。

2）计量单位：在使用定额时，须按照规定的计量单位使用。

3）定额编号与项目名称：定额编号与项目名称是一一对应的。

4）“人、材、机”消耗量标准：说明了消耗的数量标准以及法定的计量单位。

需要注意的是：定额表中的“材料”消耗量是指的辅助材料（计价材料）消耗量；主

要材料（也称未计价材料，如本定额中“预应力钢筋混凝土给水管”）消耗量在“管道安装”定额中列出。

结合定额说明及基础定额表，可以查询到相关的消耗量标准，进而为编制施工组织设计及清单计价定额提供依据。

2.《清单计价定额》（以 2015 年《四川省建设工程工程量清单计价定额》为例）

各地区的清单计价定额实质是关于定额的“费用”定额，是利用消耗量定额和地区单位估价表给出的费用定额标准。使用清单计价定额，能更方便的编制工程量清单及组价。表 1-2 是 2015 年《四川省建设工程工程量清单计价定额》（通用安装工程（一）第 CK 章）示例。

清单计价定额表示例

K.1.8　承插水泥管（编码：031001010）

K.1.8.1　承插水泥给水管（柔性接口）　　**表 1-2**

工作内容：检查及清扫管材、定位、安装、套胶圈、对口、调直、牵引、管道试压、管道消毒、水冲洗、管道接口、敷设

定额编号	项目名称	单位	综合单价（元）	其中				未计价材料		
				人工费	材料费	机械费	综合费	名称	单位	数量
CK0433	公称直径≤300mm	10m	439.22	223.50	146.60	12.38	54.72	预应力混凝土管	m	1.000
								橡胶圈	个	2.000
CK0434	公称直径≤400mm	10m	654.31	308.27	259.91	14.40	73.75	预应力混凝土管	m	1.000
								橡胶圈	个	2.000
CK0435	公称直径≤500mm	10m	823.37	383.96	332.60	15.04	91.77	预应力混凝土管	m	1.000
								橡胶圈	个	2.000
CK0436	公称直径≤600mm	10m	1308.63	557.22	582.60	33.05	135.76	预应力混凝土管	m	1.000
								橡胶圈	个	2.000

清单计价定额表的组成及作用如下：

（1）分部分项名称：要求在计算工程量时，其分部分项名称需要按照定额表规定的名称编写。

（2）清单编码：在编制工程量清单时须按照定额表的编码执行，共 12 位，除最后三位顺序码外，不得更改。

（3）工作内容：清单计价定额中的工作内容是根据分部分项的施工工艺确定，明确了定额中所包含的内容，在定额内的工作内容不得单独列出。如工作内容中的管道试压，指管道安装完毕后的压力试验已含在定额中。需要注意的是：清单计价定额中有一章是专门的管道试压定额。这里的管道试压定额指的是如果设计说明中要求管道有两次及以上的试压要求时，需要用试压定额单独计算试压工程量，如果只有一次试压，是不能单独计算工程量的。

（4）清单计价定额中的“定额编号”、“项目名称”、“计量单位”与基础定额一致。

（5）清单计价定额中的“综合单价”、“综合费”是清单计价定额中特有的，它是在定额工料单价（人、材、机）的基础上将企业管理费和利润纳入分部分项工程中形成的一种单价。在清单计价项目中，用综合单价计价更科学，有利于合理组价，可以有效避免工程

量变更时产生的纠纷；“综合费”实质就是分部分项综合单价中所包含的企业管理费、利润及一定范围内的风险费用。

（6）“未计价材料”一栏中明确了定额中主材和辅材的划分，供编制清单时使用。其中的计量单位和消耗量标准也同时列出，计量单位为法定计量单位，不得随意更改；消耗量是由实物量加损耗量。本示例中的“承插水泥给水管”安装定额中的损耗量为零，但如果是钢管安装定额，其消耗量分别为10.15（室内）或10.20（室内）。

清单计价定额说明有总说明，册说明、分册说明和章节说明，分别说明了定额的适用范围、编制依据、工程界限的划分、定额中各术语的解释、定额强制性规定、费用的调整规定、工程量计算规则等。如工程界限的划分：定额册说明中明确了市政管道、工业管道、民用管道、室内管道、室外管道等的界线划分；而强制性规定中（定额中均采用黑体字）规定了定额使用时必须严格遵守，不得更改的费用规定：如定额总说明中“凡使用国有资金投资的建设工程应执行本定额”；费用的调整规定：如定额分册说明中，“洞库安装工程：（定额人工费+定额机械费）×1.3”；工程量计算规则：如定额章节说明中，“按设计图示管道中心线以延长米计算，不扣除阀门。管件（包括减压器、疏水器、水表、伸缩器等组成安装）及各类井类所占的长度，方形伸缩器以其所占的长度按管道安装工程量计算”等。

这些示例说明定额说明在定额组成中的重要性。因此，使用定额前，不仅需要熟悉定额表，对定额说明也须详细阅读和理解，这是保证正确使用定额的基本条件。

1.3 安装工程费用

1.3.1 安装工程费用的概念

安装工程费用是完成一个安装工程项目所需要开支的所有费用。它是在完成“计量”的基础上，以消耗量定额计算出的消耗量为基数，按照费用计取规定计取各项费用。费用计取完成后，即完成了由“计量”到“计价”转化过程。

安装工程费用是建设项目总投资中的费用之一，建设项目总投资一般由工程费用、工程建设其他费用、预备费等组成。而工程费用由建筑工程费、安装工程费、设备、工器具购置费组成。

要完成一个安装工程项目，首先需要计算该安装工程所需要的各项费用。这些费用有：

（1）安装工程项目施工现场费用：如现场的人工费、材料费、机械台班使用费、现场临时设施费、现场管理费、安全文明施工费等。

（2）安装企业为该项目提供各项服务所发生的费用，如企业管理人员工资、办公费、差旅费、工会经费等。

（3）按照规定需要缴纳的各项费用，如工程排污费、工程定额测定费、社会保障费等。

（4）按照规定应缴纳的税金，如营业税、城市维护建设税、教育费附加等。

（5）需要提留的利润。

费用计算完成后，由建设方和具有相应资质的安装企业经过一系列的商务活动（如招投标等），最终确定项目的工程造价，最后由安装企业实施完成。

1.3.2 安装工程费用分类

为方便安装工程费用的计取，财政部和住房城乡建设部颁发了《建筑安装工程费用项目划分的规定》，将费用统一划分为直接费、间接费、利润和税金，如表 1-3 所示。

建筑安装工程费用组成及其计算方法 **表 1-3**

<table>
<tr><th colspan="3">费用项目</th><th>参考计算方法</th></tr>
<tr><td rowspan="14">直接费</td><td rowspan="3">直接工程费</td><td>1. 人工费</td><td>∑(人工工日消耗量×相应等级的日工资单价)</td></tr>
<tr><td>2. 材料费</td><td>∑(材料消耗量×材料基价)＋检验试验费</td></tr>
<tr><td>3. 施工机械使用费</td><td>∑(机械台班消耗量×机械台班单价)</td></tr>
<tr><td rowspan="11">措施费</td><td>1. 环境保护费</td><td rowspan="4">直接工程费×相应费率</td></tr>
<tr><td>2. 文明施工费</td></tr>
<tr><td>3. 安全施工费</td></tr>
<tr><td>4. 二次搬运费</td></tr>
<tr><td>5. 临时设施费</td><td>(周转使用临建费＋一次性使用临建费)×(1＋其他临时设施所占比例)</td></tr>
<tr><td>6. 夜间施工增加费</td><td>直接工程费中的人工费合计/平均日工资单价×(1－合同工期/定额工期)×每工日夜间施工费开支</td></tr>
<tr><td>7. 大型机械设备进出场及安拆费</td><td>一次进出场及安拆费×年平均安拆次数/年工作台班</td></tr>
<tr><td>8. 混凝土、钢筋混凝土模板及支架</td><td>1. 模板及支架费＝模板摊销量×模板价格＋支、拆、运输费
2. 租赁费＝模板使用量×使用期限×租赁价格＋支、拆、运输费</td></tr>
<tr><td>9. 脚手架搭、拆费</td><td>1. 脚手架搭拆费＝脚手架摊销量×脚手架价格＋搭、拆、运输费用
2. 租赁费＝脚手架每日租金×搭设周期＋搭、拆、运输费用</td></tr>
<tr><td>10. 已完成及设备保护费</td><td>成品保护所需机械费＋材料费＋人工费</td></tr>
<tr><td>11. 施工排水、降水费</td><td>∑(排水降水机械台班费×排水降水周期＋排水降水使用材料费)</td></tr>
<tr><td rowspan="2">间接费</td><td>规费</td><td>1. 工程排污费；2. 工程定额测定费；3. 社会保障费；4. 住房公积费；5. 危险作业意外伤害保险</td><td rowspan="2">间接费的计算方法按取费基数的不同分为以下三种：
1. 以直接费为计算基础。间接费＝直接费合计×间接费率
2. 以人工费和机械费合计为计价基础。间接费＝直接费中的人工费和机械费合计×间接费费率
3. 以人工费为计价基础。间接费＝直接费中的人工费合计×间接费费率</td></tr>
<tr><td>企业管理费</td><td>1. 管理人员工资；2. 差旅交通费；3. 办公费；4. 固定资产使用费；5. 工具用具使用费；6. 工会经费；7. 职工教育经费；8. 劳动保险费；9. 财产保险费；10. 财务费；11. 税金；12. 其他费用</td></tr>
<tr><td>利润</td><td colspan="2">实行差别利润</td><td>利润的计算方法按取费基数的不同分为以下三种：
1. 以直接费为计算基础。利润＝(直接费＋间接费)×相应利润率
2. 以人工费和机械费为计价基础。利润＝直接费中的人工费和机械费合计×相应利润率
3. 以人工费为计价基础。利润＝直接费中的人工费合计×相应利润率</td></tr>
<tr><td>税金</td><td colspan="2">营业税、城乡维护建设税、教育费附加</td><td>(直接费＋间接费＋利润)×综合税率</td></tr>
</table>

从表 1-3 的费用分类可以看出：

（1）直接费是指发生在施工现场的费用，由直接工程费和措施项目费组成。其中，直接工程费就是通常指的“人、材、机”费用，由现场人工工资、材料费和施工机械使用费组成。其中人工工资和施工机械使用费在清单计价定额中已经给出，可以直接使用。材料费应包含两个部分：计价材料费（辅助材料）和未计价材料费（主要材料），计价材料在清单计价定额中也已经给出，而未计价材料需要单独计价。其计价方式为：招标控制价采用当地工程造价信息价或市场价；投标报价采用市场价或参考当地工程造价信息价。

（2）措施项目费是指为完成某个安装项目，在项目施工前或施工过程中发生的有关安全、文明、生活、技术等方面的费用。

安装企业在正式进入施工现场前，首先要完成临时设施的租用或搭建，用于开工后的材料堆放、材料加工及工人住宿等；进场施工过程中，为保护环境需要购置相应的环保设备、设施；为保证职工安全，需要购置相应的安全用品；在实施某个分部分项时，需要在施工组织设计中编制完成该分部分项需要采取的施工技术方案等。

为便于费用计取，一般将措施项目费划分为通用措施（总价措施）项目费、技术措施（单价措施）项目费、专项措施（专项工程）项目费。

通用措施项目费一般指现场发生的以“项”为单位的措施费。这些费用一般不直接计算或无法直接计算，如环境保护费、安全文明施工费等。这些费用发生后均以某个计费基数（表中的三种计费基数）×规定的费率得出。

技术措施是指各专业为完成某个分部分项的安装，需要编制施工技术方案，在方案中明确需要采取的技术措施，而这些技术措施费往往可以以单价的形式体现。如现场安装一台大型水泵，需要吊装作业，在编制施工技术方案时，需要根据水泵的重量和尺寸，结合现有的施工机具情况，决定采用轮式起重机或带式起重机吊装，而起重机是可以以台班来计算费用的。

专项措施是指完成专项工程需要采取的专门措施。

（3）间接费分为规费和企业管理费。规费是企业按照国家或地方政府规定需要缴纳的各项费用；企业管理费是安装企业为该项目提供各种服务所发生的各项费用。

（4）利润是指企业完成安装工程项目后所取得的、用于企业发展的费用。差别利润是指利润率指标是按照工程类别来计取的。

（5）税金是企业按照国家或地方政府规定需要缴纳的各项税费。

1.3.3 安装工程费用的记取方法

安装工程费用的计取一般分四个步骤：

（1）首先计算工料单价，计提人工费。即利用清单计价定额，计算直接工程费三项费用，计提人工费并汇总。

（2）计算单价措施项目费，计提人工费。即按照施工技术方案的技术措施，计算出单价措施费，计提相应人工费并汇总。

（3）计提通用措施项目人工费并汇总。

（4）以各地规定的计费基数及各项费用的计取费率计算其他费用并汇总。

前两项费用的计取均是以清单计价定额为基础计算，第三项是以各地区规定的费率为基础计算，第四项费用是以地区的费用文件计算，表 1-4～表 1-11 所示是四川省 2015 年的相关费率及费用文件示例。

安全文明施工费基本费费率标准 表 1-4

<table>
<tr><th>序号</th><th>项目名称</th><th>工程类型</th><th>取费基础</th><th>费率(%)</th><th>说 明</th></tr>
<tr><td colspan="6">1. 工程在市区时</td></tr>
<tr><td>一</td><td>环境保护费</td><td></td><td rowspan="4">分部分项工程量清单项目定额人工费＋单价措施项目定额人工费</td><td>0.20</td><td rowspan="4">单独装饰工程、单独通用安装工程包括未单独发包的与其配套的工程以及单独发包的城市轨道交通工程中的通信工程、信号工程、供电工程、智能与控制系统安装工程</td></tr>
<tr><td>二</td><td>文明施工费</td><td>单独通用安装工程</td><td>1.25</td></tr>
<tr><td>三</td><td>安全施工费</td><td>单独通用安装工程</td><td>2.15</td></tr>
<tr><td>四</td><td>临时设施费</td><td>单独通用安装工程</td><td>3.6</td></tr>
<tr><td colspan="6">2. 工程在县城、镇时</td></tr>
<tr><td>一</td><td>环境保护费</td><td></td><td rowspan="4">分部分项工程量清单项目定额人工费＋单价措施项目定额人工费</td><td>0.15</td><td rowspan="4">单独装饰工程、单独通用安装工程包括未单独发包的与其配套的工程以及单独发包的城市轨道交通工程中的通信工程、信号工程、供电工程、智能与控制系统安装工程</td></tr>
<tr><td>二</td><td>文明施工费</td><td>单独通用安装工程</td><td>0.96</td></tr>
<tr><td>三</td><td>安全施工费</td><td>单独通用安装工程</td><td>1.65</td></tr>
<tr><td>四</td><td>临时设施费</td><td>单独通用安装工程</td><td>2.77</td></tr>
<tr><td colspan="6">3. 工程不在市区、县城、镇时</td></tr>
<tr><td>一</td><td>环境保护费</td><td></td><td rowspan="4">分部分项工程量清单项目定额人工费＋单价措施项目定额人工费</td><td>0.12</td><td rowspan="4">单独装饰工程、单独通用安装工程包括未单独发包的与其配套的工程以及单独发包的城市轨道交通工程中的通信工程、信号工程、供电工程、智能与控制系统安装工程</td></tr>
<tr><td>二</td><td>文明施工费</td><td>单独通用安装工程</td><td>0.74</td></tr>
<tr><td>三</td><td>安全施工费</td><td>单独通用安装工程</td><td>1.27</td></tr>
<tr><td>四</td><td>临时设施费</td><td>单独通用安装工程</td><td>2.13</td></tr>
</table>

其他总价措施项目费计取标准 表 1-5

序号	项目名称	计算基础	费率(%)
1	夜间施工	分部分项清单定额人工费＋单价措施项目清单定额人工费	0.8
2	二次搬运	分部分项清单定额人工费＋单价措施项目清单定额人工费	0.4
3	冬雨期施工	分部分项清单定额人工费＋单价措施项目清单定额人工费	0.6
4	工程定位复测	分部分项清单定额人工费＋单价措施项目清单定额人工费	0.15

规费标准 表 1-6

序号	规费名称	计算基础	规费费率
1	社会保障费		
1.1	养老保险费	分部分项清单定额人工费＋单价措施项目清单定额人工费	3.80%～7.50%
1.2	失业保险费	分部分项清单定额人工费＋单价措施项目清单定额人工费	0.30%～0.60%
1.3	医疗保险费	分部分项清单定额人工费＋单价措施项目清单定额人工费	1.80%～2.70%
1.4	工伤保险费	分部分项清单定额人工费＋单价措施项目清单定额人工费	0.40%～0.70%
1.5	生育保险费	分部分项清单定额人工费＋单价措施项目清单定额人工费	0.10%～0.20%
2	住房公积金	分部分项清单定额人工费＋单价措施项目清单定额人工费	1.30%～3.30%
3	工程排污费	按工程所在地环保部门规定按实计算	

注：规费标准中包括企业为非城镇户籍从业人员缴纳的综合保险。

税金标准 表 1-7

项目名称	计算基础	税金费率
税金(包括营业税、城市维护建设税、教育费附加、地方教育附加)	分部分项工程费＋措施项目费＋其他项目费＋规费	1. 工程在市区时为 3.48%； 2. 工程在县城、镇时为 3.41%； 3. 工程不在城市、县城、镇时为 3.28%

财务费用 **表 1-8**

取费级别	财务费用标准			
	计算基数	财务费用(%)	计算基数	财务费用(%)
一级取费	定额直接费	1.15	定额人工费	4.35
二级取费	定额直接费	1.04	定额人工费	4.00
三级取费	定额直接费	0.85	定额人工费	3.40
四级取费	定额直接费	0.71	定额人工费	2.80

劳动保险费 **表 1-9**

取费级别	劳动保险费用标准			
	计算基数	劳动保险费用(%)	计算基数	劳动保险费用(%)
一级取费	定额直接费	3.0～4.5	定额人工费	15.0～22.5
二级取费	定额直接费	2.5～3.0	定额人工费	12.5～15.0
三级取费	定额直接费	2.0～2.5	定额人工费	10.0～12.5
四级取费	定额直接费	1.5～2.0	定额人工费	7.5～10.0

利润（含施工利润及技术装备费） **表 1-10**

取费标准		计算基数	利润(%)	计算基数	利润(%)
一级取费	Ⅰ	定额直接费	10	定额人工费	55
	Ⅱ	定额直接费	9	定额人工费	50
二级取费	Ⅰ	定额直接费	8	定额人工费	44
	Ⅱ	定额直接费	7	定额人工费	39
三级取费	Ⅰ	定额直接费	6	定额人工费	33
	Ⅱ	定额直接费	5	定额人工费	28
四级取费	Ⅰ	定额直接费	4	定额人工费	22
	Ⅱ	定额直接费	3	定额人工费	17

企业管理费（安装及建炉工程） **表 1-11**

项目		计算基数	企业管理费(%)
安装工程(不含市政给水、燃气、给排水机械设备安装、路灯工程)	一类工程	定额人工费	39.62
	二类工程	定额人工费	36.34
	三类工程	定额人工费	32.83
	四类工程	定额人工费	27.45
筑炉工程	一类工程	定额直接费	6.55
	二类工程	定额直接费	5.92
	三类工程	定额直接费	4.91

2015 费用文件还规定如下费用的计取：

(1) 暂列金额可按分部分项工程费和措施项目费的 10%～15%计取。

(2) 计日工人工单价＝工程造价管理机构发布的工程所在地相应工种计日工人工单

价+相应工种定额人工单价×25%

(3) 总承包服务费：

1) 当招标人仅要求总包人对其发包的专业工程进行施工现场协调和统一管理、对竣工资料进行统一汇总整理等服务时，总包服务费按发包的专业工程估算造价的1.5%左右计算。

2) 当招标人要求总包人对其发包的专业工程既进行总承包管理和协调，又要求提供相应配合服务时，总承包服务费根据招标文件列出的配合服务内容，按发包的专业工程估算造价的3%～5%计算。

3) 招标人自行供应材料、设备的，按招标人供应材料、设备价值的1%计算。

结合以上费用文件，可按表1-3的计算方法计算各项费用，最后的得出工程造价。

需要注意的是：全国各地的计费基数并不一样（表1-3的计算方法中给出了三种计费基数），在计取费用时需要按照当地的费用计价程序表计价。

1.3.4 安装工程费用的调整

由于清单计价定额反映的是“价”标准，同时具有相对稳定性（定额的修订期一般为5年左右），清单计价定额中有关的费用定额在不同时期需要根据地区情况进行调整。这就需要在计价时，根据各地区最新的费用调整文件规定对各项费用进行调整，使其计价能及时反映出当地生产力水平。一般费用调整有以下两方面：

(1) 按照清单计价定额说明中关于各项费用调整的规定调整各项费用。如定额说明中高层建筑增加费、超高增加费、管道在管井施工增加费、硐室施工增加费等。

(2) 按照地区最新费用调整文件规定调整各项费用。一般情况下，各地区费用调整文件一年调整一次，特殊情况（如抢险、救灾等）例外。

1.4 安装工程工程量清单计价

1.4.1 国内工程计价发展简介

新中国成立以来，我国的建设工程计价大致经历了五个阶段：

第一阶段大致为新中国成立初期至20世纪80年代初期。国家经济体制主要是计划经济模式，通过学习引进苏联模式逐步建立起概预算定额计价模式，即政府统一定价的计划模式，工程建设任务以及建设产品价格均通过计划分配和确定，所有建设工程项目均按照政府主管部门统一颁布的工程建设定额进行计价，人工、材料、机械等各种建设要素价格长期保持固定不变。这种静态的计价模式与高度集中的计划经济体制是相适应的，实现了当时对工程造价的有效管理。

第二阶段大致为20世纪80年代中期至90年代初。国家经济体制向混合市场经济模式的改革。1984年，建设工程招标制开始施行，建筑工程计价管理体制开始突破传统模式，这是我国建设工程计价改革的起步阶段。为适应价格、利率、汇率等不断变动的情况，材料价格信息建设要素市场开始建立。提出了工程造价全过程控制和动态管理的思路，缩短了工程建设定额修订周期。但这种调整仍是指令性的，与以往的概预算定额计价模式并无实质性改变。

第三阶段大致为20世纪90年代初至1997年。国家对定额管理的方式，实行“量”、

“价”分离，提出了“控制量、指导价、竞争费”的思路。国家控制定额的人工、材料、机械等消耗量水平，为合理确定和有效控制工程造价提供依据和指导，确保建设工程的安全和质量。而对人工单价、设备材料预算价格和施工机械台班费的价格，由国家工程造价主管部门定期发布信息，为基层提供服务。费用定额适当放开，以利于企业内部经营机制的转变和开展市场竞争的需要。制订全国统一的基础定额，实现定额项目划分、计量单位、工程量计算规则等方面的统一，并向国际惯例靠拢，以利于建立国内统一的建筑市场和适应对外开放的需要。

第四阶段大致为20世纪90年代末到2002年。我国社会主义市场经济体制逐步建立，并通过加入世界贸易组织，积极学习借鉴国外市场经济发达国家成熟的经验。工程计价方式的改革，提出“宏观调控、市场竞争、合同定价、依法结算”的思路。材料等要素价格完全放开，随行就市。一些地区实行了工程量清单计价、综合单价法改革的试点工作，但改革的思路与做法不尽相同。

第五阶段大致为2003年至今。与国际惯例接轨，推行工程量清单计价模式，2003年建设部颁布实施了有关工程计价的国家标准《建设工程工程量清单计价规范》GB 50500—2003，这标志着我国建设工程计价改革，正式建立“政府宏观调控、企业自主报价、市场竞争形成价格”新机制。随着建筑行业的高速发展，新材料，新技术的不断问世，新领域的不断扩展，原来的2003、2008版规范已经不能满足行业需求。为了满足和规范市场，住房和城乡建筑部门在2003版规范和2008版规范的基础上，针对2003版规范和2008版规范实施过程中存在的一些实际问题，编制了2013版《建设工程工程量清单计价规范》(简称2013版规范)。2013版规范对2003版、2008版中的专业划分、责任界定、可执行性等问题给予了较明确的解答。这些新规范的实施有助于解决工程项目中的实际问题，满足工程价款精细化、管理科学化的要求。

从我国计价的发展过程可以看出，我国的计价经历了从不完善到逐步完善、从国内竞争机制到与国际接轨，完善市场机制的过程。

1.4.2 安装工程工程量清单计价

工程量清单计价：是指根据工程量清单，计算出所需的全部费用，包括分部分项工程费、措施项目费、其他项目费、规费、税金。

工程量清单：是由招标人（甲方）按照“清单计价规范”附录中统一的项目编码、项目名称、项目特征、计量单位和工程量计算规则进行编制的，表现建设工程的分部分项工程项目、措施项目、其他项目、规费项目和税金项目名称和相应数量的明细清单。

工程量清单计价的核心内容是“固定量、竞争费”。“固定量”的目的是提供一个平台，即由招标人或委托具有相应资质的单位编制工程量清单，并对工程量清单的准确性负责；由投标人根据企业自身的情况在招标人提供的平台（工程量清单）上填报各项费用。

工程量清单计价模式下的竞价过程：

招标人：计算工程量—编制工程量清单—确定招标控制价—编制招标文件—发布招标信息—下发招标文件。

投标人：理解招标文件—提出质疑—确认工程量清单—编制投标报价—编制投标文件。

招投标：由招标人在招标文件规定的投标时间组织招投标（现场或网上平台），由评标专家对投标方的投标文件（商务标、技术标）按照规定的评标办法进行评审，最后确定中标单位。

无论是招标人还是投标人在编制工程量清单、招标控制价或投标报价时，均应遵循《工程量清单计价定额》和《工程量清单计价规范》的各项条款。

1.4.3 工程量清单计价规范

《建设工程工程量清单计价规范》GB 50500—2013（简称《计价规范》），包括总则、术语、正文、附表和条文说明等几个部分。规范共分16章和11个附表，其中附录用英文字母表示，自附录A到附录L。该规范明确规定了计价活动适用的范围、应遵循的原则，工程量清单的编制及工程量清单计价规则，工程量清单及其计价格式等。

2013版规范又增加到328条，对于清单的整体内容基本一样，分别是正文规范、工程计量规范、条文说明。

工程量清单计价表格见本章附录。

1. 工程量清单的组成

工程量清单是招标文件的组成部分，它由分部分项工程量清单、措施项目清单、其他项目清单、规费清单、税金清单组成（见图1-3）。工程量清单是编制标底和投标报价的依据，是签订工程合同、调整工程量和办理竣工结算的基础。

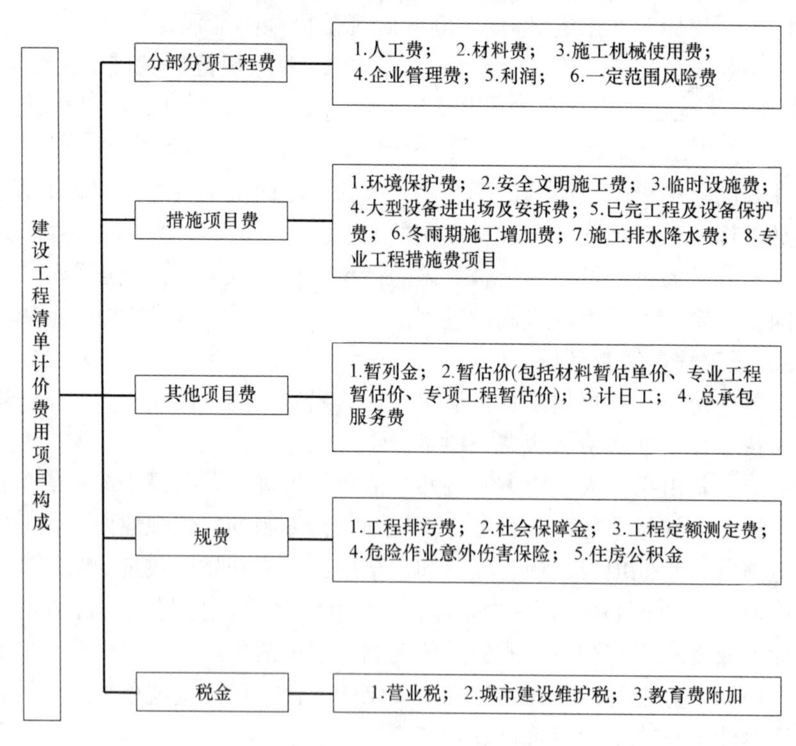

图1-3 工程量清单计价项目构成

2. 工程量清单的格式

项目编码：采用五级编码设置，用12位阿拉伯数字表示。一至四级统一编码，第一级（2位）为工程分类码（建筑工程为01、装饰装修工程为02、安装工程为03、市政工程为04、园林绿化工程为05）；第二级（2位）为专业工程顺序码；第三级（2位）为分部工程顺序码，第四级（2 位）为分项工程顺序码。第五级（3 位）为工程量清单项目名称顺序码，从 001 起顺序编制，如图 1-4 所示。

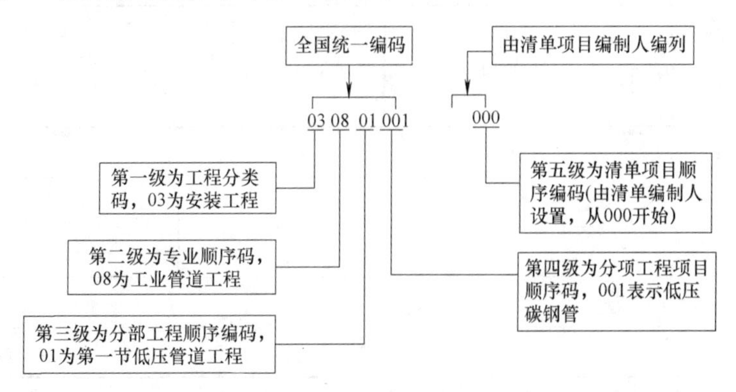

图 1-4　清单编码组成

项目名称：原则上以形成工程实体而命名，如有缺项，招标人可按相应的原则进行补充，并报当地造价管理部门备案。

项目特征：是对项目要求的准确描述，是对拟施工项目的工程部位、材料品种、规格、型号、技术要求、其他要求等的详细描述。项目特征描述是组价的重要依据，因此，要求项目特征描述全面、用语规范、简洁、便于理解。

计量单位：采用基本计量单位，即除各专业另有特殊规定外，均按以下单位计量：重量为“吨或千克（t 或 kg）”；体积为“立方米（m^3）”；面积为“平方米（m^2）”；长度为“米（m）”；自然计量单位为“个、套、块、组、台”等；各专业有特殊计量单位的，需另加说明。《计价规范》中的计量单位为法定计量单位，不得随意更改。

工程内容：工程内容是指完成该清单项目可能发生的具体内容，供项目和投标人投标报价参考。工程内容中未列全的其他具体工程，由投标人按照招标文件或图纸要求编制，以完成清单项目为准，综合考虑到报价中。

3. 工程量计算规则

工程量的计算规则按专业划分，包括建筑工程、装饰装修工程、安装工程、市政工程和园林绿化工程。

工程量的计算，主要通过《计价规范》附录中的工程量计算规则计算得到。工程量计算规则是指对清单项目工程量的计算规定。除另有说明外，所有清单项目的工程量应以实体工程量为准，并以完成后的净值计算。

1.4.4　工程量清单的编制方法

1. 分部分项工程量清单的编制

分部分项工程量清单应包括项目编码、项目名称、项目特征描述、计量单位和工程量。分部分项工程量清单的编制，应遵循“四统一”的原则，即根据的《计价规范》附录中规定的统一项目编码、项目名称、计量单位和工程量计算规则进行编制（见表 1-12）。

分部分项工程量清单的项目编码，统一采用五级编码设置，一至四级应按《计价规范》附录中的规定设置；五级应根据拟建工程的工程量清单项目名称由其编制人设置，并应从 000 起顺序编制。

分部分项工程量清单与计价表　　　　表 1-12

工程名称：　　标段：　第　页　共　页

序号	项目编码	项目名称	项目特征描述	计量单位	工程量	金额(元)		
						综合单价	合价	其中:暂估价
本页小计								
合计								

注：根据原建设部、财政部发布的《建筑安装工程费用组成》(建标［2003］206 号）的规定，为计取规费等的使用，可在表中增设其中："直接费"、"人工费"或"人工费＋机械费"。

分部分项工程量清单的项目名称，应统一根据拟建工程和《计价规范》附录中的项目名称与项目特征确定。若出现《计价规范》附录中未包括的项目，编制人可暂行补充，并应报工程造价管理机构（省级）备案。

工程量的有效位数：以"吨"为单位，应保留 3 位小数；以"立方米"、"平方米"、"米"为单位，应保留 2 位小数；以"个"、"项"等为单位，应取整数。

2. 措施项目清单的编制

措施项目清单的编制，应根据拟建工程的具体情况，参照《计价规范》措施项目列项。对于安装工程，可只考虑通用措施项目及列项条件（见表 1-13）和安装工程措施项目及列项条件（见表 1-14）进行列项；编制措施项目清单，若出现表 1-13 和表 1-14 未列项目，编制人可作补充。

通用措施项目及列项条件　　　　表 1-13

序号	通用项目	列项条件
1	环境保护	一般都有
2	文明施工	
3	安全施工	
4	临时设施	
5	夜间施工	必须连续施工或工期紧张必须夜间施工
6	二次搬运	一般都有
7	大型机械设备进出场及安拆	施工方案中有大型机具的使用方案，拟建工程必须使用大型机械
8	混凝土、钢筋混凝土模板及支架	安装工程一般没有
9	脚手架	一般都有
10	已完工程及设备保护	一般都有
11	施工排水、降水	依据水文地质资料，地下施工深度低于地下水位

安装工程措施项目及列项条件 **表 1-14**

序号	措 施 项 目	列 项 条 件
1	组装平台	拟建工程中有钢结构、非标设备制作安装、工艺管道预制安装
2	设备、管道施工的安全、防冻和焊接保护措施	设备、管道冬期施工，易燃易爆、有毒有害环境施工、对焊接质量要求较高的工程
3	压力容器和高压管道的检验	工程 L1 和三类压力容器制作安装及超过 1.0MPa N 高压管道安装
4	焦炉施工大棚、烘炉、热态工程	焦炉施工方案要求
5	管道安装后的充气保护措施	设计及施工规范要求、洁净度要求较高的管线
6	隧道内施工通风、供水、供气、供电、照明及通信设施	隧道施工方案要求
7	现场施工围栏	招标文件及施工组织设计要求，拟建工程有需要隔离施工的内容
8	长输管道临时水工保护设施	长输管线涉水施工
9	长输管道施工便道	一般长输管道工程均需要
10	长输管道跨越或穿越施工措施	长输管道跨越铁路、公路、河流
11	长输管道地下穿越地上建筑物的保护措施	长输管道穿越地上有建筑物的地段
12	长输管道工程施工队伍调遣	长输管道工程均需要
13	格架式抱杆	施工方案要求大于 40T 设备的安装

3. 其他项目清单的编制

其他项目清单的编制有：暂列金、暂估计。计日工、总承包服务费等

4. 工程量清单的标准格式

工程量清单格式应由下列内容组成（见表 1-15～表 1-21）：1）封面；2）填表须知；3）总说明；4）分部分项工程量清单；5）措施项目清单；6）其他项目清单；7）零星工作项目表。

工程量清单封面格式 **表 1-15**

（表 3-6）

××工程

工程量清单

招　标　人：(单位签字盖章)

法定代表人：(签字盖章)

中介机构：

法定代表人：(签字盖章)

造价工程师：

及注册证号：(签字盖执业专用章)

工程量清单及其填表须知

表 1-16

（表 3-7）

填表须知

1. 工程量清单及其计价格式中所有要求签字、盖章的地方，必须由规定的单位和人员签字、盖章。
2. 工程量清单及其计价格式中的任何内容不得随意删除或更改。
3. 工程量清单及其计价格式中列明的所有需要填报的单价和合价。投标人均应填报，未填报的单价和合价，视为此项费用已包含在工程量清单的其他单价和合价中。
4. 金额（价格）均应以×币表示

总说明

表 1-17

工程名称：　　　　第　页　共　页　　　　（表 1-1）

1. 工程概况：建设规模、工程特征、计划工期、施工现场情况等
2. 工程范围：
3. 编制依据：
4. 编制过程中需要说明的问题：
5. 其他需要说明的问题

分部分项工程量清单

表 1-18

工程名称　　　　标段　　　　第　页　共　页　　　　（表 3-8）

序号	项目编号	项目名称	项目特征	计量单位	工程量	金额（元）		
						综合单价	合价	其中 暂估价
本页小计								
合计								

总价措施项目清单与计价表

表 1-19

工程名称　　　　标段　　　　第　页　共　页　　　　（表 3-9）

序号	项目编码	项目名称	计算基础	费率（%）	金额（元）	调整费率（%）	调整后金额（元）	备注
1		夜间施工费						
2		二次搬运费						
3		大型机械设备进出场安拆费						
4		已完工程及设备保护						
5		施工排水、施工降水						
6		冬雨季施工增加费						
7		环境保护费						
8		安全文明施工费						
合计								

注：1. “计算基础”中安全文明施工费可为“定额基价”“定额人工费”或“定额人工费＋定额机械费”，其他项目可为“定额人工费”或“定额人工费＋定额机械费”。
2. 按施工方案计算的措施费，若无“计算基础”和“费率”的数值，也可只填“金额”数值，相应在备注栏内注明施工方案出处（或计算办法）。

其他项目清单及其汇总表　　表 1-20

工程名称　　标段　　第　页　共　页　　（表 3-10）

序号	项目编码	项目名称	计量单位	金额(元)	备注
1		暂列金额			
2		暂估价			
2.1		材料暂估价			
2.2		专业工程暂估价			
2.3		专项工程暂估价			
3		计日工			
4		总承包服务费			
合计					

注：1. 暂列金额是招标人在工程量清单中暂定并包括在合同价款中的一笔款项。用于工程合同签订时尚未确定或者不可预见的所需材料、工程设备、服务的采购，施工中可能发生的工程变更、合同约定调整因素出现时的合同价款调整以及发生的索赔、现场签证确认等的费用。

2. 暂估价是招标人在工程量清单中提供的用于支付必然发生但暂时不能确定价格的材料、工程设备的单价及专业工程的金额。

3. 计日工是在施工过程中，承包人完成发包人提出的工程合同范围以外的零星项目或工作，按合同中约定的单价计价的一种方式。

4. 总承包服务费是总承包人为配合协调发包人进行的专业工程发包，对发包人自行采购的材料、工程设备等进行保管以及施工现场管理、竣工资料汇总整理等服务所需的费用。

规费、税金项目清单　　表 1-21

工程名称　　标段　　第　页　共　页　　（表 3-11）

序号	项目编码	项目名称	计量单位	计算金额(元)	备注
1		工程排污费			
2		工程定额测定费			
3		社会保障费			
4		住房公积费			
5		危险作业意外伤害保险			
6		税金			
合计					

1.4.5　工程量清单计价方法

1. 工程量清单计价过程

工程量清单计价过程实际上是由招投标双方共同来完成，其中招标方需根据工程项目特征编制工程量清单、招标控制价、成本价，并编制招标文件；而投标方需要根据工程项目情况、招标文件、投标方的实际情况编制投标报价和对招标文件具备实质性响应的投标文件。最后，经过项目的招投标，最终确定项目的工程造价。招标、投标方的计价过程一样，如表 1-22 所示。

工程量清单计价模式安装工程费用计算程序 **表 1-22**

序号	费用名称	计算公式	备注
1	分部分项工程费	Σ分部分项工程综合单价×分部分项工程量	
2	措施项目费	Σ措施项目综合单价×措施项目工程量	总价措施项目按照规定费率计算，其计费基础按照各地规定执行，单价措施项目按照综合单价计算
3	其他项目费	Σ其他项目综合单价×其他项目工程量	
4	规费	[(1+2+3)中计费基础]×费率	费率按规定计取，计费基础按照各地规定执行
5	税金	(1+2+3+4)×费率	费率按规定计取
6	工程造价	1+2+3+4+5	

2. 工程量清单计价的基本方法

工程量清单计价采用综合单价计价方法，即完成一个规定计量单位工程所需的人工费、材料费、机械使用费、管理费和利润，并考虑风险因素。即：

综合单价=人工费+材料费+机械使用费+管理费+利润

综合单价计价法不但适用于分部分项工程量清单计价，也适用于措施项目清单计价和其他项目清单计价。

(1) 分部分项工程费

分部分项工程费是指完成工程量清单列出的各分部分项清单工程量所需费用。包括人工费、材料费、机械使用费、管理费和利润，并考虑风险因素。即：

分部分项工程费=Σ分部分项工程综合单价×分部分项工程量

其中，分部分项工程综合单价由分部分项工程的人工费、材料费、机械费、管理费、利润、风险费用等组合形成，但不得包括招标人自选采购材料的价款，可考虑对管理费、利润的影响。

(2) 措施项目费

措施项目费有通用措施（总价措施）项目费、技术措施（单价措施）项目费、专项措施（专项工程）项目费。

通用措施项目费一般指现场发生的以“项”为单位的措施费。这些费用一般不直接计算或无法直接计算。这些费用发生后均以某个计费基数（表中的三种计费基数）×规定的费率得出。

技术措施是指各专业为完成某个分部分项的安装，需要编制施工技术方案，在方案中明确需要采取的技术措施，而这些技术措施往往可以以单价的形式体现。如现场安装一台大型水泵，需要吊装作业，在编制施工技术方案时，需要根据水泵的重量和尺寸，结合现有的施工机具情况，决定采用轮式起重机或带式起重机吊装。而起重机是可以以台班来计算费用的。

技术措施在措施项目表2中单独列出。

专项措施是指完成专项工程需要采取的专门措施。

(3) 其他项目费

其他项目费中的暂估价、暂列金额是由招标人填写，作投标报价时不得更改。

由此可见，虽然计价程序一样，但在“固定量、竞争价”的原则下，招投标双方的侧重点并不一样。

对于招标方，其重点在于：

(1) 负责编制工程量清单并对清单的准确性负责。

工程量清单的准确与否，直接影响工程造价。因此，招标方需要具备相应资质，如不具备相应资质，需委托具有相应资质的单位编写。其编写的工程量清单必须符合《清单计价规范》各条款。一旦发布便具备法律效力，无特殊情况，不得随意更改。

工程量清单的编制依据：

1)《清单计价规范》和相关工程的国家计量规范；

2) 国家或省级建设主管部门颁发的计价依据和办法；

3) 建设工程设计文件；

4) 与建设工程有关的标准、规范、技术资料；

5) 拟定的招标文件；

6) 施工现场情况、工程特点及常规施工方案；

7) 其他相关资料。

(2) 负责编制招标控制价。

招标控制价是该工程项目的最高限价，在编制招标控制价时，主要依据下列资料：

1)《清单计价规范》；

2) 国家或省级建设主管部门颁发的计价定额和计价办法；

3) 建设工程设计文件及相关资料；

4) 拟定的招标文件及招标工程量清单；

5) 与建设项目相关的标准、规范、技术资料；

6) 施工现场情况、工程特点及常规施工方案；

7) 工程造价管理机构发布的工程造价信息；工程造价信息没有发布的，参照市场价；

8) 其他的相关资料。

(3) 负责编制招标文件和合同文件。

对于工程其他部分的要求，如投标人资格、工程质量、工期、安全、工程变更、工程款支付等内容形成招标文件和合同文件。

对于投标方，其重点在于：

(1) 阅读、理解招标文件。理解招标文件各项条款并对招标文件不清楚或不理解的地方提出质疑。在充分理解招标文件的基础上，编制投标文件，投标文件要求对招标文件做出实质性响应。

(2) 审核工程量清单。对招标方发布的工程量清单进行详细审核，重点审核有无遗漏、工程施工范围、工序交接点的划分等内容，对清单中不清晰的地方提出质疑。

(3) 编制投标报价。投标方在充分理解招标文件的基础上，结合企业自身的技术、装备、管理水平等，编制相应的施工组织设计，在此基础上，编制投标报价。投标报价编制的依据有：

1）《清单计价规范》；

2）国家或省级建设主管部门颁发的计价办法；

3）企业定额，国家或省级建设主管部门颁发的计价定额；

4）招标文件、工程量清单及其补充通知、答疑纪要；

5）建设工程设计文件及相关资料；

6）施工现场情况、工程特点及拟定的投标施工组织设计或施工方案；

7）与建设项目相关的标准、规范等技术资料；

8）市场价格信息或工程造价管理机构发布的工程造价信息；

9）其他的相关资料。

仔细分析招标控制价和投标报价的编制依据，不难看出：招标控制价的价格编制首先依据的是预算定额、标准（常规）施工组织设计、地方工程造价信息价格；各项费用的计取是以各地区规定的费率标准计取。因此，其计算出的价格是最高限价；而投标报价的编制依据首先是工程量清单、企业定额、企业施工组织设计、市场价格。各项费用的计取是企业自主计取。这充分体现了“固定量、竞争价”的先进理念。

对于投标报价的组价，需要特别注意的是：

（1）不得违背《清单计价规范》及《清单计价定额》中所有的强制性规定；

（2）费用计取时招标方提供的暂列金、暂估价不得调整；

（3）投标报价不得低于工程成本价；

（4）人工工资调整不得低于当地最低工资标准。

1.4.6 工程量清单计价示例

图 1-5 为某工程一层空调平面图，建筑层高为 4m，说明如下：

（1）本工程采用 1 台空调机进行室内空气调节，型号为 YSL-DSH-225，外形尺寸为 1200mm×1100mm×1900mm，350kg，橡胶隔振垫，厚 20mm，落地安装。其基础为混凝土，由土建完成。

（2）风管采用镀锌薄钢板矩形风管，法兰咬口连接，风管规格及板厚如下表：

风管规格(宽×高 mm)	板厚(mm)
1000×300	1.2
800×300	1.0
630×300	1.0
450×450	0.75

（3）对开多叶调节阀为成品，铝合金方形散流器为成品，规格 450×450。

（4）风管采用橡塑玻璃棉保温，保温厚度为 25mm。

请根据以上资料完成：

（1）计算工程量并列出工程量清单；

（2）计算工程造价（清单计价）。

工程量计算表及工程量清单见表 1-23 及表 1-24。

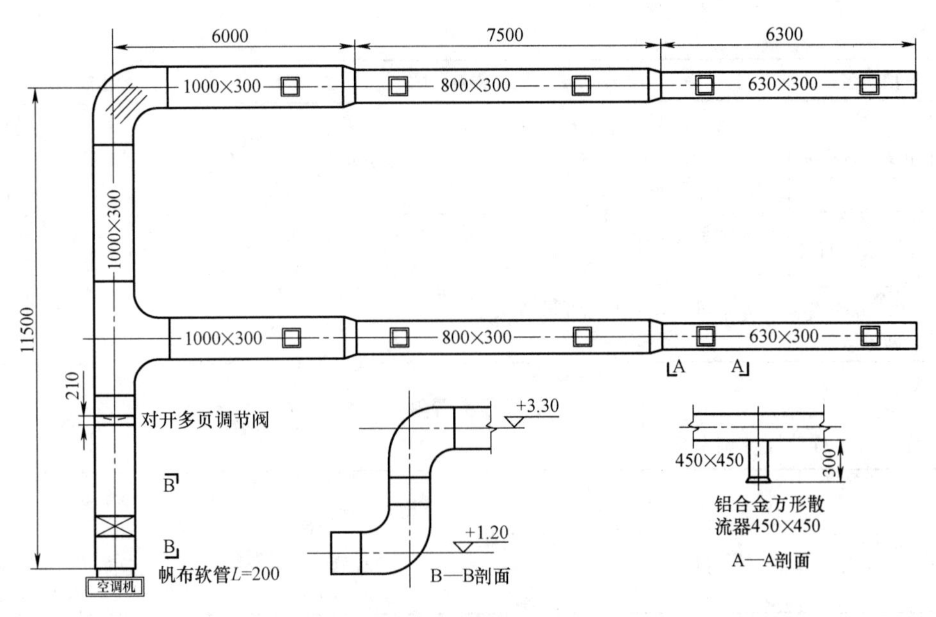

图 1-5　某工程首层空调平面图

工程量计算表　　**表 1-23**

工程名称：某工程首层空调系统　　第　页　共　页

序号	项目名称	计　算　式	计量单位	工程量
1	碳钢风管	镀锌薄钢板矩形风管 1000mm×300mm，δ1.20，法兰咬口连接(1+0.3)×2×[1.5+(10−0.21)+(3.3−1.2)+6×2]	m^2	66
2	碳钢风管	镀锌薄钢板矩形风管 800mm×300mm，δ1.00，法兰咬口连接(0.8+0.3)×2×7.5×2	m^2	33
3	碳钢风管	镀锌薄钢板矩形风管 630mm×300mm，δ1.00，法兰咬口连接(0.63+0.3)×2×6.3×2	m^2	23.4
4	碳钢风管	镀锌薄钢板矩形风管 450mm×450mm，δ0.75，法兰咬口连接(0.45+0.45)×2×(0.3+0.15)×10	m^2	8.1
5	柔性接口	帆布软管 1000×300，L=200 (1+0.3)×2×0.2	m^2	0.5
6	弯头导流叶片	单叶片镀锌薄钢板导流叶片 H=300，δ0.7 50.314×7	m^2	2.2
7	空调主机	型号为 YSL-DSH-225，外形尺寸为 1200mm×1100mm×1900mm	台	1
8	碳钢阀门	对开多页调节阀 1000×300，L=210	个	1
9	铝合金散流器	铝合金方形散流器 450×450 10	个	10
10	风管绝热	矩形风管橡塑玻璃棉保温 δ25 [2(1+0.3)+1.033×0.025]×1.033×0.025×25.39+[2(0.8+0.3)+1.033×0.025]×1.033×0.025×15+[2(0.63+0.3)+1.033×0.025]×1.033×0.025×12.6+[2(0.45+0.45)+1.033×0.025]×1.033×0.025×4.5	m^3	8.6

续表

序号	项目名称	计 算 式	计量单位	工程量
11	金属结构刷油	风管型钢人工除轻绣,刷丹红防锈漆2遍 37.81kg/10m² ×(6.6+3.3)+38.92kg/10m² ×(2.34+0.81)+26.651kg/10m² ×0.5	kg	510.43
12	空调系统调试	空调系统检测、调试 1	系统	1
13	风管漏光、漏风试验	矩形风管漏光试验、漏风试验 66+23.4+8.1+0.5	m³	131

工程量清单 **表 1-24**

工程名称：某工程首层空调系统 第 页 共 页

序号	项目编号	项目名称	项目特征描述	计量单位	工程数量	金额(元)			
						综合单价	合价	其中	
								人工费	暂估价
1	30702001001	碳钢风管	1. 名称:薄钢板风管 2. 材质:镀锌 3. 形状:矩形 4. 规格:1000×300 5. 板材厚度:1.20 6. 接口形式:法兰咬口连接	m²	66				
2	30702001002	碳钢风管	1. 名称:薄钢板风管 2. 材质:镀锌 3. 形状:矩形 4. 规格:800×300 5. 板材厚度:1.00 6. 接口形式:法兰咬口连接	m²	33				
3	30702001003	碳钢风管	1. 名称:薄钢板风管 2. 材质:镀锌 3. 形状:矩形 4. 规格:630×300 5. 板材厚度:1.20 6. 接口形式:法兰咬口连接	m²	23.4				
4	30702001004	碳钢风管	1. 名称:薄钢板风管 2. 材质:镀锌 3. 形状:矩形 4. 规格:450×450 5. 板材厚度:0.75 6. 接口形式:法兰咬口连接	m²	8.1				

续表

序号	项目编号	项目名称	项目特征描述	计量单位	工程数量	金额(元)			
						综合单价	合价	其中	
								人工费	暂估价
5	30703019001	柔性接口	1. 名称:软接口 2. 规格:1000×300,L=200 3. 材质:帆布	m^2	0.5				
6	30702009001	弯头导流叶片	1. 名称:导流叶片 2. 材质:镀锌薄钢板 3. 规格:0.314m^2 4. 形式:单叶片	m^2	2.2				
7	30701003001	空调主机	1. 名称:空调主机 2. 型号:YSL-DHS-225 3. 规格:1200×1100×1900 4. 安装形式:落地安装 5. 质量:350kg 6. 隔振、支架形式:材质:橡胶隔震垫 δ20	台	1				
8	30703001001	碳钢阀门	1. 名称:对开多叶调节阀 2. 规格:1000×300,L=210	个	1				
9	30703011001	铝合金散流器	1. 名称:铝合金方形散流器 2. 规格:450×450	个	10				
10	31208003001	风管绝热	1. 绝热材料:橡塑玻璃棉保温 2. 绝热厚度:25mm	m^3	8.6				
11	31201003001	金属结构刷油	1. 除锈级别:人工除轻锈 2. 油漆品种:红丹防锈漆 3. 结构类型:风管型钢 4. 涂刷遍数/漆膜厚度:2遍	kg	510.45				
12	30704001001	空调工程检测、调试	风管工程量:系统	系统	1				
13	30704002001	风管漏光试验、漏风试验	漏光试验、漏风试验、设计要求:矩形风管漏光试验、漏风试验	m^2	131				

以下是该工程预算书（清单计价）。

某项目工程

预算书

发　包　人：某单位
（单位盖章）

承　包　人：某某安装公司
（单位盖章）

造价咨询人：某咨询公司
（单位盖章）

年　月　日

封-4

单位工程预算汇总表

工程名称：首层空调【空调工程】　　标段：1　　第1页　共1页

序号	汇总内容	金额(元)	其中:暂估价(元)
1	分部分项及单价措施项目	42791.24	
2	总价措施项目	1474.90	—
2.1	其中:安全文明施工费	1315.36	—
3	其他项目	6613.31	—
3.1	其中:暂列金额	2213.31	—
3.2	其中:专业工程暂估价		—
3.3	其中:计日工	4400.00	—
3.4	其中:总承包服务费	5000.00	—
4	规费	1943.34	—
5	创优质工程奖补偿奖励费		—
6	税前工程造价	52822.79	—
6.1	其中:甲供材料(设备)费		—
7	销项增值税额		—
招标控制价/投标报价总价合计=税前工程造价+销项增值税额		52822.79	

注：如无单位工程划分，单项工程也使用本表汇总。

表-07

分部分项工程量清单与计价表

工程名称：首层空调【空调工程】　　标段：1　　第 1 页　共 2 页

序号	项目编码	项目名称	项目特征描述	计量单位	工程数量	金额(元)			
						综合单价	合价	其中	
								定额人工费	暂估价
1	030702001001	碳钢风管 1000×300	1. 名称:薄钢板风管;2. 材质:镀锌;3. 形状:矩形;4. 规格:1000×300;5. 板材厚度:1.20;6. 接口形式:法兰咬口连接	m^2	66	78.02	5149.32	565.62	
2	030702001002	碳钢风管 800×300	1. 名称:薄钢板风管;2. 材质:镀锌;3. 形状:矩形;4. 规格:800×300;5. 板材厚度:1.00;6. 接口形式:法兰咬口连接	m^2	33	74.57	2460.81	282.81	
3	030702001003	碳钢风管 630×300	1. 名称:薄钢板风管;2. 材质:镀锌;3. 形状:矩形;4. 规格:630×300;5. 板材厚度:1.20;6. 接口形式:法兰咬口连接	m^2	23.4	74.57	1744.94	200.54	
4	030702001004	碳钢风管 450×450	1. 名称:薄钢板风管;2. 材质:镀锌;3. 形状:矩形;4. 规格:450×450;5. 板材厚度:0.75;6. 接口形式:法兰咬口连接	m^2	8.1	88.78	719.12	80.92	
5	030703019001	柔性接口	1. 名称:软接口;2. 规格:1000×300,L=200;3. 材质:帆布	m^2	0.5	761.74	380.87	225.07	
6	030702009001	弯头导流叶片	1. 名称:导流叶片;2. 材质:镀锌薄钢板;3. 规格:0.314m^2;4. 形式:单叶片	m^2	2.2	47.03	103.47	72.14	
7	030701003001	空调主机	1. 名称:空调主机;2. 型号:YSL-DHS-225;3. 规格:1200×1100×1900;4. 安装形式:落地安装;5. 质量:350kg;6. 隔振、支架形式:材质:橡胶隔振垫 δ20	台	1	15987.26	15987.26	754.83	
本页小计							26545.79	2181.93	

注：为计取规费等的使用，可在表中增设其中："定额人工费"。

表-08

分部分项工程量清单与计价表

工程名称：首层空调【空调工程】　　标段：1　　第 2 页　共 2 页

序号	项目编码	项目名称	项目特征描述	计量单位	工程数量	金额(元)			
						综合单价	合价	其中	
								定额人工费	暂估价
8	030703001001	碳钢阀门	1. 名称：对开多叶调节阀；2. 规格：1000×300，$L=210$	个	1	396.58	396.58	24.79	
9	030703011001	铝合金散流器	1. 名称：铝合金方形散流器；2. 规格：450×450	个	10	48.26	482.60	137.70	
10	031208003001	风管绝热	1. 绝热材料：橡塑玻璃棉保温；2. 绝热厚度：25mm	m^3	8.6	1014.77	8727.02	3134.44	
11	031201003001	金属结构刷油	1. 除锈级别：人工除轻锈；2. 油漆品种：红丹防锈漆；3. 结构类型：风管型钢；4. 涂刷遍数/漆膜厚度：2 遍	kg	510.45	10.27	5242.32	2475.68	
12	030704001001	空调工程检测、调试	风管工程量：系统	系统	1	1031.44	1031.44	257.86	
13	030704002001	风管漏光试验、漏风试验	漏光试验、漏风试验、设计要求：矩形风管漏光试验、漏风试验	m^2	131	2.79	365.49	273.79	
本页小计							16245.45	6304.26	
合　计							42791.24	8486.19	

注：为计取规费等的使用，可在表中增设其中："定额人工费"。　　表-08

单价措施项目清单与计价表

工程名称：首层空调【空调工程】　　标段：1　　第1页　共2页

序号	项目编码	项目名称	项目特征描述	计量单位	工程量	金额（元）			
						综合单价	合价	其中	
								定额人工费	暂估价
		专业措施项目							
1	031301001001	吊装加固		项					
2	031301002001	金属抱杆安装拆除、移位		项					
3	031301003001	平台铺设、拆除		项					
4	031301004001	顶升、提升装置		项					
5	031301005001	大型设备专用机具		项					
6	031301006001	焊接工艺评定		项					
7	031301007001	胎（模）具制作、安装、拆除		项					
8	031301008001	防护棚制作安装拆除		项					
9	031301009001	特殊地区施工增加		项					
10	031301010001	安装与生产同时进行施工增加		项					
11	031301011001	在有害身体健康环境中施工增加		项					
12	031301012001	工程系统检测、检验		项					
13	031301013001	设备、管道施工的安全、防冻和焊接保护		项					
本页小计									

注：为计取规费等的使用，可在表中增设其中："定额人工费"。

表-08

单价措施项目清单与计价表

工程名称：首层空调【空调工程】　　标段：1　　第 2 页　共 2 页

序号	项目编码	项目名称	项目特征描述	计量单位	工程量	金额（元）			
						综合单价	合价	其中	
								定额人工费	暂估价
14	031301014001	焦炉烘炉、热态工程		项					
15	031301015001	管道安拆后的充气保护		项					
16	031301016001	隧道内施工的通风、供水、供气、供电、照明及通信设施		项					
17	031301017001	脚手架搭拆		项					
18	031301018001	其他措施		项					
		小计							
本页小计									
合　计									

注：为计取规费等的使用，可在表中增设其中："定额人工费"。

表-08

综合单价分析表

工程名称：首层空调【空调工程】　　　　标段：1　　　　第1页　共13页

项目编码			(1)030702001001		项目名称		碳钢风管 1000×300	计量单位	m^2	工程量	66
清单综合单价组成明细											
定额编号	定额项目名称	定额单位	数量	单价				合价			
				人工费	材料费	机械费	管理费和利润	人工费	材料费	机械费	管理费和利润
CG0111	连体法兰镀锌钢板风管 制作安装 矩形风管 δ=1.0～1.2mm 长边≤2000mm	$10m^2$	0.1	85.68	381.85	2.06	23.08	8.57	38.19	0.21	2.31
人工单价			小　计					8.57	38.19	0.21	2.31
元/工日			未计价材料费					28.75			
清单项目综合单价								78.02			
材料费明细	主要材料名称、规格、型号					单位	数量	单价（元）	合价（元）	暂估单价（元）	暂估合价（元）
	镀锌钢板 δ1.2					m^2	1.15	25.00	28.75		
	其他材料费							—	38.19	—	
	材料费小计							—	66.94	—	

注：1　如不适用省级或行业建设主管部门发布的计价依据，可不填定额编号、名称等。
　　2　招标文件提供了暂估单价的材料，按暂估的单价填入表内“暂估单价”栏及“暂估合价”栏。

表-09

综合单价分析表（部分）

工程名称：首层空调【空调工程】　　　　标段：1　　　　

项目编码		(2)030702001002		项目名称		碳钢风管 800×300		计量单位	m^2	工程量	33
清单综合单价组成明细											
定额编号	定额项目名称	定额单位	数量	单价				合价			
				人工费	材料费	机械费	管理费和利润	人工费	材料费	机械费	管理费和利润
CG0111	连体法兰镀锌钢板风管 制作安装 矩形风管 δ=1.0～1.2mm 长边≤2000mm	10m^2	0.1	85.68	381.85	2.06	23.08	8.57	38.19	0.21	2.31
人工单价		小　计						8.57	38.19	0.21	2.31
元/工日		未计价材料费						25.30			
清单项目综合单价								74.57			
材料费明细	主要材料名称、规格、型号					单位	数量	单价（元）	合价（元）	暂估单价（元）	暂估合价（元）
	镀锌钢板 δ1.0					m^2	1.15	22.00	25.30		
	其他材料费							—	38.19	—	
	材料费小计							—	63.49	—	

注：1　如不适用省级或行业建设主管部门发布的计价依据，可不填定额编号、名称等。　　表-09

2　招标文件提供了暂估单价的材料，按暂估的单价填入表内“暂估单价”栏及“暂估合价”栏。

综合单价调整表（部分）

工程名称：首层空调【空调工程】　　标段：1　　第1页　共2页

序号	项目编码	项目名称	已标价清单综合单价(元)					调整后综合单价(元)				
			综合单价	其中				综合单价	其中			
				人工费	材料费	机械费	管理费和利润		人工费	材料费	机械费	管理费和利润
1	030702001001	碳钢风管 1000×300	78.02	8.57	66.94	0.21	2.31					
2	030702001002	碳钢风管 800×300	74.57	8.57	63.49	0.21	2.31					
3	030702001003	碳钢风管 630×300	74.57	8.57	63.49	0.21	2.31					
4	030702001004	碳钢风管 450×450	88.78	9.99	75.33	0.65	2.81					
5	030703019001	柔性接口	761.74	450.14	106.88	67.47	137.25					
6	030702009001	弯头导流叶片	47.03	32.79	5.46	0.14	8.65					
7	030701003001	空调主机	15987.26	754.83	15003.56	23.95	204.92					
8	030703001001	碳钢阀门	396.58	24.79	365.28		6.51					
9	030703011001	铝合金散流器	48.26	13.77	30.88		3.61					
10	031208003001	风管绝热	1014.77	364.47	554.63		95.67					
11	03120100300	金属结构刷	10.27	4.85	4.14		1.27					

造价工程师(签章)：　　发包人代表(签章)：　　日期

造价人员(签章)：　　承包人代表(签章)：　　日期

注：综合单价调整应附调整依据。

表-10

总价措施项目清单计价表

工程名称：首层空调【空调工程】　　标段：1　　第1页　共1页

序号	项目编码	项目名称	计算基础	费率(%)	金额(元)	调整费率(%)	调整后金额(元)	备注
1	031302001001	安全文明施工		项	1315.36			
其中	①	环境保护	分部分项定额人工费＋单价措施定额人工费	0.52	44.13			
	②	文明施工	分部分项定额人工费＋单价措施定额人工费	2.74	232.52			
	③	安全施工	分部分项定额人工费＋单价措施定额人工费	4.72	400.55			
	④	临时设施	分部分项定额人工费＋单价措施定额人工费	7.52	638.16			
2	031302002001	夜间施工增加		项	66.19			
3	031302003001	非夜间施工增加		项				
4	031302004001	二次搬运		项	32.25			
5	031302005001	冬雨季施工增加		项	49.22			
6	031302006001	已完工程及设备保护		项				
7	031302007001	高层施工增加		项				
8	031302008001	工程定位复测费		项	11.88			
合计					1474.90	—	—	—

编制人（造价人员）：　　复核人（造价工程师）：　　表-11

注：1 “计算基础”中安全文明施工费可为“定额基价”、“定额人工费”或“定额人工费＋定额机械费”，其他项目可为“定额人工费”或“定额人工费＋定额机械费”。

2 按施工方案计算的措施费，若无“计算基础”和“费率”的数值，也可只填“金额”数值，但应在备注栏说明施工方案出处或计算方法。

其他项目清单与计价汇总表

工程名称：首层空调【空调工程】　　标段：1　　第 1 页　共 1 页

序号	项 目 名 称	金额(元)	结算金额(元)	备注
1	暂列金额	2213.31		明细详见表-12-1
2	暂估价			
2.1	材料(工程设备)暂估价/结算价	—		明细详见表-12-2
2.2	专业工程暂估价/结算价			明细详见表-12-3
3	计日工	4400.00		明细详见表-12-4
4	总承包服务费			明细详见表-12-5
合　计		6613.31		—

注：材料（工程设备）暂估单价进入清单项目综合单价，此处不汇总。

表-12

暂列金额明细表

工程名称：首层空调【空调工程】　　　　标段：1　　　　第1页　共1页

序号	项目名称	计量单位	暂定金额(元)	备　注
1	暂列金额	项	2213.31	
合　计			2213.31	—

注：此表由招标人填写，如不能详列，也可只列暂定金额总额，投标人应将上述暂列金额计入投标总价中。

表-12-1

材料（工程设备）暂估单价及调整表

工程名称：首层空调【空调工程】　　标段：1　　第1页　共1页

序号	材料(工程设备)名称、规格、型号	计量单位	数量		暂估(元)		确认(元)		差额±(元)		备注
			暂估	确认	单价	合价	单价	合价	单价	合价	
合计											

注：此表由招标人填写“暂估单价”，并在备注栏说明暂估价的材料、工程设备拟用在那些清单项目上，投标人应将上述材料、工程设备暂估单价计入工程量清单综合单价报价中。

表-12-2

专业工程暂估价及结算价表

工程名称：首层空调【空调工程】　　　　标段：1　　　　

序号	工程名称	工程内容	暂估金额(元)	结算金额(元)	差额±(元)	备注
合　计				—	—	—

注：此表“暂估金额”由招标人填写，投标人应将“暂估金额”计入投标总价中。结算时按合同约定结算金额填写。

表-12-3

计日工表

工程名称：首层空调【空调工程】　　标段：1　　第 1 页　共 1 页

编号	项 目 名 称	单位	暂定数量	实际数量	综合单价(元)	合价(元)	
						暂定	实际
一	人工						
1	土建、市政、园林绿化、抹灰工程、构筑物、城市轨道交通、爆破、房屋建筑维修与加固工程普工	工日		3	150.00		450.00
2	土建、市政、园林绿化、构筑物、城市轨道交通、房屋建筑维修与加固工程混凝土工	工日		3	150.00		450.00
3	土建、市政、园林绿化、抹灰工程、构筑物、城市轨道交通、爆破、房屋建筑维修与加固工程技工	工日					
4	装饰普工(抹灰工程除外)	工日					
5	装饰技工(抹灰工程除外)	工日					
6	装饰细木工	工日					
7	通用安装技工	工日		10	200.00		2000.00
8	通用安装普工	工日		10	150.00		1500.00
人工小计							4400.00
二	材料						
材料小计							
三	施工机械						
施工机械小计							
四、综合费							
总 计							4400.00

注：此表项目名称、暂定数量由招标人填写，编制招标控制价时，单价由招标人按相关计价规定确定；投标时，单价由投标人自主报价，按暂定数量计算合价计入投标总价中。结算时，按发承包双方确定的实际数量计算合价。　表-12-4

总承包服务费计价表

工程名称：首层空调【空调工程】　　　　标段：1　　　　第1页　共1页

序号	项目名称	项目价值(元)	服务内容	计算基础	费率(%)	金额(元)
—	合计	—	—	—	—	

注：此表项目名称、服务内容由招标人填写，编制招标控制价时，费率及金额由招标人按相关计价规定确定；投标时，费率及金额由投标人自主报价，计入投标总价中。

表-12-5

索赔与现场签证计价汇总表

工程名称：首层空调【空调工程】　　标段：1　　第1页　共1页

序号	签证及索赔项目名称	计量单位	数量	单价(元)	合价(元)	索赔及签证依据
—	本页小计	—	—	—		—
—	合　计	—	—	—		—

注：签证及索赔依据是指经双方认可的签证单和索赔依据的编号。

表-12-6

规费、税金项目计价表

工程名称：首层空调【空调工程】　　标段：1　　第1页　共1页

序号	项目名称	计 算 基 础	计算基数	计算费率(%)	金额(元)
1	规费	分部分项清单定额人工费＋单价措施项目清单定额人工费			1943.34
1.1	社会保险费	分部分项清单定额人工费＋单价措施项目清单定额人工费			1519.03
(1)	养老保险费	分部分项清单定额人工费＋单价措施项目清单定额人工费	8486.19	11	933.48
(2)	失业保险费	分部分项清单定额人工费＋单价措施项目清单定额人工费	8486.19	1.1	93.35
(3)	医疗保险费	分部分项清单定额人工费＋单价措施项目清单定额人工费	8486.19	4.5	381.88
(4)	工伤保险费	分部分项清单定额人工费＋单价措施项目清单定额人工费	8486.19	1.3	110.32
(5)	生育保险费	分部分项清单定额人工费＋单价措施项目清单定额人工费	8486.19		
1.2	住房公积金	分部分项清单定额人工费＋单价措施项目清单定额人工费	8486.19	5	424.31
1.3	工程排污费	按工程所在地环境保护部门收取标准，按实计入			
2	销项增值税额	分部分项工程费＋措施项目费＋其他项目费＋规费＋创优质工程奖补偿奖励费－按规定不计税的工程设备金额－除税甲供材料(设备)设备费	52822.79		
合计					1943.34

编制人（造价人员）：　　复核人（造价工程师）：　　表-13

发包人提供主要材料和工程设备一览表

工程名称：首层空调【空调工程】　　标段：1　　第 1 页　共 1 页

序号	材料(工程设备)名称、规格、型号	单位	数量	单价(元)	交货方式	送达地点	备注

注：此表由招标人填写，供投标人在投标报价、确定总承包服务费时参考。

表-20

承包人提供主要材料和工程设备一览表

（适用造价信息差额调整法）

工程名称：　　首层空调【空调工程】　　标段：1　　第1页　共1页

序号	名称、规格、型号	单位	数量	风险系数(%)	基准单价(元)	投标单价(元)	发承包人确认单价(元)	备注
1	镀锌钢板 δ1.0	m^2	64.86			22.00		
2	镀锌钢板 δ1.2	m^2	75.9			25.00		
3	镀锌钢板 δ0.75	m^2	9.315			20.00		
4	空调器	台	1			15000.00		
5	调节阀成品 1000×300×210	个	1			350.00		
6	散流器成品 450×450	个	10			28.00		
7	橡塑、PEF 保温板	m^3	8.858			360.00		
8	玻璃丝布 0.5	m^2	12.04			12.00		
9	醇酸防锈漆 C53-1	kg	141.395			12.00		

注：1. 此表由招标人填写除“投标单价”栏的内容，投标人在投标时自主确定投标单价。

2. 招标人应优先采用工程造价管理机构发布的单价作为基准单价，未发布的，通过市场调查确定其基准单价。

表-21

承包人提供主要材料和工程设备一览表
（适用于价格指数差额调整法）

工程名称：　首层空调【空调工程】

序号	名称、规格、型号	变值权重 B	基本价格指数 F_0	现行价格指数 F_t	备注
	定值权重 A	0			
合计		1			

注：1. “名称、规格、型号”、“基本价格指数”栏由招标人填写，基本价格指数应首先采用工程造价管理机构发布的价格指数，没有时，可采用发布的价格代替。如人工、机械费也采用本法调整，由招标人在“名称”栏填写。

2. “变值权重”栏由投标人根据该项人工、机械费和材料、工程设备价值在投标总报价中所占的比例填写，1减去其比例为定值权重。

3. “现行价格指"按约定的付款证书相关周期最后一天的前42天的各项价格指数填写，该指数应首先采用工程造价管理机构发布的价格指数，没有时，可采用发布的价格代替。

表-22

1.5 工程设计概算

工程中“三算”一般是指设计概算、施工图预算、竣工决算（也有指投资估算、设计概算和施工图预算）。

施工图预算是建筑工程施工前，施工企业内部编制的完成单位工程所需的工种工时、材料数量、机械台班数量和直接费标准，也是确定工程造价、控制工程造价的基础。它在编制中的依据是：施工图纸和说明书；施工组织设计或施工方案；现行的施工定额或劳动定额；材料消耗定额和机械台班使用定额；建筑材料手册和预算手册。它在实际使用中的作用为：通过预算能精确地算出各工种劳动力需要量，为施工企业有计划地调配劳动力提供可靠的依据；通过预算能准确地确定出材料的需要量，使施工企业可据此安排材料采购和供应；通过预算能计算出施工中所需的人力和物力的实物工作量，以便施工企业做出最佳的施工进度计划；通过预算可以确定施工任务单和限额领料单上的定额指标和计件单价等，以便向班组下达施工任务；预算是衡量工人劳动成果的尺度和计算应得报酬的依据，施工企业根据施工定额的标准实行计件工资和全优超额工资制度，有利于贯彻多劳多得原则，调动生产工人的生产积极性；施工企业在进行经济活动分析中，可把施工预算和施工图预算相对比，分析其中超支、节约的原因，改进技术操作和施工管理，有针对地控制施工中的人力、物力消耗。

竣工决算是竣工验收交付使用阶段，建设单位按照国家有关规定对新建、改建和扩建工程建设项目，从筹建到竣工投产或使用全过程编制的全部实际支出费用的报告。竣工决算在编制及应用中的依据是：建设项目计划任务书和有关文件；建设项目总概算书及单项工程综合概算书；建设记录或施工签证以及其他工程中发生的费用记录；竣工图纸及各种竣工验收资料；设备、材料调价文件和相关记录；历年基本建设资料和财务决算及其批复文件；国家和地方主管部门颁布的有关建设工程竣工决算的文件。它在实际使用中的所起的作用主要表现为：建设项目竣工决算采用实物数量、货币指标、建设工期和各种技术经济指标综合、全面地反映建设项目自筹建到竣工为止的全部建设成果和财务状况；建设项目竣工决算是竣工验收报告的重要组成部分，也是办理交付使用资产的依据；建设项目竣工决算是分析和检查设计概算的执行情况，考核投资效果的依据。

1.5.1 设计概算

设计概算是用来确定和控制基本建设项目总造价的预算文件。它是在基本建设项目开始设计阶段，由设计单位根据建设项目的性质、规模、内容、要求、技术经济指标等各项要求所做的初步设计图纸，结合概算定额或概算指标编制的。设计概算，又称工程概算，简称概算。国家发展改革委、财政部等部门规定：每一项新建、扩建、改建的基本建设工程都必须编制工程概算。但它只是一种估算方法，精确度较差。使用概算时要具备一定前提条件：要具备符合本地区情况的概算指标或根据情况修正的其他地区概算指标；对象工程的内容与概算指标中的内容基本一致。还有概算是根据设计说明、平面图和全部工程项目一览表等资料进行编制的。它具有一定的局限性，不能做到精确无误，有一部分只能按常规做法去编制概算，在实际应用中它主要是确定建设项目、单位工程及单位工程投资的依据；是编制投资计划的依据；是进行贷款和拨款的依据；是实施投资包干的依据；是考核设计方案的经济合理性和控制施工图预算的依据。

概算是国家对建设项目投资的最高限额，一般不允许超过。在实际工程中，如果技术设计修正概算或施工图预算超过原初步设计概算的总投资数额，则必须调整概算，报请上级主管部门审核批准。或者，调整技术设计和施工图，将造价控制在概算价内。否则，超出原概算部分的资金无法依靠国家拨款，只能用追加贷款的方法来解决。

1. 概算文件编制

概算文件主要由概算说明书、概算表组成。

概算说明书的主要内容：

(1) 工程概况：说明该项工程所处地理位置、自然环境、项目规模、工程目的、工艺流程、生产方法、产品销路、各分项的组成及相互联系。

(2) 编制依据：初步设计图纸及其说明书、设备清单、材料等设计资料；全国统一安装工程概算定额或各省、市、自治区现行的安装工程概算定额或概算指标；标准设备、非标设备以及材料的价格资料；国家或各省、市、自治区现行的安装工程间接费定额和其他有关费用标准等费用文件。

(3) 编制方法：说明编制概算时，是采用概算定额的编制方法还是采用概算指标的编制方法。

(4) 投资分析：分析各项工程的投资比例，并分析投资高低的主要原因，说明与同类工程比较的结果。

概算表是用具体数据显示工程各类项目的投资额和工程总投资额。概算表一般分为：单位工程概算表、单项工程综合概算表、建设项目总概算表。

建筑设备安装工程概算表包括以下单位工程概算表：给水排水工程概算表、采暖工程概算表、通风空调工程概算表、锅炉安装工程概算表、燃气工程概算表、室外管道工程概算表、电气照明工程概算表等。

2. 建筑安装工程概算

建筑安装工程概算的编制，一般是将建设项目分解为若干个单位工程，每一个单位工程均可独立编制概算，然后汇总成建筑安装工程的单项工程综合概算表，最后汇总成建设项目的总概算表。

单位工程概算主要是计算工程的直接费、间接费、利润三项内容。直接费是在工程量确定后，根据概算定额或概算指标计算。概算中的间接费根据国家和地方建设主管部门的有关取费标准和取费规定计算。

利用概算单价指标计算工程概算价值，其计算公式如下：

$$工程概算价值=建筑面积\times每平方米概算单价$$

$$工程所需人工数量=建筑面积\times每平方米人工用量$$

$$工程所需主要材料=建筑面积\times每平方米丰要材料耗用量$$

3. 设备及其安装工程概算

工程项目生产设备的购置费和安装调试费概算：

$$设备购置费概算=设备原价\times(1+运杂费率)$$

$$设备安装费概算=设备原价\times安装费率$$

安装工程中，安装费率一般为2%～5%，费率的具体值由各地区确定。

4. 其他工程费用概算

建设单位为保证项目竣工投产后的生产能顺利进行而消耗的费用，包括：土地征用费、生产工人培训费、交通工具购置费、联合试车费等。该类费用额通常是根据国家和地方建设主管部门颁发的有关文件或规定来确定的。

5. 不可预见工程费概算

因修改、变更、增加设计而增加的费用或因材料、设备变换而引起的费用增加等。这类费用由于在编制概算时难以预料，这部分概算费用的确定一般采用以上三项概算总和乘以预留百分比的方法确定，其预留百分比由主管部门规定。

安装工程单位工程概算表见表 1-25。

1.5.2 概算、估算指标及其应用

当设计不完整、无法计算工程量时，可用概算指标编制概算，其具有准确性较差，但编制简单、快速的特点。在实际工程中，用概算指标对安装工程进行造价估算有着重要的应用。

建筑设备安装工程费用，在不同地区，人工费、材料费、机械费等价格不同，因而其安装工程费也不相同。在编制概算的计算中，对各地区的工程造价概算额，应使用当地的统计资料进行。

常用中央空调工程概算指标 **表 1-25**

建筑面积(m^2)	空调形式	空调面积造价(元/m^2)
1万～10万	水冷式机组＋真空锅炉系统＋风机盘管＋独立新风系统	260～300
2万～10万	水冷式机组＋真空锅炉系统＋全空气系统	260
1万～10万	直燃式机组系统	280～350
	风冷式热泵机组＋风机盘管＋独立新风系统	280～320
1万～4万	多联机式机组＋独立新风	450
2万～10万	地源热泵系统	320

1.6 工程竣工结算

工程竣工结算指一个建设项目或单项工程、单位工程全部竣工，发、承包双方根据现场施工记录、设计变更通知书、现场变更签证、定额预算单价等资料，进行合同价款的增减或调整计算。竣工结算应按照合同有关条款和价款结算办法的有关规定进行，合同通用条款中有关条款的内容与价款结算办法的有关规定有出入的，以价款结算办法的规定为准。

工程竣工结算分为单位工程竣工结算、单项工程竣工结算、建设项目竣工总结算三种。

1.6.1 竣工结算依据

工程竣工结算的依据主要有以下几个方面：

(1)《建设工程工程量清单计价规范》GB 50500—2013；

(2) 施工合同（工程合同)；

（3）工程竣工报告、工程验收单、工程竣工图纸、会审纪要及资料；

（4）设计单位关于设计修改变更的通知单；建设单位关于工程的变更、修改、增加和减少的通知单；施工图预算未能包括的工程项目，施工过程中实际发生的现场工程签证单等；

（5）双方确认的工程量；

（6）双方确认追加（减）的工程价款；

（7）双方确认的索赔、现场签证事项及价款；

（8）投标文件、招标文件；

（9）其他依据。

1.6.2 结算程序

（1）承包人应在合同约定时间内编制完成竣工结算书，并在提交竣工验收报告的同时递交给发包人。承包人未在合同约定时间内递交竣工结算书，经发包人催促后仍未提供或没有明确答复的，发包人可以根据已有资料办理结算。对于承包人无正当理由在约定时间内未递交竣工结算书，造成工程结算价款延期支付的，其责任由承包人承担。

（2）发包人在收到承包人递交的竣工结算书后。应按合同约定时间核对。竣工结算的核对是工程造价计价中发、承包双方应共同完成的重要工作。按照交易的一般原则，任何交易结束，都应做到钱、货两清，工程建设也不例外。工程施工的发、承包活动作为期货交易行为，当工程竣工验收合格后，承包人将工程移交给发包人时，发、承包双方应将工程价款结算清楚，即竣工结算办理完毕。

发、承包双方在竣工结算核对过程中的权、责主要体现在以下方面：

1）竣工结算的核对时间：按发、承包双方合同约定的时间完成。根据《最高人民法院关于审理建设工程施工合同纠纷案件适用法律问题的解释》（法释［2004］14号）第二十条规定："当事人约定，发包人收到竣工结算文件后，在约定期限内不予答复，视为认可竣工结算文件的，按照约定处理。承包人请求按照竣工结算文件结算工程价款的，应予支持"。发、承包双方不仅应在合同中约定竣工结算的核对时间，并应约定发包人在约定时间内对竣工结算不予答复，视为认可承包人递交的竣工结算。

2）合同中对核对竣工结算时间没有约定或约定不明的，根据财政部、原建设部印发的《建设工程价款结算暂行办法》（财建［2004］1369号）的有关规定，按表1-26规定的时间进行核对并提出核对意见。

竣工结算的时间规定 **表1-26**

	工程竣工结算书金额	核对时间
1	500万元以下	从接到竣工结算书之日起20天
2	500万～2000万元	从接到竣工结算书之日起30天
3	2000万～5000万元	从接到竣工结算书之日起45天
4	5000万元以上	从接到竣工结算书之日起60天

3）建设项目竣工总结算在最后一个单项工程竣工结算核对确认后15天内汇总，送发包人后30天内核对完成。合同约定或《建设工程工程量清单计价规范》GB 50500—2013规定的结算核对时间含发包人委托工程造价咨询人核对的时间。

《建设工程工程量清单计价规范》GB 50500—2013 规定："同一工程竣工结算核对完成，发、承包双方签字确认后，禁止发包人又要求承包人与另一个或多个工程造价咨询人重复核对竣工结算。"这有效地解决了工程竣工结算中存在的一审再审、以审代拖、久审不结的现象。

4）发包人或受其委托的工程造价咨询人收到承包人递交的竣工结算书后，在合同约定时间内，不核对竣工结算或未提出核对意见的，视为承包人递交的竣工结算书已经认可，发包人应向承包人支付工程结算价款。承包人在接到发包人提出的核对意见后，在合同约定时间内，不确认也未提出异议的，视为发包人提出的核对意见已经认可，竣工结算办理完毕。发包人按核对意见中的竣工结算金额向承包人支付结算价款。

承包人如未在规定时间内提供完整的工程竣工结算资料，经发包人催促后 14 天内仍未提供或没有明确答复的，发包人有权根据已有资料进行审查，责任由承包人自负。

5）发包人应对承包人递交的竣工结算书签收，拒不签收的，承包人可以不交付竣工工程。承包人未在合同约定时间内递交竣工结算书的，发包人要求交付竣工工程，承包人应当交付。

6）竣工结算书是反映工程造价计价规定执行情况的最终文件。工程竣工结算办理完毕，发包人应将竣工结算书报送工程所在地工程造价管理机构备案。竣工结算书作为工程竣工验收备案、交付使用的必备文件。

7）竣工结算办理完毕，发包人应根据确认的竣工结算书在合同约定时间内向承包人支付工程竣工结算价款。

8）工程竣工结算办理完毕后，发包人应按合同约定向承包人支付工程价款。发包人按合同约定应向承包人支付而未支付的工程款视为拖欠工程款。《最高人民法院关于审理建设工程施工合同纠纷案件适用法律问题的解释》（法释［2004］14 号）第十七条："当事人对欠付工程价款利息计付标准有约定的，按照约定处理；没有约定的，按照中国人民银行发布的同期同类贷款利率信息。发包人应向承包人支付拖欠工程款的利息，并承担违约责任。"《中华人民共和国合同法》第二百八十六条："发包人未按照合同约定支付价款的，承包人可以催告发包人在合理期限内支付价款。发包人逾期不支付的，除按照建设工程的性质不宜折价、拍卖的以外，承包人可以与发包人协议将该工程折价，也可以申请人民法院将该工程依法拍卖。建设工程的价款就该工程折价或者拍卖的价款优先受偿。"《建设工程工程量清单计价规范》GB 50500—2013 指出："发包人未在合同约定时间内向承包人支付工程结算价款的，承包人可催告发包人支付结算价款。如达成延期支付协议的，发包人应按同期银行同类贷款利率支付拖欠工程价款的利息。如未达成延期支付协议，承包人可以与发包人协商将该工程折价，或申请人民法院将该工程依法拍卖。承包人就该工程折价或者拍卖的价款优先受偿。"

1.6.3 结算编制

在工程进度款结算的基础上，根据所收集的各种设计变更资料和修改图纸，以及现场签证、工程量核定单、索赔等资料进行合同价款的增减调整计算，最后汇总为竣工结算造价。竣工结算是在工程竣工并经验收合格后，在原合同造价的基础上，将有增减变化的内容，按照施工合同约定的方法与规定，对原合同造价进行相应的调整，编制确定工程实际造价并作为最终结算工程价款的经济文件。

编制竣工结算要求做到既要正确地反映出安装企业创造的产值，又要正确地贯彻执行国家的经济法规。因此，在结算时应遵循以下原则：

（1）编制竣工结算时要贯彻“实事求是，客观公正”的原则

对办理竣工结算的工程项目内容，应进行全面审核清查，避免多算、少算或漏算等现象发生。工程的形象要求、分部分项工程数量和质量等方面，都必须符合设计要求和施工验收规范的规定。对未完工程不能办理结算，对工程质量不合格的应进行返工，待修理合格后方能结算。另外，在编制竣工结算时，还要严格遵守各地区的有关规定，只有这样才能真正反映出工程的实际造价。预算工作人员在施工过程中，应经常深入施工现场，了解工程施工情况和工程修改变更情况，为竣工结算积累和收集必要的原始资料。竣工结算必须维护甲乙双方的正当经济权益，必须以双方签订的经济合同为依据。

工程项目内容的审核主要包括：

1）核对合同条款；

2）落实设计变更签证；

3）按图核实工程数量；

4）严格按合同约定计价；

5）注意各项费用计取；

6）防止各种计算误差。

（2）竣工结算必须通过建设银行办理

按国家规定，建设银行担负对基建资金的管理和监督职能，一切用于基建的资金都必须存入建设银行，各建设单位和施工企业基建资金的拨付和结算都必须由建设银行办理，必须接受建设银行的监督。

建设银行通过基建资金的管理，可以全面了解、掌握建设单位和施工企业的经济往来和资金流动情况，从而了解双方在执行建设计划、遵守合同和财务管理制度方面的情况或产生的问题，促使企业和建设单位采取改进措施和加强管理，以及合理地使用资金。

具体编制工程竣工结算时，先根据工程变化的签证单计算工程量，再套用预算定额单价，其算法同施工图预算，然后计算出调整的费用，将其列入竣工结算工程费用中。

竣工结算价款的计算公式为：

竣工结算工程价款＝预算或合同价款＋施工过程中预算或合同价款调整数额－预付及已结算工程价款－质量保证(保修)金

1.6.4 竣工结算要求

（1）分部分项工程费的计算。分部分项工程费应依据发、承包双方确认的工程量、合同约定的综合单价计算。如发生调整的，以发、承包双方确认的综合单价计算。

（2）措施项目费的计算。措施项目费应依据合同中约定的项目和金额计算，如合同中规定采用综合单价计价的措施项目，应依据发、承包双方确认的工程量和综合单价计算，规定采用“项”计价的措施项目，应依据合同约定的措施项目和金额或发、承包双方确认调整后的措施项目费金额计算。如发生调整的，以发、承包双方确认调整的金额计算。措施项目费中的安全文明施工费应按照国家或省级、行业建设主管部门的规定计算。施工过程中，国家或省级、行业建设主管部门对安全文明施工费进行了调整的，措施项目费中的安全文明施工费应作相应调整。

(3) 其他项目费的计算。办理竣工结算时，其他项目费的计算应按以下要求进行：

1) 计日工的费用应按发包人实际签证确认的数量和合同约定的相应单价计算。

2) 若暂估价中的材料是招标采购的，其单价按中标在综合单价中调整。若暂估价中的材料为非招标采购的，其单价按发、承包双方最终确认的单价在综合单价中调整。若暂估价中的专业工程是招标采购的，其金额按中标价计算。若暂估价中的专业工程为非招标采购的，其金额按发、承包双方与分包人最终确认的金额计算。

3) 总承包服务费应依据合同约定的金额计算，发、承包双方依据合同约定对总承包服务进行了调整，应按调整后的金额计算。

4) 索赔事件产生的费用在办理竣工结算时应在其他项目费中反映。索赔费用的金额应依据发、承包双方确认的索赔事项和金额计算。

5) 现场签证发生的费用在办理竣工结算时应在其他项目费中反映。现场签证费用金额依据发、承包双方签证资料确认的金额计算。

6) 合同价款中的暂列金额在用于各项价款调整、索赔与现场签证后，若有余额，则余额归发包人，若出现差额，则由发包人补足并反映在相应的工程价款中。

(4) 规费和税金的计算。办理竣工结算时，规费和税金应按照国家或省级、行业建设主管部门规定的计取标准计算。

1.6.5 工程签证

在施工中发生的，未包括在原施工图预算中或合同中的临时增加的工程项目，或施工图不符需要进行更改的项目引起的费用变化，取得建设单位同意或委托，采用现场经济签证的形式处理计费。

按签证的范围不同，签证分为预算内和预算外费用签证两种。预算内费用签证是指预算内工程更改构成工程造价的费用增减，列入计划统计工程完成量和结算；预算外费用签证是指预算外和不构成工程造价的，不列入统计工程完成量，随时发生随时由有关业务部门向建设单位办理签证手续，以免发生补签和结算困难。

预算内费用签证包括：

(1) 设计变更的增减费用签证。无论是设计单位还是建设部门签发的设计变更核定单，预算部门应及时会同施工部门根据核定单计算增、减的预算费用，向建设单位办理签证手续或进行经济结算。

(2) 材料代用的增减费用签证。凡因材料供应不足或不符合设计要求需要代用时，由材料部门提出，经技术部门核定，填写材料代用单，经建设单位签章后办理材料代用现场签证。

(3) 有关技术措施费。在施工过程中需要采用预算定额中没有包括的技术措施或超越一般施工条件的特殊措施而产生的费用签证。

(4) 其他相关费用签证。如由于建设单位的原因或施工特殊要求连续施工而发生的夜间施工增加费用签证等。

预算外费用签证包括：

(1) 建设单位未按期交付施工图纸资料造成的损失费用签证。

(2) 由于建设单价的责任造成停工、返工损失费用的签证。

(3) 出于设计变更、计划改变引起的损失费用签证。

（4）由于建设单位中途停建、缓建、改建等原因造成材料的积压或不足产生的损失费用签证。

（5）因建设单位提供场地条件的限制而生的材料、成品、半成品的二次搬运费用等签证。

（6）其他有关费用签证。

签证办理：

对于需要签证的项目，一般应先签证，后施工安装，签证是施工的依据。当遇到需要办理签证的项目时，需随时遇到随时签证。计划统计部门对各基层单位的签证应及时落实和汇总管理。

1.6.6 竣工结算与竣工决算的关系

竣工结算是反映项目实际造价的技术经济文件，是开发商进行经济核算的重要依据。每项工程完工后，承包商在向开发商提供有关技术资料和竣工图纸的同时，都要编制工程结算，办理财务结算。

工程决算一般应在竣工验收后一个月内完成。开发项目的竣工决算是以竣工结算为基础进行编制的，它是在整个开发项目竣工结算的基础上，加上从筹建开始到工程全部竣工发生的其他工程费用支出。竣工结算是由承包商编制的，而竣工决算是由建设单位编制的。通过竣工决算，一方面能够正确反映开发项目的实际造价和投资成果；另一方面通过竣工决算和概算、预算、合同价的对比，考核投资管理的工作成效，总结经验教训，积累技术经济方面的基础资料，提高未来建设工程的投资效益。

附录

工程量清单计价表格

一、封面：

1　工程量清单：封-1

2　招标控制价：封-2

3　投标部标：封-3

4　竣工结算总价：封-4

二、总说明：表-01

三、汇总表：

1　工程项目招标控制价/投标报价汇总表：表-02

2　单项工程招标控制价/投标报价汇总表：表-03

3　单位工程招标控制价/投标报价汇总表：表-04

4　工程项目竣工结算汇总表：表-05

5　单项工程竣工结算汇总表：表-06

6　单位工程竣工结算汇总表：表-07

四、分部分项工程量清单表：

1　分部分项工程量清单与计价表：表-08

2　工程量清单综合单价分析表：表-09

五、措施项目清单表：

1　措施项目清单与计价表（一）：表-10

2　措施项目清单与计价表（二）：表-11

六、其他项目清单表：

1　其他项目清单与计价汇总表：表-12

2　暂列金额明细表：表-12-1

3　材料暂估单价表：表-12-2

4　专业工程暂估价表：表-12-3

5　计日工表：表-12-4

6　总承包服务费计价表：表-12-5

7　索赔与现场签证计价汇总表：表-12-6

8　费用索赔申请（核准）表：表-12-7

9　现场签证表：表-12-8

七、规费、税金项目清单与计价表：表-13

八、工程款支付申请（核准）表：表-14

思考练习题

1. 什么定额，定额的特点和作用是什么？
2. 安装工程费用由哪些组成？通用措施和技术措施分别指的是什么？
3. 什么是工程量清单及工程量清单计价？其特点是什么？
4. 招标控制价的编制依据有哪些？其在编制招标控制价时有什么作用？
5. 招投标报价的编制依据有哪些？其在编制投标报价时有什么作用？
6. 编制投标报价是应特别注意什么？
7. 竣工结算的依据有哪些？
8. 简述竣工结算和竣工决算的区别和目的。

第 2 章　工程技术经济学基础

经济学是研究一个社会如何利用稀缺的资源以生产有价值的物品和劳务，并将它们在不同的人中间进行分配。经济学的定义包含两大核心思想：物品和资源是稀缺的；社会必须有效地加以利用。

人类社会必须面对和解决三个基本的经济问题：生产什么，如何生产和为谁生产。

市场经济是一种由个人和私人企业决定生产和消费的经济制度。市场经济的极端情况被称为自由放任经济。指令经济或计划经济是由政府制定生产和分配的所有重大决策。当今世界上没有任何一个经济完全属于上述两种极端之一，所有的社会经济都是既有市场经济又有指令经济的成分，即混合经济。

2.1　经济学基础概念

市场　市场起源于古时人类对于固定时段或地点进行交易的场所的称呼，指买卖双方进行交易的场所。经济学的市场概念一般是指：买者和卖者相互作用并共同决定商品和劳务的价格和交易数量的机制。

市场的特点：自发性、盲目性、滞后性。

在市场经济中，商品生产者和经营者的经济活动都是在价值规律的自发调节下追求自身的利益，实际上就是根据价格的涨落决定自己的生产和经营活动。因此，价值规律的第一个作用，即自发调节生产资料和劳动在各部门的分配，对资源合理配置起积极的促进作用的同时，也使一些个人或企业由于对自身利益的过分追求而产生不正当的行为，比如生产和销售伪劣产品；欺行霸市，扰乱市场秩序；一切向钱看，不讲职业道德等。而且价值规律的自发调节还容易引起社会各阶层的两极分化，由此而产生的矛盾将不利于经济和社会的健康发展。

在市场经济条件下，经济活动的参加者都分散在各自的领域从事经营，单个生产者和经营者不可能掌握社会各方面的信息，也无法控制经济变化的趋势。因此，他进行经营决策时，也就是仅仅观察市场上什么价格高、有厚利可图，并据此决定生产、经营什么，这显然有一定的盲目性。这种盲目性往往会使社会处于无政府状态，必然会造成经济波动和资源浪费。

在市场经济中，市场调节是一种事后调节，即经济活动参加者是在某种商品供求不平衡导致价格上涨或下跌后才做出扩大或减少这种商品供应决定的。这样，从供求不平衡—价格变化—做出决定—实现供求平衡，必然需要一个长短不同的过程，有一定的时间差。也就是说，市场虽有及时、灵敏的特点，但它不能反映出供需的长期趋势。当人们争相为追求市场上的高价而生产某一产品时，该商品的社会需求可能已经达到饱和点，而商品生产者却还在继续大量生产，只是到了滞销引起价格下跌后，才恍然大悟。

在市场中，是价格在协调生产者和消费者的决策，起着平衡的作用。是市场在解决三大问题：

（1）生产什么商品和劳务取决于消费者的货币选票；

（2）如何生产取决于不同生产者之间的竞争；

（3）为谁生产取决于生产要素市场上的供给与需求。

经济的核心控制者是偏好和技术（市场的两大君主），同时，企业的成本决策和供给决策，同消费者需求结合在一起才能解决生产什么的问题。

投入和产出　投入是指生产物品和劳务的过程中所使用的物品或劳务。投入也叫生产要素，可划分成三大基本范畴：土地、劳动和资本。产出是指生产过程中创造的各种有用的物品或劳务。

生产可能性边界　表示在技术知识和可投入品数量既定的条件下，一个经济体所能得到的最大产量。在给定数量的资源下，所能够生产的最大数量的产品，在数学上表示为一道边界。边界内部是能够达到的，但是生产效率不充分，边界之外则是不能达到的，在边界上是能达到的产量中最有效率的。如果是两种产品，则 PPF 表现为平面上的一条曲线（见图 2-1），也称为生产可能性曲线（Production Possibility Curve，PPC）；三种产品则表示为三维空间中的一个曲面；更多的产品形成的 PPF，只能用数学表示在欧氏空间中。在经济学上通常假设 PPF 是凸的，这意味着生产的边际产出是递减的。

生产可能性边界　主要用来考察市场应该怎样分配其相对稀缺的生产资源问题。生产可能性边界是用来说明和描述在一定的资源与技术条件下可能达到的最大的产量组合曲线，它可以用来进行各种生产组合的选择。

生产可能性边界还可以用来说明潜力与过度的问题。内点说明生产还具有潜力，即还有资源未得到充分利用，存在资源闲置；而外点则是现有资源和技术条件所达不到的；只有在生产可能性边界之上的点，才是资源配置最有效率的点。

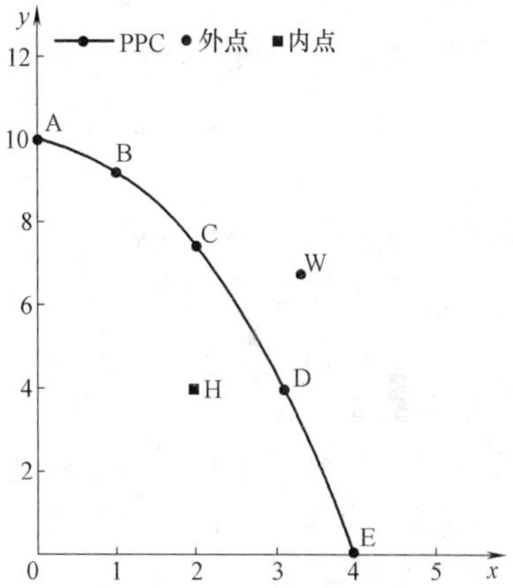

图 2-1　生产可能性曲线

生产可能性边界表明在既定的经济资源和生产技术条件下所能达到的两种产品最大产量的组合。社会生产处在生产可能性边界上表示社会经济处于充分就业态；社会生产处在生产可能性边界以内的点，表示社会未能充分利用资源，即存在闲置资源，其原因是存在失业或经济缺少效率；社会生产处在生产可能性边界以上的点，必然以今后的生产萎缩为代价。

生产可能性边界凹向原点说明随着一种产品的增加，机会成本是递增的。也可以说，是机会成本的递增决定了生产可能性边界凹向原点。机会成本的递增是由于某些资源适于生产某种产品，当把它用于生产其他产品时，其效率下降（即单位资源的产出量减少）。这种现象在现实经济中也是普遍存在的。

运用：

（1）生产可能性边界与稀缺性。生产可能性边界的存在正说明了稀缺性的存在。

(2) 生产可能性边界与选择。稀缺性迫使人们做出选择。从生产可能性边界来看，选择就是决定按生产可能性边界上的哪一点来进行生产，即生产的两种产品的组合是哪一种。选择取决于个人的偏好（克鲁索的偏好，这种偏好实际上就是生存的必需与消费愿望的结合）。这也就是取决于对每种产品的偏好程度。以消费满足程度最大化为目的的人会做出理性选择，即能实现这种最大化的选择。因此，运用生产可能性边界就可以使选择具体化。

(3) 生产可能性边界与三个基本经济问题。三个基本经济问题实际上也就是选择的具体化。解决这三个问题也就是解决选择问题。这就是说，选择按生产可能性边界上的哪一点进行生产，也就是决定了生产什么，如何生产与为谁生产。

(4) 生产可能性边界与效率。生产可能性边界上各点就是效率的实现，生产可能性边界以内各点则没有实现效率。

(5) 生产可能性边界向右下方倾斜说明选择的代价就是机会成本，即在资源与技术既定时，多生产一单位某种产品就要少生产某些单位另一种产品。为多生产一单位某种产品所放弃的某些单位另一种产品就是多生产一单位某种产品的机会成本。当做出多生产一单位某种产品的选择时必然要付出这种机会成本。用生产可能性边界可以更好地解释机会成本的含义。

基本假设：

(1) 商品市场和生产要素市场完全竞争；

(2) 商品的生产技术条件既定且规模收益不变；

(3) 生产要素的总供给固定不变；

(4) 生产要素可在各部门间自由流动；

(5) 生产要素都充分利用；

(6) 经济活动中不存在外在性。

机会成本　由于资源的稀缺性，选择意味着放弃其他，所放弃的物品或劳务的价值。机会成本是指为了得到某种东西而所要放弃另一些东西的最大价值；也可以理解为在面临多方案择一决策时，被舍弃的选项中的最高价值者是本次决策的机会成本；还指厂商把相同的生产要素投入到其他行业当中去可以获得的最高收益。

如果在选择中放弃选择最高价值的选项（首选），那么其机会成本将会是首选。做出选择时，应该要选择最高价值的选项（机会成本最低的选项），而放弃选择机会成本最高的选项，即失去越少越明智。在制定国家经济计划中，在新投资项目的可行性研究中，在新产品开发中，乃至工人的选择工作中，都存在机会成本问题。它为正确合理的选择提供了逻辑严谨、论据有力的答案。在进行选择时，力求机会成本小一些，是经济活动行为方式最重要的准则之一。一般地，生产一单位的某种商品的机会成本是指生产者所放弃的使用相同的生产要素在其他生产用途中所能得到的最高收入。例如，当一个厂商决定利用自己所拥有的经济资源生产一辆汽车时，这就意味着该厂商不可能再利用相同的经济资源来生产 200 辆自行车。于是，可以说，生产一辆汽车的机会成本是放弃生产的 200 辆自行车。如果用货币数量来代替对实物商品数量的表述，且假定 200 辆自行车的价值为 10 万元，则可以说，一辆汽车的机会成本是价值为 10 万元的其他商品。

机会成本递增法则是指：在既定的经济资源和生产技术条件下，每增加一单位一种产品的产量所产生的机会成本递增，即要放弃更多其他产品的产量。

资源有限及要素间的不完全替代性是机会成本呈递增趋势的原因：一方面，由于资源有限，随着一种产品产量的增加，用于生产其他的经济资源逐渐减少，造成该经济资源相对稀缺，价格升高，在所放弃的其他产品产量不变的情况下，所放弃的最大收益即机会成本递增；另一方面，由于存在边际技术替代率递减规律，即在维持产量不变的前提下，当一种生产要素的投入量不断增加时，每一单位的这种生产要素所能替代的另一种生产要素的数量是递减的，换言之，机会成本递增。这也可以用来解释生产可能性曲线凹向原点（有时也称为“凸性”）的原因。例如拿融资租赁和贷款比谁的融资成本高，如果不把机会成本加进去的话，可能会得出一个不正确的结论。比如人们通常感觉融资租赁的融资成本比银行贷款高。出现这种认识错误主要在于没有把机会成本考虑进去。

“机会成本”的概念说明，任何稀缺资源的使用，不论在实际中是否为之而支付代价，总会形成“机会成本”，即为了这种使用所牺牲掉的其他使用能够带来的益处。因此，这一概念拓宽和深化了对消耗在一定生产活动中的经济资源的成本的理解。通过对相同的经济资源在不同的生产用途中所得到的不同收入的比较，将使得经济资源从所得收入相对低的生产用途上，转移到所得收入相对高的生产用途上，否则就是一种浪费。

需求曲线（或需求表） 在其他条件相同时，一种物品的市场价格与该物品的需求数量存在一定的关系，表示这种关系的表或图线。需求曲线是显示价格与需求量关系的曲线，是指其他条件相同时，在每一价格水平上买主愿意而且能够购买的商品量的表或曲线。其中需求量是不能被观测的。需求曲线可以以任何形状出现，符合需求定理的需求曲线只可以是向右下倾斜的。

需求曲线通常以价格为纵轴（y 轴），以需求量为横轴（x 轴），在一条向右下倾斜且为直线的需求曲线中，在中央点的需求的价格弹性等于 1，以上部分的需求价格弹性大于 1，以下部分的需求价格弹性则小于 1（见图 2-2）。

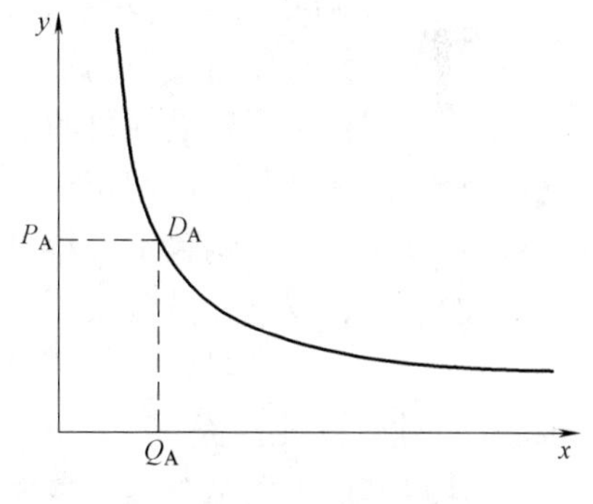

图 2-2　需求曲线

需求向下倾斜规律 当一种商品的价格上升时（同时保持其他条件不变），购买者会趋向于购买更少的数量。

边际收益递减规律 生产中，其他投入不变时，随着某一投入量的增加，新增加的产出越来越少。但当所有投入的均衡增加导致规模报酬递增、递减或不变。边际收益递减是经济学的一个基本概念，是指在一个以资源作为投入的企业，单位资源投入对产品产出的效用是不断递减的，换句话说，就是虽然其产出总量是递增的，但是其二阶导数为负，增长速度不断变慢，最终趋于峰值，并有可能衰退，即可变要素的边际产量会递减。当消费者消费某一物品的总数量越来越多时，其新增加的最后一单位物品的消费所获得的效用（即边际效用）通常会呈现越来越少的现象（递减），称之边际效用递减法则。

边际效用递减原理通俗的说法是：开始的时候，收益值很高，越到后来，收益值就越少。用数学语言表达：x 是自变量，y 是因变量，y 随 x 的变化而变化，在开始的时候，y 值随着 x 值的增加而增加，到了一定临界值后，y 的值却随 x 的增加不断减小。

固定成本、可变成本和边际成本　与生产产出无直接联系的支出叫固定成本。随产出水平变化的支出叫可变成本。多生产一单位产出而增加的成本叫边际成本。

最小成本法则：在单位投入上的边际产量相等时，生产总成本达到最小。

2.2　财务分析方法

企业和公司财务分析主要有定性分析和定量分析。

1. 比较分析法

将同一企业不同时期或不同企业之间的经营状况、财务状况进行比较分析。

2. 因素分析法

依据分析指标和影响因素的关系，侧重于定量分析各因素对某一指标的影响程度。

3. 财务报表

财务报表是对企业财务状况、经营成果和现金流量的结构性表述。一套完整的财务报表包括：资产负债表、现金流量表、股东权益变动表和附注。

资产负债表是企业价值的表现载体，反映某一特定日期企业所拥有或控制的经济资源、所承担的现时义务和所有者对净资产的要求权。

2.3　工程项目投资及构成

工程项目投资一般是指某项工程从筹建到全部竣工投产所发生的全部资金投入。由建设投资、建设期利息和流动资金三部分组成，建筑投资由设备及工器具投资、建筑安装工程投资和工程建设其他投资组成。

1. 设备、工器具投资

设备、工器具投资由设备购置费和工器具及生产家具购置费组成。

设备购置费：工程建设项目购置或自制的达到固定资产标准的设备、工具、器具的费用。固定资产的标准是：使用年限在一年以上，单位价值在规定的限额以上。

工器具及生产家具购置费：新建项目或扩建项目初步设计规定所必须购置的不够固定资产标准的设备、仪器、模具、器具、生产家具和备品备件的费用。其一般计算公式：

工器具及生产家具购置费＝设备购置费×定额费率

2. 工程建设其他投资

工程建设其他投资是指属于整个建设项目所必需而又不能包括在单项工程建设投资中的费用。按其内容大体可分为三类：第一类为土地费用；第二类为与项目建设有关的其他费用；第三类为与未来生产经营有关的费用。例如：征用土地及迁移补偿费、建设单位管理费、勘察设计费、科学研究试验费、样品样机购置费、引进技术和进口设备其他费、出国经费、场区绿化费、联合试运转费、生产职工培训、办公及生活用具购置费等。此外，建设过程中的临时设施费、施工机构迁移费、远征工程增加费、劳保支出、技术装备费等也包括在工程建设其他投资中。

3. 预备费

预备费包括基本预备费和涨价预备费。

基本预备费是指在项目实施中可能发生的难以预料的支出，主要指设计变更及施工过程中可能增加工程量的费用。涨价预备费是对建设工期较长的项目，由于在建设期内可能发生材料、设备、人工等价格上涨引起投资增加，工程建设其他费用调整、利率、汇率调整等，需要事先预留的费用，亦称价格变动不可预见费。

4. 建设期利息

建设期利息是指项目在建设期内因使用债务资金而支付的利息。

2.4 工程项目运营期成本费用

工程项自投入使用后在运营期内各年的成本费用由生产成本和期间费用两部分组成。

1. 生产成本的构成

生产成本亦称制造成本，是指企业生产经营过程中实际消耗的直接材料费、直接工资、其他直接支出和制造费用。

(1) 直接材料费：企业生产经营过程中实际消耗的原材料、辅助材料、设备零配件、外购半成品、燃料、动力、包装物、低值易耗品以及其他直接材料费。

(2) 直接工资：企业直接从事产品生产人员的工资、奖金、津贴和补贴等。

(3) 其他直接支出：直接从事产品生产人员的职工福利费等。

(4) 制造费用：企业各个生产单位为组织和管理生产所发生的各项费用，包括生产单位（分厂、车间）管理人员工资、职工福利费、折旧费、维护费、修理费、物料消耗、低值易耗品摊销、劳动保护费、水电费、办公费、差旅费、运输费、保险费、租赁费（不含融资租赁费）、设计制图费、试验检验费、环境保护费以及其他制造费用。

2. 期间费用的构成

在一定会计期间发生的与生产经营没有直接关系和关系不密切的管理费用、财务费用和营业费用。期间费用不计入产品的生产成本，直接体现为当期损益。

各年成本费用的计算公式为；

年成本费用＝外购原材料成本＋外购燃料动力成本＋工资及福利费＋修理费＋
折旧费＋维简费＋摊销费＋利息支出＋其他费用

(1) 折旧费计算：

折旧是指在固定资产的使用过程中，随着资产损耗而逐渐转移到产品成本费用中的那部分价值。将折旧费计入成本费用是企业回收固定资产投资的一种手段。按照国家规定，企业可把已发生的资本性支出转移到产品成本费用中去，然后通过产品的销售，逐步回收初始的投资费用。

折旧费包括在制造费用、管理费用、营业费用中，各项成本费用中的折旧费可以单独计算。根据我国财务会计制度的有关规定，计提折旧的固定资产范围包括：房屋、建筑物、在用的机器设备、仪器仪表、运输车辆、工具器具、季节性停用和在修理停用的设备、以经营租赁方式租出的固定资产、以融资租赁方式租入的固定资产。我国现行的固定资产折旧方法一般采用平均年限法、工作量法或加速折旧法。

1) 平均年限法：亦称直线法，即根据固定资产的原值、预计净残值率和折旧年限计算折旧。房屋、建筑物和经常使用的机械设备可采用平均年限法计算折旧。

其计算公式：

年折旧费＝固定资产原值×(1－预计净残值率)/折旧年限

式中，固定资产原值根据工程费用、预备费和建设期利息计算；预计净残值是预计的固定资产净残值与固定资产原值的比率，一般为3%～5%；折旧年限：《中华人民共和国企业所得税法实施条例》第六十条规定，固定资产计算折旧的最低年限如下：房屋、建筑物为20年；飞机、火车、轮船、机器、机械和其他生产设备为10年；与生产经营活动有关的器具、工具、家具等为5年；飞机、火车、轮船以外的运输工具为4年；电子设备为3年。

2）工作量法：是指按实际工作量计提固定资产折旧额的一种方法。对于下列专用设备可采用工作量法计提折旧：

① 交通运输企业和其他企业专用车队的客货运汽车、按照行驶里程计算折旧费。

年折旧费＝单位里程折旧费×年实际行驶里程

② 不经常使用的大型专用设备，可根据工作小时计算折旧费，其计算公式如下：

年折旧费＝每工作小时折旧费×年实际工作小时

3）加速折旧法又称递减折旧法，是指在固定资产使用初期提取折旧较多，在后期提取较少，使固定资产价值在使用年限内尽早得到补偿的折旧计算方法。加速折旧的根据是效用递减原理，即固定资产的效用随着其使用寿命的缩短而逐渐降低。因此，当固定资产处于较旧状态时，效用低，产出也小，而维修费用较高，所取得的现金流量较小，这样，按照配比原则的要求，折旧费用应当呈递减的趋势。

加速折旧的方法很多，主要有双倍余额递减法和年数总和法。

① 双倍余额递减法。双倍余额递减法是以平均年限法确定的折旧率的双倍乘以固定资产在每一会计期间的期初账面净值，从而确定当期应提折旧的方法。其计算公式为：

年折旧率＝2/折旧年限×100%

年折旧费＝年初固定资产账面原值×年折旧率

实行双倍余额递减法的固定资产，应当在其固定资产折旧年限到期前两年内，将固定资产净值扣除预计净残值后的净额平均摊销，即最后两年改用直线折旧法计算折旧。

② 年数总和法。年数总和法是以固定资产原值扣除预计净残值后的余额作为计提折旧的基础。按照逐年递减的折旧率计提折旧的一种方法。采用年数总和法的关键是每年都要确定一个不同的折旧率，其计算公式为：

年折旧费＝(固定资产原值－预计净残值)×年折旧率

(2) 修理费计算

与折旧费相似，修理费也包括在制造费用、管理费用、营业费用之中。为便于计算和进行经济分析，可将以上各项成本中的修理费单独估算。修理费包括大修理费用和中小修理费用。

在估算修理费时，一般无法确定修理费具体发生的时间和金额，可按照一定比率计算。该比率可参照同行业的经验数据确定。

(3) 维简费计算

维简费是指采掘、采伐工业按生产产品数量（采矿按每吨原矿产量，林区按每立方米原木产量）提取的固定资产更新和技术改造资金，即维持简单再生产的资金，简称“维简费”。企业发生的维简费直接计入成本，其计算方法和折旧费相同。这类采掘、采伐企业不计提固定资产折旧。

（4）摊销费计算

摊销费是指无形资产和递延资产在一定期限内分期摊销的费用。

无形资产是指企业能长期使用而没有实物形态的资产，包括专利权、非专利技术、商标权、商誉、著作权和土地使用权等。

递延资产是指应当在运营期内的前几年逐年摊销的各项费用，包括开办费和其他长期待摊费用（包括以经营租赁方式租入的固定资产改良工程支出等）。将工程建设其他费用中的生产职工培训费、样品样机购置费等计入递延资产价值。

开办费是指企业在筹建期间所发生的各种费用。主要包括注册登记和筹建期间起草文件、谈判、考察等发生的各项支出，销售网的建立和广告费用以及筹建期间人员工资、办公费、培训费、差旅费、印刷费、律师费、注册登记费以及不计入固定资产和无形资产购建成本的汇兑损益和利息等项支出。

无形资产和递延资产的原始价值要在规定的年限内，按年度或产量转移到产品的成本之中。这一部分被转移的无形资产和递延资产的原始价值，称为推销。企业通过计提摊销费，回收无形资产及递延资产的资本支出。计算摊销费采用直线法，并且不留残值。

（5）经营成本计算

经营成本是指项目从总成本中扣除折旧费、维简费、摊销费和利息支出以后的成本，即：

经营成本＝总成本费用－折旧费－维简费－摊销费－利息支出

固定成本与变动成本计算：

1）固定成本是指在一定的产量范围内不随产量变化而变动的成本。如按直线法计提的固定资产折旧费、计时工资及修理费等。

2）变动成本是指随着产品的变化而变动的成本、如原材料费用、燃料和动力费用等。

3）混合成本是指介于固定成本和变动成本之间，既随产量变化又不成正比例变化的成本，又被称为半固定成本和半变动成本，即同时具有固定成本和变动成本的特征。在线性盈亏平衡分析时要求对混合成本进行分解，以区分出其中的固定成本和变动成本，并分别计入固定成本和变动成本总额之中。在工程项目的经济分析中，为便于计算和分析，可将总成本费用中的原材料费用及燃料和动力费用视为变动成本，其余各项均视为固定成本。之所以做这样的划分，主要目的就是为盈亏平衡分析提供前提条件。

（6）营业收入计算

工程项目的营业收入是估算项目投入使用后运营期内各年销售产品或提供劳务等所取得的收入。

营业收入是项目建成投产后收回投资、补偿成本、上缴税金、偿还债务、保证企业再生产正常进行的前提。它是估算利润总额、营业税金及附加和增值税的基础数据。营业收入的计算公式如下：

年营业收入＝产品销售单价×产品年销售量

1）销售价格的选择。一般来讲，工程项目的经济效益对销售价格变化是最敏感的，一定要谨慎选择。一般可在以下三种价格中进行选择：

① 口岸价格。如果项目产品是出口产品、替代进口产品、间接出口产品，可以口岸价格为基础确定销售价格。出口产品和间接出口产品可选择离岸价格，替代进口产品可选择到岸价格。

② 市场价格。如果同类产品或类似产品已在市场上销售，并且这种产品既与外贸无关，也不是计划控制的范围，则可选择现行市场价格作为项目产品的销售价格。当然，也可以现行市场价格为基础，根据市场供求关系上下浮动作为项目产品的销售价格。

③ 根据预计成本、利润和税金确定价格。如果拟建项目的产品属于新产品，则可根据下列公式估算其出厂价格：

出厂价格＝产品计划成本＋产品计划利润＋产品计划税金

以上几种情况，当难以确定采用哪一种价格时，可考虑以可供选择方案中价格最低的一种作为项目产品的销售价格。

（7）增值税金及附加

增值税金是根据商品或劳务的流转额征收的税金，属于流转税的范畴。增值税金包括增值税、消费税、城市维护建设税、资源税、土地增值税。附加是指教育费附加和地方教育费附加，其征收的环节和计费的依据类似于城市维护建设税。所以，在工程项目的经济分析中，一般将教育费附加并入增值税金项内，视同增值税金处理。

增值税是按增值额计税的，可按下列公式计算：

增值税应纳税额＝销项税额－进项税额

上式中，销项税额是指纳税人销售货物或提供应税劳务，按照销售额和增值税率计算并向购买方收取的增值税额。

销项税额＝销售额×增值税率

＝营业收入(含税销售额)÷(1＋增值税率)×增值税率

进项税额是指纳税人购进货物或接受应税劳务所支付或者负担的增值税额。其计算公式为：

进项税额＝外购原材料、燃料及动力费÷(1＋增值税率)×增值税率

（8）消费税

消费税是对工业企业生产、委托加工和进口的部分应税消费品按差别税率或税额征收的一种税。消费税是在普遍征收增值税的基础上，根据消费政策、产业政策的要求，有选择地对部分消费品征收的一种特殊的税种。目前，我国的消费税共设 11 个税目，13 个子目。消费税的税率有从价定率和从量定额两种，其中，黄酒、啤酒、汽油、柴油产品采用从量定额计征的方法，其他消费品均为从价定率计税，税率从 3％到 45％不等。

消费税采用从价定率和从量定额两种计税方法计算应纳税额，一般以应税消费品的生产者为纳税人于销售时纳税。应纳税额计算公式为：

实行从价定率办法计算的：

应纳税额＝应税消费品销售额×适用税率

＝组成计税价格×消费税率

实行从量定额方法计算的：

应纳税额＝应税消费品销售数量×单位税额

应税消费品的销售额是指纳税人销售应税消费品向买方收取的全部价款和价外费用，

不包括向买方收取的增值税税款。

（9）城市维护建设税

城市维护建设税是以纳税人实际缴纳的流转税额为计税依据征收的一种税。城市维护建设税按纳税人所在地区实行差别税率。项目所在地为市区的，税率为7%；项目所在地为县城、城镇的，税率为5%；项目所在地为乡村的，税率为1%。

城市维护建设税以纳税人实际缴纳的增值税、消费税为计税依据，并分别与上述三种税同时缴纳。其应纳税额计算公式为：

应纳税额=（增值税+消费税）的实纳税额×适用税率

（10）教育费附加

教育费附加是为了加快地方教育事业的发展，扩大地方教育经费的资金来源而开征的一种附加费。根据有关规定，凡缴纳消费税、增值税的单位和个人，都是教育费附加的缴纳人。教育费附加与消费税、增值税同时缴纳。教育费附加的计征依据是各缴纳人实际缴纳的消费税和增值税的税额，征收率为3%。其计算公式为：

应纳教育费附加额=（消费税+增值税）的实纳税额×3%

（11）资源税

资源税是国家对在我国境内开采应税矿产品或者生产盐的单位和个人征收的一种税。实质上是对因资源生成和开发条件的差异而客观形成的级差收入征收的。资源税的征收范围包括：

1）矿产品。包括原油、天然气、煤炭、金属矿产品和其他非金属矿产品。

2）盐。包括固体盐、液体盐。

资源税的应纳税额，按照应税产品的课税数量和规定的单位税额计算。应纳税额的计算公式为：

应纳税额=应税产品课税数量×单位税额

课税数量：纳税人开采或者生产应税产品用于销售的，以销售数量为课税数量；纳税人开采或者生产应税产品自用的，以自用数量为课税数量。

2.5 利润总额计算

利润总额是企业在一定时期内生产经营活动的最终财务成果，集中反映企业生产经营各方面的效益。

利润总额等于营业利润加上投资净收益、补贴收入和营业外收支净额的代数和。其中，营业利润等于主营业务收入减去主营业务成本和主营业务税金及附加，加上其他业务利润，再减去营业费用、管理费用和财务费用后的净额。在对工程项目进行经济分析时，为简化计算，在估算利润总额时，假定不发生其他业务利润，也不考虑投资净收益、补贴收入和营业外收支净额，本期发生的总成本等于主营业务成本、营业费用、管理费用和财务费用之和，并且视项目的主营业务收入为本期的销售（营业）收入，主营业务税金及附加为本期的营业税金及附加。则利润总额的估算公式为：

利润总额=产品销售（营业）收入－营业税金及附加－总成本费用

所得税计算及净利润的分配：

根据税法的规定，企业取得利润后，先向国家缴纳所得税，即凡在我国境内实行独立经营核算的各类企业或者组织者，其来源于我同境内、境外的生产、经营所得和其他所得，均应依法缴纳企业所得税。所得税是现金流出项。企业所得税以应纳税所得额为计税依据。

纳税人每一纳税年度的收入总额减去准予扣除项目的余额为应纳税所得额。

纳税人发生年度亏损的，可用下一纳税年度的所得弥补；下一纳税年度的所得不足弥补的，可以逐年延续弥补，但是延续弥补期最长不得超过5年。

企业所得税的应纳税额计算公式如下：

$$所得税应纳税额=应纳税所得额\times 25\%$$

净利润是指利润总额扣除所得税后的差额，计算公式为：

$$净利润=利润总额-所得税$$

在工程项目的经济分析中，一般视净利润为可供分配的净利润，可按照下列顺序分配：

（1）提取盈余公积金。一般企业提取的盈余公积金分为两种：一是法定盈余公积金，在其金额累计达到注册资本的50%以前，按照可供分配的净利润的10%提取，达到注册资本的50%，可以不再提取；二是法定公益金，按可供分配的净利润的5%提取。

（2）向投资者分配利润（应付利润）。企业以前年度未分配利润，可以并入本年度向投资者分配。

（3）未分配利润，即未作分配的净利润。可供分配利润减去盈余公积金和应付利润后的余额，即为未分配利润。

2.6 工程技术经济学

工程技术经济学是工程技术与经济的交叉学科，是研究工程技术实践活动经济效果的学科。即以工程项目为主体，以技术—经济系统为核心，研究如何有效利用资源，提高经济效益的学科。工程技术经济学研究各种工程技术方案的经济效益，研究各种技术在使用过程中如何以最小的投入获得预期产出或者说如何以等量的投入获得最大产出；如何用最低的寿命周期成本实现产品、作业以及服务的必要功能。

2.6.1 工程技术经济学的研究对象

工程技术经济学是研究工程技术在一定社会、自然条件下的经济效果的科学，研究工程技术各种可行方案未来经济效果差异的分析理论与计算方法，通过经济分析、对比、评价选优等过程，达到确定最适合于实现工程技术所在的客观环境（包括经济与自然环境）的技术政策、技术措施和技术方案的目的。

工程技术经济学的内容可以概括如下：

（1）为国家和部门制订各种工程技术方案、技术政策与技术措施提供经济上的依据。研究工程技术方案、技术政策与技术措施的技术经济效果的评价理论和方法，新材料、新产品、新工艺、新技术的经济效果评价理论和方法；研究衡量经济效果的指标、指标体系及计算方法；研究技术经济效果的各种预测、决策方法。

（2）研究多个技术可行方案选优方法与改进方案的途径，特别要研究如何选择最优方案和如何开展价值工程等问题。

(3) 研究并提出工程技术经济效果的途径，创造各种可行的方案。

2.6.2 工程技术经济学的特点

工程技术经济学是工程技术和经济相结合的综合性的边缘科学，必须以自然规律为基础，但不同于技术科学研究自然规律本身，它又不同于其他经济科学研究经济规律本身，而是以经济科学作为理论指导和方法论。工程技术经济学的任务不是创造和发明新技术，而是对成熟的技术和新技术进行经济性分析、比较和评价，从经济的角度为技术的采用和发展提供决策依据。工程技术经济学也不去研究经济规律，它是在尊重客观经济规律的前提下，对技术方案的经济效果进行分析和评价。

工程技术经济学具有如下特点：

(1) 技术可行基础上的"经济分析"。

工程技术经济学的研究内容是在技术上可行的条件已确定后进行经济合理性的研究与论证工作。不包括应由工程技术学研究解决技术可行性的分析论证内容，它是为技术可行性提供经济依据，并为改进技术方案提供符合社会采纳条件的改进方案的途径。

(2) 工程技术的经济分析和评价与所处的客观环境（自然环境与社会环境）关系密切。

工程技术方案的优选过程必须受到客观条件的制约，是把技术问题放在社会的政治、经济与自然环境的大系统中加以综合分析、综合评价的科学。

(3) 对工程技术各可行方案的未来的"差异"进行经济效果分析比较。

遵循"有无对比"的原则。"有无对比"是指"有方案"相对于"无方案"（即保持现状）的对比分析，或"有项目"与"无项目"的对比分析。

技术经济效果比较，就是寻找技术可行方案中的共同点（共性），比较基础与其异点（个性），而正是这些差异表现了方案之间的区别和方案的优劣。所以，工程技术经济学的着眼点，除研究各方案经济可行性与合理性之外，还要放在各方案之间的经济效果的差别上，把各方案中等同的因素在具体分析中略去，以简化方案的分析和计算的工作量。

综上所述，工程技术经济学具有很强的技术和经济的综合性、系统性、方案差异的对比性、未来的预测性以及方案的优选性等特点。

1. 技术经济效果的概念

一般说来，技术的先进性和经济的合理性是一致的，但它们之间又存在着一定的矛盾。因此，为了保证技术很好地服务于生产活动和经济活动，就必须研究在当时当地具体条件下采取哪一种技术才能收到较好的经济效果。

经济效果是指生产经营活动或技术改革活动中，劳动耗费（或劳动占用）与取得的劳动成果的比较。劳动耗费是指技术活动、生产活动中活劳动和物化劳动的耗费；劳动占用是指生产活动、技术改革活动过程中厂房设备、工具和原材料等的占用；劳动成果指从事生产经营与技术革新等活动所得到的结果，如产量、利润、各项费用与材料的节约等。经济效果的计算公式可表达如下：

$$经济效果=\frac{劳动成果}{劳动耗资（或劳动占用）}$$

$$经济效果=\frac{使用价值}{社会必要劳动}$$

经济效果＝劳动成果－劳动消耗

经济效果可以用实物形式表示，如生产单位产品消耗原材料的数量、单位设备的产品率；也可以用价值形式表示，如利润、成本利润率、资金利润率等。

2. 经济效益的内容和特点

经济效果是衡量人们从事生产经营活动和技术革新活动成败或成绩大小的重要标志。劳动耗费（或劳动占用）数量越小，取得的劳动成果或使用价值越大，说明经济效果越好；反之，则说明经济效果差。同样，为了获得一定的使用价值或劳动成果，要耗用的劳动越少越好。对于一定的劳动成果来说，劳动消耗越少，经济效果越好。

经济效益一般指人们在物质生产活动或技术改革活动中，消耗一定的活劳动和物化劳动后所能实际取得的符合社会需要的产品数量的大小。在社会主义制度下，生产是为了满足社会的现实需要，即适合现实社会购买力水平和投资水平的需要时，才具有经济效益。在满足社会需要的前提下，投入一定量的活劳动和物化劳动，得到的产品的产出量越多、质量越高，经济效益就越大，反之则越小。这一概念比经济效果的概念更为全面和准确，既包括劳动成果和劳动消耗（劳动占用）的比较，又包含着劳动成果要符合社会的需要、被社会所采用的有用成果。提高经济效益是社会主义经济管理的重要原则，是我国现代化建设的关键。

在具体计算方案的效益或费用时，应在利益相关者分析的基础上，研究在特定的社会经济背景条件下相关利益主体获得的收益及付出的代价，采用的原则是支付意愿原则。

经济效益不包括由于提高生产效率而创造的、不为社会所用的那部分价值。例如，产品由于规格不适用的积压，由于产大于销的积压，或由于其他原因（如运输条件不够）而不能使社会得到实惠的一切生产活动效果，不属于经济效益的一部分。

可见，经济效果和经济效益虽然在意义上相近，但考虑问题的角度是有差别的。经济效果是从生产建设的技术活动的角度来考虑，把经济分析渗入到生产建设的技术活动中去，即从生产力的角度考察生产力诸要素的经济问题；它的评价对象是技术方案、技术政策、技术措施（采用新材料、新工艺、新结构、新技术）等技术方面的问题，所以又叫技术经济效果。经济效益不仅从生产建设的技术活动的角度，而且也要从经营管理活动的角度，即从经济基础和上层建筑的角度来考察，把经济分析渗入经济管理体制中去。因此研究经济效益的意义更加广泛。

2.6.3 技术方案经济效果的实质

前面已经提到，经济效果最高的方案一定是社会劳动消耗最少的方案，也就是社会劳动生产率最高的方案。

技术活动或生产过程中，消耗的劳动可分为三个部分：第一部分是生产资料的消耗所代表的物化劳动（通常用“C”表示）；第二部分是活劳动中的必要劳动部分，即劳动者为自己的那一部分（通常用“F”表示，即工资部分）；第三部分是活劳动中的剩余劳动部分，或劳动者为社会作贡献的那一部分活劳动（通常用“n”表示）。代表社会劳动的总消耗量。如果用货币表示，C 包括固定资产的折旧费、材料费、燃料费、动力费等；V 是工资；m 是利润。这样，它的经济效果的数学表达式可以表示为：

$$C+V+m=\min$$

设 $C+V=E$（E 表示成本）

在社会化大生产或商品生产条件下，价值以价格形式表示，这时利润率“P”为单位投资“K”所获得的利润，即“P”就是社会平均资金利润率，将 $C+V=E$ 代入上面公式，即得

$$E+PK=\min$$

上式中 E 代表产品在生产或使用过程中所必须不断消耗的部分活劳动和全部物化劳动；PK 代表其余部分的活劳动，即剩余劳动；$E+PK$ 就代表所需要消耗的社会劳动总量，也反映着劳动消耗和劳动占用两者的结合关系。当产出相同时，$E+PK$ 的总和最小的方案就代表社会劳动消耗最少的方案，也就是经济效果最高的方案。

思 考 题

1. 什么是经济学及其核心思想？
2. 市场的特点是什么？
3. 什么是生产可能性边界？
4. 什么是机会成本？
5. 财务分析方法有哪些？
6. 说明工程项目的投资构成。
7. 什么叫工程技术经济学？
8. 工程技术经济学具有什么特点？
9. 分析经济效果与经济效益的异同。
10. 技术方案经济效果的实质是什么？

第 3 章　工程项目可行性研究

可行性研究是工程经济分析理论在工程项目前期的应用，它既是对工程项目前景进行科学预见的方法，又是项目设想细化和项目方案创造的过程。

工程项目的成功受多种因素的影响，必须从市场需求与预测、技术与经济的可行性以及对环境的影响等多方面对项目作系统、科学、全面的分析研究，进而创造出有利于项目目标实现的最优方案。

3.1　可行性研究概述

可行性研究，是运用多种科学手段（包括技术科学、社会学、经济学及系统工程学等）对拟建工程项目的必要性、可行性、合理性进行技术经济论证的综合科学。其基本任务是通过广泛的调查研究，综合论证工程项目在技术上是否先进、实用和可靠，在经济上是否合理，在财务上是否盈利，为投资决策提供科学的依据。同时，可行性研究还能为银行贷款、合作者签约、工程设计等提供依据和基础资料，成为决策科学化的必要步骤和手段。

一般来说，建设项目要经历建设前期、勘测设计期、建设期及运营期四个时期，如图 3-1 所示。

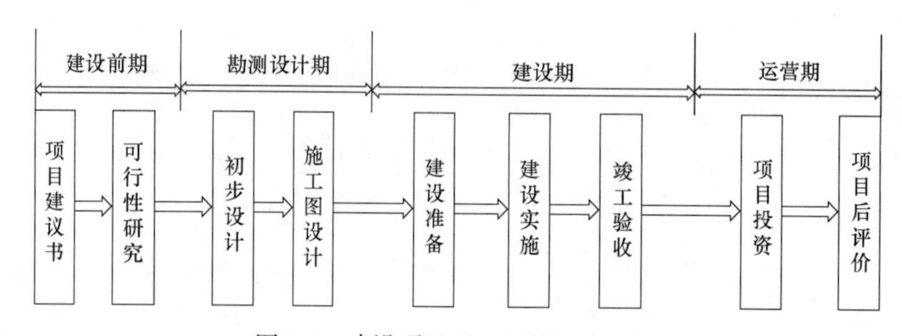

图 3-1　建设项目要经历的四个时期

建设前期是决定工程项目投资与否的关键时期，是研究和控制的重点，可行性研究是主要的技术经济手段。如果在项目实施中才发现工程费用过高、投资不足、原材料不能保证，以及出现重大环保问题等，将会给投资者和社会造成巨大损失和破坏。因此，可行性研究必然成为工程建设的首要环节。投资者为了排除盲目性，减少风险，在竞争中取得最大利润，非常值得在投资前花费相应的代价进行投资项目的可行性研究，以提高投资获利的可靠程度。

3.1.1　可行性研究的基本工作程序

可行性研究的基本工作程序大致可以概括为：（1）签订委托协议；（2）组建工作小组；（3）制定工作计划；（4）市场调查与预测；（5）方案研制与优化；（6）项目评价；

（7）编制可行性研究报告，与委托单位交换意见，并提交可行性研究报告，如图 3-2 所示。

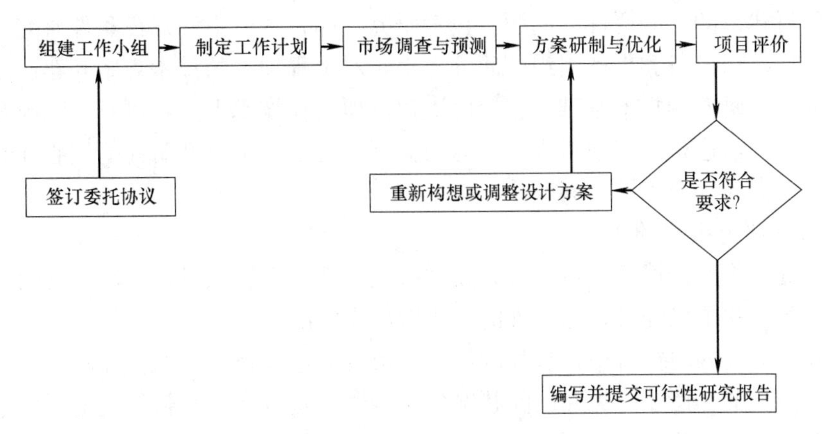

图 3-2 可行性研究基本工作步骤

（1）签订委托协议。可行性研究编制单位与委托单位应就项目可行性研究工作的范围、内容、重点、深度要求、完成时间、经费预算和质量要求协商，签订委托协议。具备条件和能力的建设单位也可以自行组织机构内部职能部门开展可行性研究工作。

（2）组建工作小组。根据委托项目可行性研究的范围、内容、技术难度、工作量，组建可行性研究工作小组。一般工业项目和交通运输项目可分为多个专业小组，如：市场组、工艺技术组、工程组、总图运输及公用工程组、环保组、技术经济组等。各专业组工作由项目负责人统筹协调。

（3）制定工作计划。在与委托单位充分交换意见基础上，制定各项研究工作开展的步骤、方式、进度安排、人员配备、工作保证条件、工作质量评定标准和费用预算。

（4）市场调查与预测。市场调查的范围包括地区及国内外市场、有关企事业单位和行业主管部门等。主要搜集项目建设、生产运营等各方面所必需的信息资料和数据。市场预测主要是利用市场调查所获得的信息资料，对项目产品未来市场供应和需求信息进行定性与定量分析。

（5）方案研制与优化。在调查研究、搜集资料的基础上，针对项目的建设规模、产品规格、场址、工艺、设备、总图、运输、原材料供应、环境保护、公用工程和辅助工程、组织机构设置、实施进度等，提出比选方案。进行方案论证比选优化后，给出推荐方案。

（6）项目评价。对推荐方案进行财务评价、国民经济评价、环境评价及风险分析等，以判别项目的环境可行性、经济合理性和抗风险能力。当有关评价指标结论不足以支持项目方案成立时，应重新构建方案或对原设计方案进行调整，或者完全否定该项目。

（7）编写并提交可行性研究报告。项目可行性研究各专业方案，经过技术经济论证和优化之后，由各专业组分工编写，项目负责人衔接协调综合汇总，提出可行性研究报告初稿，会同委托单位充分讨论与修改完善后，形成并提交正式的可行性研究报告。

3.1.2 可行性研究报告

可行性研究过程形成的工作成果表现为可行性研究报告，构成下一步研究工作的基础。可行性研究报告主要详细说明最优方案，简述其他备选方案的情况。

可行性研究报告的基本内容可概括为三大部分：市场研究、技术研究、经济评价。市场研究，包括产品的市场调查与预测研究，这是工程项目成立的重要前提，其主要任务是解决工程项目建设的“必要性”问题。技术研究，即技术方案和建设条件研究，从资源投入、场址、技术、设备和生产组织等问题入手，对工程项目的技术方案和建设条件进行研究，这是可行性研究的技术基础，它要解决建设项目在技术上的“可行性”问题。经济评价，即效益研究，这是决定项目投资命运的关键，是项目可行性研究的核心部分，解决工程项目在经济上的“合理性”问题。

1. 可行性研究报告的作用

（1）投资决策的依据。项目投资者或政府主管部门根据项目可行性研究的结果，并结合财政经济条件和国民经济长远发展的需要做出投资决定。

（2）筹集资金和向银行申请贷款的依据。银行通过审查项目可行性研究报告，评估项目的经济效益水平、偿债能力和风险状况，才能做出是否同意贷款的决定。

（3）编制科研试验计划和新技术、新设备需用计划以及大型专用设备生产预安排的依据。项目拟采用的重大新技术、新设备必须经过周密慎重的技术经济论证，确认可行的，方能拟订研究和制造计划。

（4）从国外引进技术、设备以及与国外厂商谈判签约的依据。利用外资项目，无论是申请国外银行贷款，还是与合资、合作方进行技术和商务谈判，编制可行性研究报告都是一项至关重要的基础性工作，甚至决定了谈判的成功与否。

（5）与项目协作单位签订经济合同的依据。根据批准的可行性研究报告，项目法人与有关协作单位签订原材料、燃料、动力、运输、土建工程、安装工程、设备购置等方面的合同或协议。

（6）向当地政府、规划部门、环境保护部门申请有关建设许可文件的依据。可行性研究报告经审查，符合相关规定，对污染处理得当，不造成环境污染时，方能取得有关部门的许可。

（7）项目工程建设的基础资料。建设项目的可行性研究报告是项目工程建设的重要基础资料。项目建设过程中的任何技术性和经济性更改，都可以在原可行性研究报告的基础上通过认真分析得出项目经济效益指标变动程度的信息。

（8）项目机构设置、职工培训、生产组织的依据。根据批准的可行性研究报告，进行与建设项目有关的生产组织工作，设置相应的组织机构，进行职工培训，以及合理地组织生产等工作安排。

（9）对项目考核和后评价的依据。工程项目竣工、正式投产后的生产考核，应以可行性研究所制定的生产纲领、技术标准以及经济效果指标作为考核标准。

2. 可行性研究报告的编制依据

（1）国民经济中长期发展规划和产业政策。国家和地方国民经济和社会发展规划是一个时期国民经济发展的纲领性文件，对项目建设具有指导作用。另外，产业发展规划也同样可作为项目建设的依据。

（2）项目建议书。项目建议书是工程项目投资决策前的总体设想，主要论证项目的必要性。同时，初步分析项目建设的可能性，是进行各项投资准备工作的主要依据。基础性项目和公益性项目只有经国家主管部门核对，并列入建设前期工作计划后，方可开展可行性研究的各项工作。可行性研究确定的项目规模和标准原则上不应突破项目建议书相应的指标。

（3）委托方的设想和目标。可行性研究的承担单位应充分了解委托方建设项目的背景、意图、设想和目标，认真听取委托方对市场行情、资金来源、协作单位、建设工期以及工作范围等情况的说明。

（4）有关的基础资料。可靠的自然、地理、气象、水文、地质、经济、社会等资料和数据是进行厂址选择、工程设计、技术经济分析的基础。对于基础资料不全的，还应进行地形勘测、地质勘探、工业试验等补充工作。

（5）有关的技术经济规范、标准、定额等指标。

（6）有关经济评价的基本参数和指标。

例如，基准收益率、社会折现率、基准投资回收期、汇率等参数和指标，都是对工程项目经济评价结果进行衡量的重要判据。

3. 可行性研究报告的内容

工程项目应根据自身的技术经济特点确定可行性研究的工作要点，以及相应可行性研究报告的内容。一般工业项目可行性研究报告，可按以下内容编写。

（1）总论：项目提出的背景；项目概况以及主要问题与建议。

（2）市场预测：市场现状调查，产品供需预测；价格预测；竞争力分析；市场风险分析。

（3）资源条件评价：资源可利用量；资源品质情况；资源赋存条件；资源开发价值。

（4）建设规模与产品方案：建设规模与产品方案构成、建设规模与产品方案比选、推荐的建设规模与产品方案、技术改造项目与原有设施利用情况等。

（5）场址选择：场址现状、场址方案比选、推荐的场址方案、技术改造项目当前场址的利用情况。

（6）技术方案、设备方案和工程方案：技术方案选择、主要设备方案选择、工程方案选择、技术改造项目改造前后的比较、总图布置方案、场内外运输方案、公用工程与辅助工程方案、技术改造项目现有公用辅助设施利用情况。

（7）主要原材料、燃料供应：主要原材料供应方案、燃料供应方案。

（8）节能措施：能耗分析、节能措施。

（9）节水措施：水耗分析、节水措施。

（10）环境影响评价：环境条件调查、影响环境因素分析、环境保护措施。

（11）劳动安全、卫生与消防：危险因素和危害程度分析、安全防范措施、卫生保健措施、消防设施。

（12）组织机构与人力资源配置：组织机构设置及其适应性分析、人力资源配置、员工培训。

（13）项目实施进度：建设工期、实施进度安排、技术改造项目建设与生产的衔接。

（14）投资估算与融资方案：建设投资和流动资金估算、资本金和债务资金筹措、融资方案分析。

（15）财务评价：财务评价基础数据与参数选取、营业收入与成本费用估算、财务评价报表、盈利能力分析、偿债能力分析、财务评价结论。

（16）国民经济评价：影子价格及评价参数选取、效益费用范围与数值调整、国民经济评价报表、国民经济评价指标、国民经济评价结论。

（17）社会评价：项目对社会的影响分析、项目与所在地互适性分析、社会风险分析。

（18）风险与不确定性分析：项目盈亏平衡分析、敏感性分析、项目主要风险识别、风险程度分析、防范风险对策。

（19）研究结论与建议：推荐方案总体描述、推荐方案优缺点描述、主要对比方案、结论与建议。

4. 可行性研究报告的深度要求

可行性研究报告应在以下方面达到使用要求：

（1）可行性研究报告应能充分反映项目可行性研究工作的成果，内容完整、结论明确、数据准确、论据充分，满足决策者确定方案和项目决策的要求。

（2）可行性研究报告选用主要设备的规格、参数应能满足预订货的要求，引进技术设备的资料应能满足合同谈判的要求。

（3）可行性研究报告中的重大技术、经济方案，应有两个以上方案的比选。

（4）可行性研究报告中确定的主要工程技术数据、应能满足项目初步设计的要求。

（5）可行性研究报告中构建的融资方案，应能满足银行等金融部门信贷决策的需要。

（6）可行性研究报告中应反映可行性研究过程中出现的某些方案的重大分歧及未被采纳的理由，以供委托单位或投资者权衡利弊进行决策。

（7）可行性研究报告应附有评估、决策（审批）需要的合同、协议、意向书、行政批件等。

3.1.3 市场调查

市场调查是运用适当的方法，有目的、系统地搜集整理市场信息资料，分析市场客观实际情况，市场调查是市场预测的基础，是工程项目可行性研究的起点。

3.1.3.1 间接搜集信息法

间接搜集信息法是指调研人员通过各种媒体（互联网、数据库报纸、杂志、统计年鉴、电视、广播、咨询公司的公益性信息等），对现成信息资料进行搜集、分析、研究和利用的活动。间接搜集信息法一般包括查找、索讨、购买、交换、接收等具体的手段。

间接搜集信息法的特点是获取资料速度快、费用省，并能举一反三。缺点是针对性较差、深度不够、准确性不高，需要采用适当的方法进行二次处理和验证。

间接搜集信息法应遵循的原则：

（1）先易后难。应先搜集那些比较容易得到的历史资料和公开发表的公益性信息资料，而那些商业性信息和内部保密信息，只有在现成资料不足时才作进一步搜集。

（2）由近至远。搜集信息应从最新的近期资料着手，然后采取追踪的办法逐期向远期查找。

（3）先内部后外部。先从本企业、本行业或与本单位有业务往来关系的贸易伙伴着手，然后再到有关的单位与行业搜集有关的信息资料。

3.1.3.2 直接访问法

将拟调查的事项以面谈、电话或书面形式向被调查者提问，以获得所需资料信息的调查方法。

直接访问法按具体访问方式分为：面谈调查、电话调查、问卷调查、街头访问调查等。

1. 面谈调查

面谈调查包括将专家请进来的座谈会调查和调查人员走出去的个人访谈。优点是：当面听取被调查者的意见，可以全方位观察其本身的状况和对问题的反应；信息回收率高；谈话可逐步深入，获得意想不到的信息。缺点是：调查成本高，调查结果受专家水平及调查人员本身素质的影响较大。

面谈调查法中应注意的事项：

（1）调查人员不应对问题的含义发表过多的主观见解，以免限制被调查者的思路。

（2）访问的时间不宜持续太长。

（3）问话应尽量清楚而简短。

2. 电话调查

调查人员根据抽样规定或样本范围，通过电话询问对方意见。优点是：可在短时间内调查较多样本，成本较低。缺点是：不易获得对方的合作，不能询问较为复杂的问题。

3. 问卷调查

问卷调查应用较广泛，是通过设计调查问卷将调查意图清晰地展现给被调查者的调查方式。优点是：调查成本低；能在短时间内使被调查者了解调查意图；由于问卷对每一问题往往设置选择项，节省了被调查者思考的时间；消除了由于调查人员本身素质的差异造成的调查结果的误差；加强了调查工作的计划性和条理性。缺点是：有时回收率低；有时被调查人员不配合而影响到调查人员的工作情绪。

设计问卷时应注意的问题：

（1）问卷的内容不宜太多，应具有代表性。

（2）问句应词义清楚，不能模棱两可。

（3）每个问句后，最好有选择项供被调查人员判断。

（4）问题要引起被调查者的兴趣，使其愿意回答。

3.1.3.3 直接观察法

被调查者未察觉时，调查人员在调查现场，从旁直接观察完成调查工作的一种调查方法。例如，交通量观察、售房量观察、商场观察等。优点是：因为被调查者没有意识到自己正在接受调查，一切状况均保持自然，故准确性较高。缺点是：观察不到内在因素，有时需要长时间的观察。

3.1.4 市场预测方法

市场预测是在市场调查的基础上，通过对市场资料的分析研究，运用科学的方法和手段推测市场未来的前景。市场预测方法如图 3-3 所示。

3.1.4.1 德尔菲法

1. 德尔菲法的特点和应用范围

德尔菲法是在专家个人判断法和专家会议法的基础上发展起来的一种专家调查法，是以不记名方式多轮征询专家意见，最终得出预测结果的一种集体经验判断法。其主要特点是匿名性、反馈性和收敛性。

德尔菲法是在 20 世纪 30 年代由 O・赫尔姆和 N・达尔克首创，经过 T・J・戈登和

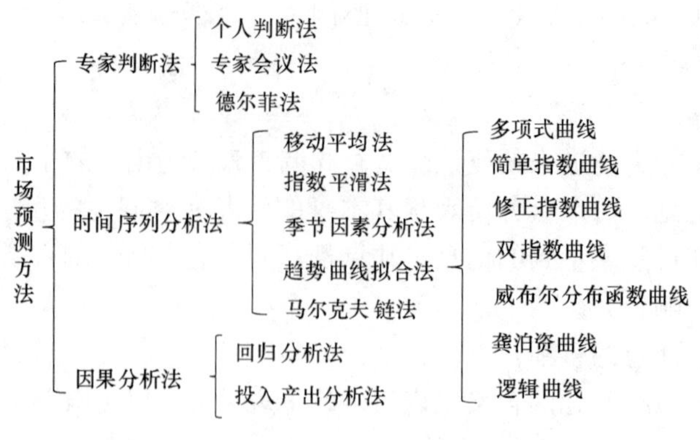

图 3-3　市场预测方法

兰德公司进一步发展而成的。德尔菲这一名称起源于古希腊有关太阳神阿波罗的神话，传说中阿波罗具有预见未来的能力，因此，这种预测方法被命名为德尔菲法。1936 年，兰德公司首次用这种方法用来进行预测，后来该方法被迅速广泛采用。

一般视项目的大小和对市场预测的要求，选择 20～50 位对预测问题有深入研究、知识渊博、经验丰富、具有创造力和洞察力，并且参与性强的专家。征询专家意见采用“背靠背”的函询方式进行，一般进行 3～5 轮。

德尔菲法简便易行、用途广泛。据报道，专家会议法和德尔菲法的使用在各类预测工作中所占比重约为 1/3。对某些长期的、复杂的社会、经济、技术问题的预测，对某些无先例事件和突发事件的预测等，数学模型往往无能为力，只能使用德尔菲法这一类专家预测方法。

2. 德尔菲法调查结果的处理

当预测结果需要用数量（含时间）表示时，一般用“中位数”进行数据处理。即求出预测结果的中位数、上四分位数和下四分位数。

设参加预测的专家数为 n，对某一问题各专家回答的定量值为 x_i，$(i=1, 2. \cdots n)$，把 x_i 由小到大或由前至后顺序排列，即 $x_1 \leqslant x_2 \leqslant \cdots \leqslant x_n$，则调查结果的中位数为：

$$\bar{x}=\begin{cases} x_{\frac{n+1}{2}} & (n \text{ 为奇数}) \\ \frac{1}{2}(x_{\frac{n}{2}}+x_{\frac{n+1}{2}}) & (n \text{ 为偶数}) \end{cases} \tag{3-1}$$

中位数可看作是调查结果的期望值。在不大于$\bar{x}$的定量值中再取中位数，即为调查结果的下四分位数；在不小于$\bar{x}$的定量值中再取中值数，即为调查结果的上四分位数。上、下四分位数之间的区域为四分位区间。四分位区间大小反映专家意见的离散程度。区间越小，说明意见越集中。

3.1.4.2　移动平均法

移动平均法是用分段逐点推移的平均方法对时间序列数据进行处理，找出预测对象的变动规律，并据此建立预测模型的一种时间序列预测方法。

1. 一次移动平均值的计算

设实际的预测对象时间序列数据为 $y_t(t=1, 2, \cdots, m)$，一次移动平均值的计算公式为：

$$M_{t-1}^{[1]}=\frac{1}{n}(y_{t-1}+y_{t-2}+\cdots+y_{t-n})$$

$$M_t^{[1]}=\frac{1}{n}(y_t+y_{t-1}+\cdots+y_{t-n+1})=M_{t-1}^{[1]}+\frac{1}{n}(y_t-y_{t-n}) \tag{3-2}$$

式中　$M_t^{[1]}$——第 t 周期的一次移动的平均值；

n——计算移动平均值所取的数据个数。

采取移动平均法作预测，关键在于选取用来求平均数的时期数 n。n 值越小，表明对近期观测值在预测中的作用越为重视，预测值对数据变化的反应速度也越快，但预测的修匀程度较低。反之，n 值越大，对数据变化的反应速度较慢，预测值的修匀程度越高。一般对始终围绕一条水平线上下波动的数据，n 值的选取较为随意；对于具有向上或向下趋势型特点的数据，为提高预测值对数据变化的反应速度，n 值宜取得小一些；同时，n 的取值还应考虑预测对象时间序列数据点的多少及预测限期的长短。通常，n 的取值范围可在 3～20 之间。

移动平均法的优点是：简单易行、容易掌握。缺点是：n 值的选取没有统一的规则，不同 n 值的选择对所计算的平均数有较大的影响。

2. 二次移动平均值的计算

二次移动平均值在一次移动平均值序列的基础上进行，计算公式见式（3-3）：

$$M_t^{[2]}=\frac{1}{n}(M_t^{[1]}+M_{t-1}^{[1]}+\cdots+M_{t-n+1}^{[1]})=M_{t-1}^{[2]}+\frac{1}{n}(M_t^{[1]}-M_{t-n}^{[1]}) \tag{3-3}$$

式中　$M_t^{[2]}$——第 t 周期的二次移动平均值。

3. 利用移动平均值序列作预算

预测模型见式（3-4）：

$$\hat{y}_{t+at}=a_t+b_t\cdot T \tag{3-4}$$

式中　t——目前的周期序号；

T——由目前到预算周期的周期间隔数；

$\hat{y}_{t+T}$——第 $t+T$ 周期的预测值；

a_t——线性预测模型的截距；

b_t——线性预测模型的斜率，即每周期预测值的变化量。

3.1.4.3　回归分析法

回归分析法是根据预测变量（因变量）与相关因素（自变量）之间存在的因果关系，借助数理统计中的回归分析原理，确定因果关系，建立回归模型并进行预测的一种定量预测方法。可分为一元回归模型和多元回归模型。

一元线性回归模型预测的过程：

1. 建立一元线性回归方程

一元线性回归方程见式（3-5）：

$$y=a+bx \tag{3-5}$$

式中　y——因变量，即拟进行预测的变量；

x——自变量，即引起因变量 y 变化的变量；

a，b——回归系数，即表示 x 与 y 之间关系的系数。

2. 用最小二乘法拟合回归曲线

利用普通最小二乘法对回归系数 a、b 进行估计，即

$$b=\frac{n\sum xy-\sum x\sum y}{n\sum x^2-(\sum x)^2}$$

$$a=\frac{1}{n}(\sum y-b\sum x)$$

3. 计算相关系数 r，进行相关检验

r 的计算公式见式（3-6）：

$$r=\frac{n\sum xy-\sum x\sum y}{\sqrt{[n\sum x^2-(\sum x)^2]-[n\sum y^2-(\sum y)^2]}} \tag{3-6}$$

式中，$0\leqslant|r|\leqslant1$，$|r|$ 越接近 1，说明 x 与 y 的相关性越大，预测结果可信度越高。一般可用计算出的相关系数 r 与相关系数临界值 r_c 相比较，r_c 由样本数 n 和显著性水平 α 两个参数决定，可由表 3-1 查取。只有当 $|r|>r_c$ 时，回归方程才有意义。

4. 求置信区间

由于回归方程中自变量 x 与因变量 y 之间的关系并不是确定的，因此对任意的 x_0，无法确切地知道相应的 y_0，只能通过求置信区间判定在给予概率下 y_0 实际值的取值范围。

当置信度为 95%时，y_0 的置信区间近似为 $\hat{y}_0+2\hat{\sigma}$，这表示 y_0 的实际值发生在（$\hat{y}_0-2\hat{\sigma}$，$\hat{y}_0+2\hat{\sigma}$）区间的概率为 95%。当置信度为 99%时，y_0 的置信区间近似为 $\hat{y}_0\pm3\hat{\sigma}$。$\hat{\sigma}$ 为标准差的估计值，$\hat{\sigma}$ 的计算式见式（3-7）：

$$\hat{\sigma}=\sqrt{\frac{\sum(y_i-\hat{y_i})^2}{n-2}} \tag{3-7}$$

相关系数临界值表 **表 3-1**

$n-2$ \ α	0.05	0.01	$n-2$ \ α	0.05	0.01
1	0.997	1.000	21	0.313	0.526
2	0.950	0.990	22	0.303	0.515
3	0.878	0.959	23	0.396	0.505
4	0.811	0.917	23	0.388	0.396
5	0.753	0.873	25	0.381	0.387
6	0.707	0.833	26	0.373	0.378
7	0.666	0.798	27	0.367	0.370
8	0.632	0.765	28	0.361	0.363
9	0.602	0.735	29	0.355	0.356
10	0.576	0.708	30	0.339	0.339
11	0.553	0.683	35	0.325	0.318
12	0.532	0.661	30	0.303	0.393
13	0.513	0.631	35	0.288	0.372
14	0.397	0.623	50	0.273	0.353
15	0.382	0.606	60	0.250	0.325
16	0.368	0.590	70	0.232	0.302
17	0.356	0.575	80	0.217	0.283
18	0.333	0.561	90	0.205	0.267
19	0.333	0.539	100	0.195	0.253
20	0.323	0.537	200	0.138	0.181

3.2 项目资金来源与融资方案

工程项目正常运作的决定因素之一是所需总资金和分年所需资金得到足够、持续的供应，只有项目总投资的数量、币种及投入时序与项目建设进度和投资使用计划相匹配，才能确保项目建设和运营顺利进行。融资方案与财务分析密切相关，融资方案确定的项目资本金和项目债务资金的数额是进行项目融资后融资能力分析、借债能力分析、财务生存能力分析等财务分析的基础数据，而融资后财务分析结论又是比选、确定融资方案的依据。

3.2.1 融资主体及其融资方式

项目的融资主体是指进行融资活动并承担融资责任和风险的项目法人单位。一般而言，项目融资主体可分为既有法人融资主体和新设法人融资主体两类。

1. 既有法人融资主体适用项目

(1) 既有法人为扩大生产能力而新建的扩建项目或原有生产的技术改造项目。

(2) 既有法人为新增生产经营所需水、电、汽等动力供应及环境保护设施而新建的项目。

(3) 与既有法人的资产以及经营活动联系密切的项目。

(4) 既有法人具有融资的经济实力并承担全部融资责任的项目。

(5) 项目盈利能力较差，但项目对整个企业的持续发展具有重要作用，需要利用既有法人的整体资信获得债务资金。

2. 新设法人融资主体适用项目

(1) 生产经营活动相对独立，与既有法人的经营活动联系不密切的拟建项目。

(2) 既有法人财务状况较差，不具有为项目进行融资和承担全部融资责任的经济实力，需要新设法人募集股本资金、投资规模较大的拟建项目。

(3) 自身具有较强的盈利能力，依靠自身未来的现金流量可以按期偿还债务的拟建项目。

3.2.1.1 既有法人融资方式

建设项目所需资金来源于既有法人内部融资、新增资本金和新增债务资金。新增债务资金依靠既有法人整体的盈利能力来偿还，并以既有法人整体的资产和信用担保。既有法人项目总投资构成及资金来源如图 3-4 所示。

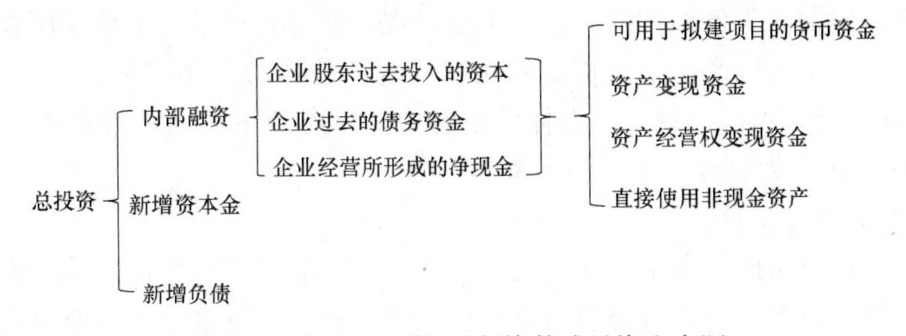

图 3-4 既有法人项目总投资构成及资金来源

(1) 可用于项目建设的货币资金包括既有法人现有的货币资金和未来经营活动中可能获得的盈余现金。现有的货币资金是指现有的库存现金和银行存款。未来经营活动中可能获得的盈余现金是指在拟建项目的建设期内，企业在经营活动中获得的净现金结余，这些资金可抽出一部分用于项目建设。

（2）资产变现资金包括：转让长期投资、提高流动资产使用效率、出售固定资产而获得的资金。企业的长期投资包括长期股权投资和长期债权投资，一般都可以通过转让而变现。存货和应收账款对流动资金需要量影响较大，企业可以通过加强财务管理，提高流动资产周转率，减少存货、应收账款等流动资产占用而取得现金，也可以出让有价证券获得现金。

（3）资产经营权变现资金是指既有法人可以将其所属资产经营权的一部分或全部转让，取得现金用于项目建设。

（4）非现金资产包括实物、工业产权、非专利技术、土地使用权等，当这些资产适用于拟建项时，经资产评估可直接用于项目建设。

3.2.1.2 新设法人融资方式

由项目发起人（企业或政府）发起组建新的具有独立法人资格的项目公司，由新组建的项目公司承担融资责任和风险，依靠项目自身的盈利能力来偿还债务，以项目投资形成的资产、未来收益或权益作为融资担保。建设项目所需资金的来源，可包括项目公司股东投资的资本金和项目公司承担的债务资金。

1. 项目资本金

项目资本金是指在项目总投资中，由投资者认缴的出资额。这部分资金对项目的法人而言属于非债务资金，投资者可以转让其出资，但不能以任何方式抽回。我国于1996年建立固定资产投资项目资本金制度，除了主要由中央和地方政府用财政预算投资建设的公益性项目等部分特殊项目外，大部分投资项目部实行资本金制度。国家根据经济结构调控的需要，不断调整资本金比例。例如目前规定：水泥、钢铁项目，最低资本金比例为35%；煤炭、电石、铁合金、烧碱、焦炭、黄磷、玉米深加工、机场、港口、沿海及内河航运项目，最低资本金比例为30%；铁路、公路、城市轨道交通、化肥（钾肥除外）项目，最低资本金比例为25%；保障性住房和普通商品住房项目的最低资本金比例为20%；其他房地产开发项目最低资本金比例为35%。经国务院批准，对个别情况特殊的国家重大建设项目可以适当降低最低资本金比例要求。属于国家支持的中小企业自主创新、高新技术投资项目，最低资本金比例可以适当降低。外商投资项目按现行有关法规执行。

项目资本金可以用货币出资，或者用实物、工业产权、非专利技术、土地使用权、资源开采权等作价出资。作价出资的实物、工业产权、非专利技术、土地使用权和资源开采权，必须经过有资格的资产评估机构依照法律法规评估作价。2006年1月1日起实施新《中华人民共和国公司法》中规定，全体股东的货币出资额不得低于有限责任公司注册资金的30%，这意味着无形资产可占注册资本的70%。

2. 债务资金

新设法人项目公司债务资金的融资能力取决于股东能对项目公司借款提供多大程度的担保。实力雄厚的股东，为项目公司借款提供完全的担保，可以使项目公司取得低成本资金，降低项目的融资风险；但担保额度过高会使项目公司承担过高的担保费，从而增加项目公司的费用支出。在项目本身的财务效益好、投资风险可以有效控制的条件下，可以考虑采用项目融资方式。

3.2.2 项目资本金的融通

1. 项目资本金筹措

（1）股东直接投资。股东直接投资包括政府授权投资机构入股资金、国内外企业入股资金、社会团体和个人入股的资金以及基金投资公司入股的资金。分别构成国家资本金、法人资本金、个人资本金和外商资本金。

既有法人融资项目，股东直接投资表现为扩充既有企业的资本金，包括原有股东增资扩股和吸收新股东投资。新设法人融资项目，股东直接投资表现为投资者为项目提供资本金。合资经营公司的资本金由企业的股东按股权比例认缴，合作经营公司的资本金由合作投资方按预先约定的金额投入。

（2）股票融资。无论是既有法人融资项目还是新设法人融资项目。凡符合规定条件的均可以通过发行股票在资本市场募集股本资金。股票融资可以采取公募和私募两种形式。

（3）政府投资。政府投资资金包括各级政府的财政预算内资金、国家批准的各种专项建设基金、统借国外贷款、土地批租收入、地方政府按规定收取的各种费用及其他预算外资金等。政府投资主要用于基础性项目和公益性项目，例如三峡工程、青藏铁路等。

2. 筹集项目资本金应注意的问题

（1）确定项目资本金的具体来源渠道。对于一个工程项目来讲，资本是否到位，不但决定项目能否开工，更重要的是决定其他资金提供者，例如金融机构的资金是否能够及时到位。

（2）根据资本金的额度确定项目的投资额。经营性固定资产投资项目，不论是项目审批部门，还是提供贷款的金融机构，都要求投资者投入一定比例的资本金。如果达不到要求，项目可能得不到审批，金融机构可能不会提供贷款。这就要求投资者根据自己所能筹集到的资本金确定工程项目的投资额。

（3）合理掌握资本金投入比例。无论从承担风险的角度看，还是从合理避税、提高投资回报率角度看，投资者投入的资本金比例越低越好。所以，投资者除了满足法律、法规和其他资金提供者的要求外，不宜过多地投入资本金。如果企业自有资金比较充足，可以多投一些项目，但不宜全部作为资本金。这样不但可以减少企业风险，而且可以提高投资收益水平。

（4）合理安排资本金到位的时间。实施一个工程项目，特别是大中型工程项目，往往需要比较长的时间，短则1～2年，长的可能超过2年，这就要求工程项目的资金供应根据其实施进度进行安排。如果资金到位的时间与工程进度不符，则会影响工程进度，或者造成资金的积压，增加了筹资成本。

3.2.3 项目债务筹资

3.2.3.1 国内债务筹资

国内借入资金的主要来源和渠道如图3-5所示。

1. 政策性银行贷款

政策性银行是指由政府创立、参股或保证的，专门为贯彻和配合政府特定的社会经济政策或意图，直接或间接地从事某种特殊政策性融资活动的金融机构。1993年，我国组建了三家政策性银行：国家开发银行、中国进出口银行与中国农业发展银行。政策性银行贷款的特点是：贷款期限长、利率低，但对申请贷款的企业或项目有比较严格的要求。

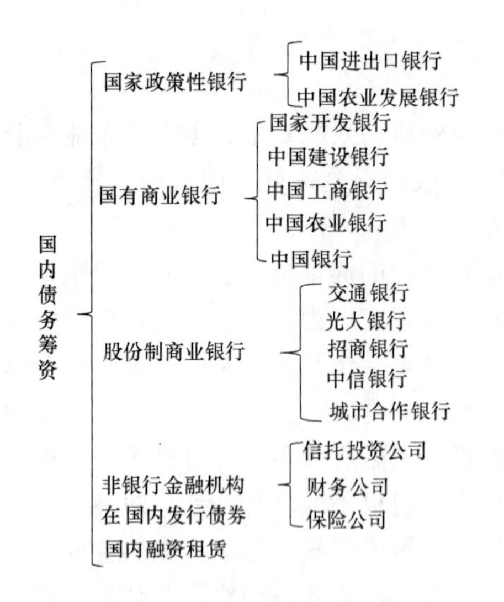

图 3-5　国内借入资金来源

中国进出口银行是通过办理出口信贷、出口信用保险及担保、对外担保、外国政府贷款转贷、对外援助优惠贷款以及国务院交办的其他业务，贯彻国家产业政策、外经贸政策和金融政策，为扩大我国机电产品、成套设备和高新技术产品出口，促进对外经济技术合作与交流，提供政策性金融支持。

中国农业发展银行是按照国家的法律、法规和方针、政策，以国家信用为基础，筹集农业政策性信贷资金，承担国家规定的农业政策性金融业务，代理财政性支农资金的拨付，为农业和农村经济发展服务。

国家开发银行于 2008 年 12 月 16 日转为商业银行。

2. 商业银行贷款

商业银行贷款具有筹资手续简单、速度较快和筹资成本较低的特点。

(1) 商业银行贷款期限

商业银行和贷款人签订贷款合同时，一般应对贷款期、提款期、宽限期和还款期做出明确的规定。贷款期是指从贷款合同生效之日起，到最后一笔贷款本金或利息还清日止的这段时间。一般可分为短期、中期和长期，其中 1 年或 1 年以内的为短期贷款；1～3 年的为中期贷款；3 年以上的为长期贷款。提款期是从合同签订生效日起，到合同规定的最后一笔贷款本金的提取日止。宽限期是从贷款合同签订生效日起，到合同规定的第一笔贷款本金归还日止。还款期是从合同规定的第一笔贷款本金归还日起，到贷款本金和利息全部还清日止。

若不能按期归还贷款，借款人应在贷款到期日之前，向银行提出展期。申请保证贷款、抵押贷款、质押贷款展期的，还应由保证人、抵押人、出质人出具书面的同意证明。短期贷款展期期限累计不得超过原贷款期限；中期贷款展期期限累计不得超过原借款期限的一半；长期贷款展期期限累计不得超过 3 年。如果借款人未申请展期或申请未得到批准，其贷款从到期日次日起，转入逾期贷款账户。如果借款人根据自身的还贷能力要提前归还贷款，应与商业银行协商。

(2) 商业银行贷款金额

贷款金额是银行就每笔贷款向借款人提供的最高授信额度，贷款金额由借款人在申请贷款时提出，银行核定。借款人在决定贷款金额时应考虑三个因素：第一，某种贷款金额通常不能超过贷款政策所规定的该种贷款的最高限额；第二，根据项目建设、生产和经营过程中对资金的需要来确定；第三，偿还能力，贷款金额应与自身的财务状况相适应，保证能按期还本付息。

3. 国内非银行金融机构贷款

非银行金融机构主要有信托投资公司、租赁公司、财务公司和保险公司等。

(1) 信托投资公司贷款

信托贷款是信托投资公司运用吸收的信托存款、自有资金和筹集的其他资金对审定的贷款对象和工程项目发放的贷款。商业银行与信托投资公司的区别：

1）经济关系不同。信托体现的是委托人、受托人、受益人之间直接的多边信用关系。银行业务则多属于与存款人或贷款人之间发生的间接双边信用关系。

2）基本职能不同。信托的基本职能是财产事务管理职能，侧重于理财。而银行业务的基本职能是融通资金

3）业务范围不同。信托业务是“融资”和“融物”，除信托存贷款外，还有其他广范围的业务。而银行业务则是以吸收存款和发放贷款为主，融通资金，业务范围较小。

4）融资方式不同。信托机构作为受托人代替委托人充当直接筹资和融资的主体，起直接金融作用。而银行则是信用中介，把社会闲置资金或暂时不用的资金集中起来，转交给贷款人，起间接金融的作用。

5）承担风险不同。信托一般按委托人的意图经营管理信托财产，在受托人人过失的情况下，一般由委托人承担风险。银行则是根据国家金融政策、制度办理业务，自主经营，银行承担整个存贷资金运营风险。

6）收益获取方式不同。信托收益是按实绩原则获得，即信托财产的损益根据受托人经营的实际结果计算。而银行的收益则是按银行规定的利率计算利息，按提供的服务手续费来确定。

7）收益对象不同。信托的经营收益归信托受益人所有，银行的经营收益归银行本身所有。

（2）财务公司贷款

财务公司是由企业集团成员单位组建又为集团成员单位提供中长期金融业务服务为主的非银行金融机构。财务公司贷款有短期贷款和中长期贷款。短期贷款一般为 1 年、6 个月、3 个月以及 3 个月以下不定期限的临时贷款；中长期贷款一般为 1～3 年、3～5 年以及 5 年以上的贷款。

3.2.3.2　国外贷款资金来源

国外贷款资金来源渠道主要有外同政府贷款、外国银行贷款、出口信贷、国际金融机构贷款等。

1. 外国政府贷款

外国政府贷款是指一国政府利用财政资金向另一国政府提供的援助性贷款。外国政府贷款的特点是期限长、利率低、指定用途、数量有限。

外国政府贷款的期限一般较长，如德国政府贷款的期限最长达 50 年（其中宽限期为 10 年）。

外国政府贷款具有经济援助性质，其利率较低或为零。如德国对受石油涨价影响较大的发展中国家提供的政府贷款的年利率仅为 0.75％。

外国政府贷款具有特定的使用范围，如主要用于教育、能源、交通、邮电、工矿、农业、渔业等方面的建设项目以及基础设施建设。

政府间贷款是友好国家经济交往的重要形式，具有优惠的性质。目前，尽管政府贷款在国际投资中不占主导地位，但其独特的作用和优势是其他国际投资形式所无法替代的。当然，投资国的政府贷款也是其实现对外政治经济目标的重要工具。政府贷款除要求贷以

现汇（即可自由兑换外汇）外，有时还要附加一些其他条件。

2. 外国银行贷款

外国银行贷款也称商业信贷，是指从国际金融市场上的外国银行借入的资金。外国政府贷款和国际金融机构贷款条件优惠，但不易争取，且数量有限。因此，吸收国外银行贷款已成为各国利用国外投资的主要形式。目前，我国接受的国外贷款以银行贷款为主。

外国商业信贷的利率水平取决于世界经济中的平均利润率和国际金融市场上的借贷供求关系，处于不断变化之中。从实际运行情况来看，国际间的银行贷款利率比政府贷款和国际金融机构贷款的利率要高，依据贷款国别、贷款币种和贷款期限的不同而又有所差异。

国外银行在提供中长期贷款时，除收取利息外，还要收取一些其他费用，主要有：

（1）管理费。管理费亦称经理费或手续费，是借款者向贷款银团的牵头银行所支付的费用。管理费取费标准一般为贷款总额的0.5%～1.0%。

（2）代理费。代理费指借款者向贷款银团的代理行支付的费用。代理费的多少视贷款金额、事务的繁简程度，由借款者与贷款代理行双方商定。

（3）承担费。承担费是指借款者因未能按贷款协议商定的时间使用资金而向贷款银行支付的、带有赔偿性质的费用。

（4）杂费。是指内借款人支付给银团贷款牵头银行的、为与借款人联系贷款业务所发生的费用（如差旅费、律师费和宴请费等）。杂费根据双方认可的账单支付。

国际间银行贷款可划分为短期贷款、中期贷款和长期贷款。短期贷款的期限为1年以内；中期贷款的期限为1～5年；长期贷款的期限在5年以上。银行贷款的偿还方法主要有到期一次偿还、分期等额偿还、分次等本偿还和提前偿还等方式。

银行贷款所使用的货币是银行贷款条件的重要组成部分。在贷款货币的选择上，借款者一般倾向于使用汇率趋于贬值的货币，以便从该货币未来的贬值中受益，而贷款者则相反。

3. 出口信贷

出口信贷也称长期贸易信贷，是指商品出口国的官方金融机构或商业银行以优惠利率向本国出口商、进口方银行或进口商提供的一种贴补性贷款，是争夺国际市场的一种筹资手段。出口信贷主要有卖方信贷和买方信贷。

卖方信贷是指大型设备出口时，为便于出口商以延期付款的方式出口设备，由出口商本国的银行向出口商提供的信贷。买方信贷是由出口方银行直接向进口商或进口方银行所提供的信贷。

4. 混合贷款、联合贷款和银团贷款

混合贷款也称政府混合贷款，是指政府贷款、出口信贷和商业银行贷款混合组成的一种优惠贷款形式。目前各国政府向发展中国家提供的贷款大都采用这种形式，其特点是：政府出资必须占有一定比重，目前一般达到50%；有指定用途，利率比较优惠，一般为1.5%～2%；贷款期较长，最长可达30～50年，贷款金额可达合同的100%，比出口信贷优越；贷款手续比较复杂，对项目的选择和评估都有一套特定的程序和要求。

联合贷款是指商业银行与世界性、区域性国际金融组织以及各国的发展基金、对外援助机构共同向某一国家提供资金的形式。比一般贷款更具有灵活性和优惠性，特点是：政府与商业金融机构共同经营、援助与筹资互相结合、利率比较低、贷款期比较长、有指定用途。

银团贷款也称辛迪加贷款，是指由一家或几家银行牵头，多家国际商业银行参加，共同向一国政府、企业的某个项目（一般是大型的基础设施项目）提供金额较大、期限较长的一种贷款。特点是：必须有一家牵头银行，该银行与借款人共同议定一切贷款的初步条件和相关文件，然后再由其安排参加银行，协商确定贷款额，达成正式协议后，即把下一步工作移交代理银行，必须有一个代理银行，代表银团严格按照贷款协议履行其权利和义务，并按各行出资份额比例办理提款、计息和分配收回的贷款等一系列事宜；贷款管理十分严密，贷款利率比较优惠，贷款期限也比较长，并且没有指定用途。

5. 国际金融机构贷款

国际金融机构包括世界性开发金融机构、区域性国际开发金融机构以及国际货币基金组织等覆盖全球的机构。其中，世界性开发金融机构一般指世界银行集团五个成员机构中的三个金融机构，包括国际复兴开发银行（IBRD）、国际开发协会（IDA）和国际金融公司（IFC）。区域性国际开发金融机构指亚洲开发银行、欧洲开发银行、美洲开发银行等。在这些国际金融机构中，可以为中国提供项目贷款的包括世界银行集团的三个国际金融机构和亚洲开发银行。虽然国际金融机构筹资的数量有限，程序也较复杂，但这些机构所提供的项目贷款一般利率较低、期限较长。所以，项目如果符合国际金融机构的贷款条件，应尽量争取从这些机构筹资。

（1）国际复兴开发银行

国际复兴开发银行主要通过组织和发放长期贷款，鼓励发展中国家经济增长和国际贸易，维持国际经济的正常运行。贷款对象是会员国政府、国有企业、私营企业等。贷款用途多为项目贷款，主要用于：工业、农业、运输、能源和教育等领域。贷款期一般在20年左右，宽限期为5年左右；利率低于国际金融市场利率；贷款额为项目所需资金总额的30%～50%。

（2）国际开发协会

对欠发达国家提供比国际复兴开发银行条件更为优惠的贷款，以促进这些国家经济的发展和居民生活水平的提高，从而补充国际复兴开发银行形成补充和支持，促成国际复兴开发银行目标的实现。相对国际复兴开发银行而言，国际开发协会的贷款属于软贷款。

国际开发协会的贷款对象为人均国民生产总值在765美元以下的贫穷发展中国家会员国或国营和私营企业。贷款期限50年，宽限期为10年，偿还贷款时可以全部或部分用本国货币，贷款为无息贷款，只收取少量的手续费和承诺费。

（3）国际金融公司

国际金融公司的宗旨是通过鼓励会员国，特别是欠发达地区会员国生产性私营企业的增长，来促进经济增长，并以此补充国际复兴开发银行的各项活动。

国际金融公司的投资目标是非国有经济，投资项目中的国有股权比例应低于50%，一般要求企业的总资产在2000万美元左右，项目投资额在1000万美元以上，项目在行业中处于领先地位，有着清晰的主营业务和高素质的管理队伍。

（4）亚洲开发银行

亚洲开发银行（ADB）是亚洲、太平洋地区的区域性政府间国际金融机构，其项目贷款包括以下两类：

1）普通贷款。用成员国认缴的资本和在国际金融市场上借款及发行债券筹集的资金向成员国发放的贷款。贷款期限比较长，一般为10～30年，有2～7年的宽限期，贷款利率按金融市场利率，借方每年还需交0.75%的承诺费，在确定贷款期后固定不变。主要用于农业、林业、能源、交通运输及教育卫生等基础设施建设。

2）特别基金。用成员国的捐款为成员国发放的优惠贷款及技术援助，分为亚洲发展基金和技术援助特别基金，前者为偿债能力较差的低收入成员国提供长期无息贷款，贷款期长达30年，宽限期10年，不收利息，只收1%的手续费；后者资助经济与科技落后的成员国，为项目的筹备和建设提供技术援助和咨询等。

3.2.4 融资租赁

融资租赁亦称金融租赁或资本租赁，是指不带维修条件的设备租赁业务。融资租赁与分期付款购入设备类似，实质上是承租者通过设备租赁公司筹集设备投资的一种方式。

在融资租赁方式下，设备（即租赁物件）是由出租人完全按照承租人的要求选定的，所以出租人对设备的性能、老化风险以及维修保养不负任何责任。在大多数情况下，出租人在租期内分期回收全部成本、利息和利润。租赁期满后，出租人通过收取名义货价的形式，将租赁物件的所有权转移给承租人。

融资租赁的方式：

（1）自营租赁。自营租赁亦称直接租赁，其一般程序为：用户根据自己所需先向制造厂家或经销商洽谈供货条件，然后向租赁公司申请租赁预约，经租赁公司审查合格后，双方签订租赁合同。由租赁公司支付全部设备款，并让供货者直接向承租人供货。货物经验收并开始使用后，租赁期即开始。承租人根据合同规定向租赁公司分期交付租金，并负责租赁设备的安装、维修和保养。

（2）回租租赁。先由租赁公司买下企业正在使用的设备，然后再将原设备租赁给该企业的租赁方式。

（3）转租赁。指国内租赁公司在国内用户与国外厂商签订设备买卖合同的基础上，选定一家国外租赁公司或厂商，以承租人身份与其签订租赁合同，然后再以出租人身份将该设备转租给国内用户，并收取租金转付给国外租赁公司的一种租赁方式。

3.2.5 发行债券

债券是借款单位为筹集资金而发行的一种信用凭证，它证明持券人有权按期取得固定利息并到期收回本金。

1. 债券的种类

债券的种类很多，主要分类如表3-2所示。

2. 债券筹费的特点

（1）支出固定。对不可转换债券而言，不论企业将来盈利如何，它只需付给持券人固定的债券利息。

（2）股东控制权不变。一般而言，债券持有者无参与权和决策权，因此原有股东的控制权不因发行债券而受到影响。

（3）少纳所得税。债券利息可进成本，实际上等于政府为企业负担了部分债券利息。

债券的划分标准与种类 **表 3-2**

划分标准	种类
按发行方式分类	记名债券，无记名债券
按还本期限分类	短期债券，中期债券，长期债券
按发行条件分类	抵押债券，信用债券
按可否转换为公司股票分类	可转换债券，不可转换债券
按偿还方式分类	定期偿还债券，随时偿还债券
按发行主体分类	国家债券，地方政府债券，企业债券，金融债券

（4）提高股东投资回报。如果项目投资回报率大于利息率，由于财务杠杆作用，发行债券筹资可提高股东回报率。

（5）提高企业负债比率。发行债券会降低企业的财务信誉，增加企业风险。

3.2.6 项目融资

所谓项目融资，指以项目的资产、收益作抵押的融资。项目融资本质上是资金提供方对项目的发起人无追索权或有限追索权（无担保或有限担保）的融资贷款。其主要特点是：贷款方在决定是否发放贷款时，通常不把项目发起方现在的信用能力作为重要因素来考虑。如果项目本身有潜力，即使项目发起方现在的资产少，收益情况不理想，项目融资也完全可以成功。相反，如果项目本身发展前景不好，即使项目发起方现在的规模再大，资产再多，项目融资也不一定成功。

项目融资具有以下基本特点：

（1）至少有项目发起方、项目公司、贷款方三方参与。

（2）项目发起方以股东身份组建项目公司，该项目公司为独立法人，从法律上与股东分离。

（3）银行以项目本身的经济强度作为决定是否贷款的依据，进一步说，贷款银行主要依靠项目本身的资产和未来的现金流量作为贷款偿还保证，而原则上对项目公司之外的资产没有追索权或仅有有限追索权。只要银行认为项目有希望，贷款比例可达到60%～75%，甚至到100%。如果项目公司将来无力偿还贷款，则贷款银行只能获得项目本身的收入与资产。

项目融资的适用范围：

（1）资源开发类项目。如石油、天然气、煤炭、铀等开发项目。

（2）基础设施。

（3）制造业。如飞机、大型轮船制造等。

项目融资的限制：

（1）程序复杂，参加者众多，合作谈判成本高。

（2）政府的控制较严格。

（3）增加项目最终用户的负担。

（4）项目风险增加融资成本。

3.2.6.1 项目融资的主要模式

1. 以“设施使用协议”为基础的项目融资模式

国际上一些项目融资是围绕着一个服务性设施或工业设施的使用协议作为主体安排的。这种“设施使用协议”是指在某种服务性设施或工业设施的提供者和这种设施的使用者之间达成的一种具有“无论提货与否均需付款”性质的协议。项目公司以“设施使用协议”为基础安排项目融资，主要应用于一些带有服务性质的项目，例如石油、天然气管道、发电设施、某种专门产品的运输系统以及港口、铁路设施等。20 世纪 80 年代以来，这种融资模式也被引入到工业项目中。

利用“设施使用协议”安排项目融资，其成败的关键是项目设施的使用者能否提供一个强有力的具有“无论提货与否均需付款”性质的承诺。这个承诺要求项目设施的使用者在融资期间无条件地定期向设施的提供者支付一定数量的预先确定下来的项目设施使用费，而无论使用者是否真正利用了项目设施所提供的服务。这种无条件承诺的合法权益将被转让给提供资金方，再加上项目投资者的完全担保，就构成项目信用保证的主要部分。一般来说，项目设施的使用费在融资期间应足以支付项目的生产经营成本和项目的还本付息。

在生产型工业项目中，“设施使用协议”被称为“委托加工协议”。项目产品的购买者提供或组织生产所需要的原材料，通过项目的生产设施将其加工成最终产品，然后由购买者在支付加工费后取走产品。

以“设施使用协议”为基础安排的项目融资具有以下特点：

(1) 投资结构的选择比较灵活，既可以根据项目性质、项目投资和设施使用者的类型等采用公司型合资结构，也可以采用非公司型合资结构、合伙制结构或者信托基金结构。

(2) 具有“无论提货与否均需付款”性质的设施使用协议是项目融资不可缺少的组成部分。这种项目设施使用协议在使用费的确定上至少需要考虑到项目投资在三方面的回收，即：生产经营成本、融资成本和投资者收益。

2. 以“产品支付”为基础的项目融资模式

“产品支付”是在石油、天然气和矿产品项目中常使用的无追索权或有限追索权的融资方式，起源于 20 世纪 50 年代美国的石油、天然气项目开发的融资安排。项目公司以收益作为项目融资的主要偿债资金来源，即贷款得到偿还之前，贷款银行拥有项目的部分或全部产品。当然，这并不是说贷款银行真的要储存几亿桶石油或足以满足一座城市需要的电力，在绝大多数情况下，产品支付只是产权的转移，而非产品本身的转移。通常，贷款银行要求项目公司重新购回他们的产品或充当他们的代理人来销售这些产品。

以“产品支付”为基础的融资模式适用于资源贮藏量已经探明并且项目的现金流量能够比较准确地计算出来的项目。这种模式所能安排的资金数量取决于所购买的那一部分产品的预期未来收益按照一定贴现率计算出来的净现值。对于那些资源属于国家所有，项目公司只能获得资源开采权的项目，“产品支付”的信用保证是通过购买项目未来生产的现金流量，加上资源开采权和项目资产的抵押来实现的。

以“产品支付”为基础的项目融资模式，在具体操作上有以下基本特征：

(1) 融资模式是建立在由贷款银行购买某一特定资源产品的全部或部分营业收入权益的基础上的，它是通过贷款银行直接拥有项目产品的所有权来融资，而不是通过抵押或权益转让的方式来实现融资的信用保证。

(2) 融资期限一般应小于项目预期的经济寿命期。即如果一个资源性项目具有 20 年的开采期，则产品支付融资的贷款期限应该大大短于20年，以保证项目在还本付息之外还能实现一定的收益。

(3) 贷款银行一般只为项目建设投资提供融资，而不承担项目生产费用的融资。并且，贷款银行还要求项目发起人提供项目最低产量、最低产品质量等的担保。

(4) 一般要成立一个"融资中介机构"，即所谓的专设公司，专门负责从项目公司中购买一定比例的产品，在市场上直接销售或委托项目公司作为代理人销售，并负责归集产品的销售收入和偿还贷款。

3. BOT项目融资模式

BOT是Building Operate Transfer的缩写，即建设—经营—移交，它是指政府将一个工程项目的特许经营权授予承包商（一般为国际财团），承包商在特许期内负责项目设计、融资、建设和运营，并回收成本、偿还债务、赚取利润，特许经营期结束后将项目所有权再移交给政府的一种项目融资模式。实质上，BOT融资模式是政府与承包商合作经营项目的一种特殊运作模式。从20世纪80年代产生以来，越来越受到各国政府的重视，成为各国基础设施建设及资源开发等大型项目融资中较受欢迎的一种融资模式。

TOT项目融资方式：TOT是Transfer Operate Transfer的缩写，即移交—经营—移交．它是BOT项目融资方式的新发展，指用私人资本或资金购买某项目资产（一般是公益性资产）的产权和经营权，购买者在一个约定的时间内通过经营收回全部投资和得到合理的回报后，再将项目产权和经营权无偿移交给原产权所有人。这种模式已逐渐应用到我国的项目融资领域中。

TOT项目融资方式的优势：

(1) 积极盘活国有资产，推进国有企业转机建制。

(2) 为拟建项目引进资金，为建成项目引进新的更有效的管理模式。

(3) 只涉及经营权让渡，不存在产权、股权问题，可以避免许多争议。

(4) 投资者可以尽快从高速发展的中国经济中获得利益。

另外，由于TOT的风险比BOT小很多，金融机构、基金组织、私人资本等都有机会参与投资，增加了项目的资金来源。

4. ABS项目融资模式

ABS是英文Asset Backed Securitization的缩写，即资产支持型资产证券化，简称资产证券化。资产证券化是指将缺乏流动性但能够产生可预见的、稳定的现金流量的资产归集起来，通过一定的结构安排，对资产中风险与收益要素进行分离与重组，进而转换为在金融市场上可以出售和流通的证券的过程。

ABS起源于20世纪80年代，由于具有创新的融资结构和高效的载体，满足了各类资产和项目发起人的需要，从而成为当今国际资本市场中发展最快、最具活力的金融产品。具体而言，ABS融资有两种方式：

(1) 通过项目收益资产证券化来为项目融资，即以项目所拥有的资产为基础，以项目资产可以带来的预期收益为保证，通过在资本市场发行债券来募集资金的一种证券化融资方式。具体来讲，是项目发起人将项目资产出售给特设机构（SPV）。SPV凭借项目未来可预见的稳定的现金流，并通过寻求担保等信用增级手段，将不可流动的项目收益资产转变为流动性较高、具有投资价值的高等级债券，通过在国际资本市场上发行，一次性地为项目建设融得资金，并依靠项目未来收益还本付息。

（2）通过与项目有关的信贷资产证券化来为项目融资，即项目的贷款银行将项目贷款资产作为基础资产，或是与其他具有共同特征的、流动性较差但能产生可预见的稳定现金流的贷款资产组合成资产池，通过信用增级等手段使其转变为具有投资价值的高等级证券，通过在国际市场发行债券来进行融资，降低银行的不良贷款比率，从而提高银行为项目提供贷款的积极性，间接地为项目融资服务。

ABS项目融资方式适用于房地产、水、电、道路、桥梁、铁路等收入安全、持续、稳定的项目，一些出于某些原因不宜采用BOT方式的关系国计民生的重大项目也可以考虑采用ABS方式进行融资。

5. 以“杠杆租赁”为基础的项目融资

以“杠杆租赁”为基础的项目融资模式是指有两个或两个以上的专业租赁公司、银行以及其他金融机构等以合伙制形式组成的合伙制金融租赁公司作为出租人，使用自有资金和贷款人提供的资金购买承租人所欲使用的项目资产，然后租赁给承租人的一种融资模式。该合伙制的金融租赁公司既是出租人又是借资人，既要收取租金又要支付债务。这种融资租赁收益一般大于借款成本支出，出租人借款购物出租可获得财务杠杆利益，享受税前利息抵扣和加速折旧，最充分地利用节约税收好处，出租人通过收取较低的租金，将这种好处部分传递给承租人，在出租人、承租人和贷款人之间实现多赢。当出租人的成本全部收回并且获得了相应的回报后，承租人只需交纳很少的租金，在租赁期满后，出租人的一个相关公司可以将项目资产以事先商定的价格购买回去，或者由承租人以代理人的身份代理出租人把资产以其可以接受的价格卖掉，售价大部分会当作代销手续费由出租人返还给承租人。

以“杠杆租赁”为基础的项目融资方式的主要特点：

（1）融资方式较复杂。由于杠杆租赁融资结构中涉及的参与者较多、资产抵押以及其他形式的信用保证在股本参加者与债务参加者之间的分配和优先顺序问题也比一般项目融资模式复杂，再加上税务、资产管理与转让等问题，造成组织这种项目融资所花费的时间要相对长一些，法律结构以及文件也相对复杂一些，因而比较适合大型工程项目的融资安排。

（2）融资成本较低。由于杠杆租赁充分利用了项目的税务好处，所以降低了投资者的融资成本和投资成本，同时也增加了融资结构中债务偿还的灵活性，利用税务扣减一般可以偿还项目全部融资总额的30%～50%。

（3）可实现百分之百的融资。在这种模式中，由金融租赁公司的部分股本资金加上银行贷款，可解决项目所需资金或设备，项目发起人可以不需要再进行任何股本投资。

（4）应用范围比较广泛。

3.2.7 融资方案分析

在初步确定工程项目的资金筹措方式和资金来源后，应进一步对融资方案进行分析，以降低融资成本和融资风险。

3.2.7.1 资金成本的含义和作用

1. 资金成本的含义

资金是一种资源，筹集和使用任何资金都要付出代价，资金成本就是投资者在工程项目实施中，为筹集和使用资金而付出的代价。资金成本包括资金筹集成本和资金使用成本。

资金筹集成本是指投资者在资金筹措过程中支付的各项费用。主要包括向银行借款的手续费；发行股票、债券而支付的各项代理发行费用，如印刷费、手续费、公证费、担保费和广告费等。资金筹集成本一般属于一次性费用，筹资次数越多，资金筹集成本也就越大。

资金使用成本又称资金占用费，主要包括支付给股东的各种股利、向债权人支付的贷款利息以及支付给其他债权人的各种利息费用等。资金使用成本一般与所筹资金的多少以及所筹资金使用时间的长短有关，具有经常性、定期支付的特点，是资金成本的主要内容。

资金成本是评价各种工程项目是否可行的一个重要尺度。国际上通常将资金成本视为工程项目的“最低收益率”和是否接受工程项目的“取舍率”。在评价投资方案是否可行的标准上，一般要以项目本身的投资收益率与其资金成本进行比较，如果项目的预期投资收益率小于其资金成本，则项目不可行。

2. 资金成本的计算

资金成本的计算一般可用绝对数表示，也可用相对数表示，称之为资金成本率，其计算公式见式（3-8）：

$$K=\frac{D}{P-F}$$

或

$$K=\frac{D}{P(1-f)} \tag{3-8}$$

式中 K——资金成本率（一般通称为资金成本）；

P——筹集资金总金额；

D——资金占用费；

F——筹资费；

f——筹资费费率（即筹资费占筹集资金总额的比率）。

各种资金来源的资金成本计算：

（1）银行借款的资金成本

不考虑资金筹集成本时的资金成本：

$$K_{\mathrm{d}}=(1-T)\times R \tag{3-9}$$

式中 K_{d}——银行借款的资金成本；

T——所得税税率；

R——银行借款利率。

对项目贷款实行担保时的资金成本：

$$K_{\mathrm{d}}=(1-T)\times(R\times V_{\mathrm{d}}) \tag{3-10}$$

$$V_{\mathrm{d}}=\frac{V}{p\times n}\times 100\% \tag{3-11}$$

式中 V_{d}——担保费率；

V——担保费总额；

P——企业借款总额；

n——担保年限。

考虑资金筹集成本时的资金成本：

$$K_d=\frac{(1-T)\times(R+V_d)}{1-f} \tag{3-12}$$

【例 3-1】 某企业为某建设项目申请银行长期贷款 1000 万元，年利率为 10%，每年付息一次，到期一次还本，贷款管理费及手续费率为 0.5%，企业所得税税率为 25%。试计算该项目长期借款的资金成本。

【解】 根据式（3-12），该项目长期借款的资金成本为：

$$K_d=\frac{(1-T)\times R}{1-f}=\frac{(1-25\%)\times10\%}{1-0.5\%}=7.53\%$$

（2）债券资金成本

发行债券的成本主要是指债券利息和筹资费用。债券利息的处理与长期借款利息的处理相同，应以税后的债务成本为计算依据。债券的筹资费用一般比较高，不可在计算融资成本时省略。债券资金成本的计算公式见式（3-13）：

$$K_a=\frac{I_b(1-T)}{B(1-f_b)}$$

或

$$K_b=\frac{R_b(1-T)}{(1-f_b)} \tag{3-13}$$

式中 K_b——债券资金成本；

B——债券筹资额；

f_b——债券筹资费率；

I_b——债券年利息；

R_b——债券利率。

若债券溢价或折价发行，为了更精确地计算折价成本，应以其实际发行价格作为债券筹资额。

【例 3-2】 假设某公司发行面值为 500 万元的 10 年期债券，票面利率 8%，发行费率 5%，发行价格 550 万元，企业所得税税率为 25%。试计算该公司债券的资金成本。如果公司以 350 万元发行面额为 500 万元的债券，则资金成本又为多少？

【解】 （1）根据式（3-13），以 550 万元价格发行时的资金成本为：

$$K_d=\frac{I_b(1-T)}{B(1-f_b)}=\frac{500\times8\%\times(1-25\%)}{550\times(1-5\%)}=5.73\%$$

（2）以 350 万元价格发行时的资金成本为：

$$K_d=\frac{I_b(1-T)}{B(1-f_b)}=\frac{500\times8\%\times(1-25\%)}{350\times(1-5\%)}=9.02\%$$

（3）优先股成本

与负债利息的支付不同，优先股的股利不能在税前扣除，因而在计算优先股成本时无需经过税赋的调整。优先股成本的计算公式为：

$$K_p=\frac{D_p}{P_p(1-f_p)}$$

或
$$K_p=\frac{D_p}{P_p(1-f_p)}=\frac{i}{1-f_p} \tag{3-14}$$

式中 K_p——优先股资金成本；

D_p——优先股每年股息；

P_p——优先股股票面值；

f_p——优先股筹资费率；

i——股息率。

【例 3-3】 某公司为某项目发行优先股股票，股票面额按正常市价计算为 200 万元，筹资费率为 3%，股息年利率为 13%。试求其资金成本。

【解】 根据式（3-14）得：

$$K_p=\frac{i}{1-f_p}=\frac{13\%}{1-3\%}=13.58\%$$

（4）股资金成本

股资金成本属权益融资成本。

权益资金的资金占用费是向股东分派的股利，而股利是以所得税后净利润支付的，不能抵减所得税。计算普通股资金成本，常用的方法有“评价法”和“资金资产定价模拟法”。

1）评价法

$$K_c=\frac{D_c}{P_c(1-f_c)}+G \tag{3-15}$$

式中 K_c——普通股资金成本；

D_c——预期年股利额；

P_c——普通股筹资额；

f_c——普通股筹资费率；

G——普通股利年增长率。

【例 3-4】 某公司发行普通股正常市价为 300 万元，筹资费率为 3%，第一年的股利率为 10%，以后每年增长 5%。试求其资金成本率。

【解】 根据式（3-15）有：

$$K_c=\frac{D_c}{P_c(1-f_c)}+G=\frac{300\times10\%}{300\times(1-3\%)}+5\%=15.3\%$$

2）资本资产定价模型法

$$K_c=R_f+\beta(R_m-R_f) \tag{3-16}$$

式中 R_f——无风险报酬率；

R_m——平均风险股票必要报酬率；

β——股票的风险校正系数。

【例 3-5】 某证券市场无风险报酬率为 11%，平均风险股票必要报酬为 15%，某一股份公司普通股值为 1.15。试计算该普通股的资金成本。

【解】 根据式（3-16）有：

$$K_c=R_f+\beta(R_m-R_f)=11\%+1.15\times(15\%-11\%)=15.6\%$$

（5）融资租赁资金成本

企业租入某项资产，获得其使用权，要定期支付租金，并且租金列入企业成本，可以减少应付所得税。因此，其租金成本率见式（3-17）：

$$K_{L}=\frac{E}{P_{L}}\times(1-T) \tag{3-17}$$

式中　K_{L}——融资租赁资金成本；

E——年租金额；

P_{L}——租赁资产价值。

（6）留存盈余资金成本

留存盈余是指企业未以股利等形式发放给投资者而保留在企业的那部分盈利，即经营所得净收益的积余，包括盈余公积和未分配利润。

留存盈余是所得税后形成的，其所有权属于股东，实质上相当于股东对公司的追加投资。股东将留存盈余留用于公司，是想从中获取投资报酬，所以留存盈余也有资金成本，即股东失去的向外投资的机会成本。它与普通股成本的计算基本相同，只是不考虑筹资费用。如按评价法，计算公式见式（3-18）：

$$K_{T}=\frac{D_{c}}{P_{c}}+G \tag{3-18}$$

式中　K_{T}——留存盈余资金成本。

（7）加权平均资金成本

工程项目的资金筹集一般采用多种融资方式，不同来源的资金，其成本各不相同。由于条件制约，不可能只从某种低成本的来源筹集资金，而是各种筹资方案的有机组合。因此，对整个项目的融资方案进行筹资决策时，在计算各种融资方式个别资金成本的基础上，还要计算整个融资方案的加权平均资金成本，以反映工程项目的整个资金方案的资金成本状况，其计算公式见式（3-19）：

$$K_{w}=\sum\nolimits_{y=1}^{m}K_{j}\times W_{j} \tag{3-19}$$

式中　K_{w}——加权平均资金成本；

K_{j}——第 j 种融资渠道的资金成本；

W_{j}——第 j 种融资渠道筹集的资金占全部资金的比重（权数）。

3.2.8 融资风险分析

融资方案的实施经常会受到各种风险因素的影响，融资风险分析就是对可能方案的风险因素进行识别和预测。通常，可能的融资风险因素有下列几种：

（1）投资缺口风险

工程项目在建设过程中，由于设计及施工过程中增加工程、价格上涨引起工程造价变化等，都会使投资额增加，导致原估算投资额出现缺口。

（2）资金供应风险

资金供应风险是指融资方案在实施过程中，可能出现资金不落实，导致建设工期拖长，工程造价升高，原定投资效益目标难以实现的风险。主要风险有：

1）原定筹资额全部或部分落空，例如已承诺出资的投资者中途发生变故不能兑现承诺。

2）原定发行股票、债券计划不能实现。

3）既有项目法人融资项目由于企业经营状况恶化，无法按原定计划出资。

4）其他资金不能按建设进度足额及时到位。

（3）利率风险

利率水平随着金融市场行情而变动，如果融资方案中采用浮动利率计息，则应分析贷款利率变动的可能性及其对项目造成的风险和损失。

（4）汇率风险

汇率风险是指国际金融市场外汇交易结算产生的风险，包括人民币对各种外币币值的变动风险和各外币之间比价变动的风险。利用外资数额较大的投资项目应对外汇汇率的趋势进行分析，估测汇率发生较大变动时对项目造成的风险和损失。

【案例】 港珠澳大桥融资模式分析。

港珠澳大桥是一座连接我国香港特别行政区、广东省珠海市和澳门特别行政区的大桥，该项目于2009年12月15日开工建设。港珠澳大桥全长29.6km，建成通车后，由香港开车至珠海及澳门，从目前的3～5h缩短到约20min。该工程还包括兴建约7000m的海底隧道。整个大桥估计共需融资727亿元人民币。

2008年2月28日，粤、港、澳就融资方案达成共识。大桥主体建造工程将以公开招标的方式，引入私人投资者以BOT模式来兴建和运营，并提供50年的专营权。资金不足的部分则按照粤、港、澳政府补贴比例按效益费用比相等的原则计算，公平分摊补贴金额，其中广东占35.1％、香港占50.2％、澳门占13.7％。

2008年8月5日，根据三方最新达成的融资安排，港珠澳大桥建设融资模式选择了政府全额出资本金的方式，其余部分则通过贷款解决。放弃了之前一直被看好的BOT模式。根据新的融资方案，整个大桥预计共需投资727亿元人民币，其中大桥主体工程造价预计约为378亿元人民币。378亿元人民币主体工程资金筹集方面，政府的资本金占32％，其中内地出资金额将达70亿元人民币（占政府的资本金的33.5％），由中央政府和广东省共同承担；香港出资67.5亿元人民币（占政府的资本金的33％）；澳门出资19.8亿元人民币（占政府的资本金的12.5％）。其余58％由三家组成的项目机构通过贷款方式进行融资。

粤、港、澳三地政府最终放弃BOT融资模式的原因主要有以下三点：

（1）政府财政充裕，且政府出资融资成本低于BOT融资成本。引入BOT更多地是为了弥补自身基础设施建设的资金不足，而对于港珠澳大桥项目，目前奥、港、澳政府财政充裕，贷款金额也不是很多，所以不需要将大桥交由私人投资者兴建。另一方面，政府出资兴建港珠澳大桥，其融资成本低于BOT模式融资成本。采用BOT模式进行融资，一是投资方出于自身利益必然需要一定的回报率，二是以银行为主要来源的融资方式，使得投资回报率只有大于同期的长期贷款利率时，投资方才会有投资意愿。可见，通过该融资方式，融资成本普遍超过同期长期贷款利率，与贷款、债券、股票等其他融资方式相比，该种方式的融资成本较高。

（2）采用BOT模式，在特许权年限内政府将失去对项目所有权和经营权的控制。港珠澳大桥若采用BOT模式，是以50年专营权转移给财团为代价的，这就牵涉到将来财团经营是否规范以及政府对财团是否可以有效监管的问题。私人投资者具有制定收费价格的权力，而政府无法控制收费。由于大桥收费与交通流量相互联系，若收费太贵，交通流量便会减少，这样会大大违背兴建港珠澳大桥的初衷。典型个案是香港三个连接港岛与九龙的过海隧道：红中区海底隧道（以下简称“红隧”）是20世纪60年代由政府全资兴建的，至今一直是三者中位置最好、收费最低、流量最大的；而东区海底隧道（以下简称“东隧”）和西区海底隧道（以下简称“西隧”）是后来通过BOT模式，由私人发展商投资兴建的。东隧和西隧不断加价，使得这两条隧道车流严重不足，而其他道路堵塞日益严重，与政府增开隧道疏导交通的初衷相违背。政府出资建设港珠澳大桥的优势就在于能够从整体社会及经济效益来考虑问题，对大桥的收费水平具有更大的控制权。

（3）投资回报率不确定，成本回收期过长。采用BOT模式，由公营机构转移过来的某些风险将在私营机构较高的融资费用中得到反映。由于投资BOT项目存在更多的不确定性风险，若没有充分的回报，投资商是不会进行投资的。同时，国际物流业高速增长的20年也将结束，未来的5～10年将迈入平稳增长期。而港珠澳大桥的投资主要是通过收取“过桥费”来收回，通车量不足将对大桥的投资回报率产生巨大的威胁，而700亿元人民币的巨大投资成本更令各大财团望而却步。另一方面，大桥的成本回收期过长，导致风险增大。由于该项目投资巨大，在国家规定的25年经营期内，项目财务分析并不理想，估计难以回本，因此有可能需要将收费期延长至50年。过长的成本回收期会给投资者带来庞大的资金压力和巨大的投资风险。如果政府的财政补贴和分担风险的承诺不具吸引力，财团更加不愿意投资。

思考题

1. 可行性研究为什么要分段进行？
2. 简述可行性研究的基本工作程序。
3. 可行性研究的编制依据有哪些？
4. 可行性研究的作用是什么？
5. 市场分析在可行性研究中的地位是什么？
6. 可行性研究的工作原则有哪些？
7. 市场调查的方法有哪些？
8. 什么是项目资本金，其比例如何确定，项目资本金的来源渠道有哪些？
9. 国内、国外负债融资有哪些主要渠道？
10. 项目融资有哪几种模式，各有何特点？
11. 什么是资金成本，各种不同来源的资金成本如何计算？
12. 融资风险有哪些表现形式？

第 4 章　工程项目经济评价方法

4.1　概　　述

在工程技术经济分析中，经济评价是在拟订的工程项目方案、投资估算和融资方案的基础上，对工程项目方案计算期内各种有关技术经济因素和方案投入与产出的有关财务、经济资料数据进行调查、分析、预测，对工程项目方案的经济效果进行计算、评价。

经济评价是工程经济分析的核心内容，其目的在于确保决策的正确性和科学性，避免或最大限度地减少工程项目投资的风险，掌握建设方案投资的经济效果水平，最大限度地提高工程项目投资的综合经济效益。

【案例】　京沪高速铁路是新中国成立以来建设里程最长、投资最大、标准最高的高速铁路。在项目论证中，对于其必要性、经济性，以及选择“高速轮轨”和“磁悬浮”中的哪种技术建设，一直以来存在很大的争议。

在技术方案的选择上，反对磁悬浮，主张实施高速轮轨的专家不在少数。许多专家认为磁悬浮技术转让困难、运营风险过高。经过项目前期多年的分析论证，2006 年 1 月 7 日，在国务院常务会议上，国家批准了京沪高速铁路采用高速轮轨技术的方案。

研究人员同时对项目进行了充分的经济评价，结果是项目财务内部收益率约为 8.9%，大于铁路行业投资基准收益率的 6%，按行业基准收益率 6%计算，该项目各投资方案的财务净现值均大于零，项目的投资回收期为 10.7 年，小于 15 年的铁路行业基准投资回收期，这说明该项目在经济上是可行和合理的。

4.2　经济评价指标体系

评价工程项目技术方案经济效果，既要求基础数据完整可靠，又要求选取合理的评价指标。在工程项目经济评价中，按计算时是否考虑资金的时间价值，评价指标可分为静态评价指标和动态评价指标，如图 4-1 所示。

静态评价指标不考虑时间因素对货币价值影响，直接通过现金流量计算出经济评价指标。其特点是计算简便，适于评价短期投资项目和逐年收益大致相等的项目，以及对方案进行概略评价。

动态评价指标要对发生在不同时点的效益、费用计算资金时间价值，把现金流量进行等值化处理后计算评价指标。动态评价指标能较全面地反映投资方案整个计算期的经济效果，适用于对项目整体效益评价的融资前分析，以及对计算期较长以及处在终评阶段的技术方案进行评价。

工程项目经济评价指标也可分为盈利能力分析指标、清偿能力分析指标和财务生存能

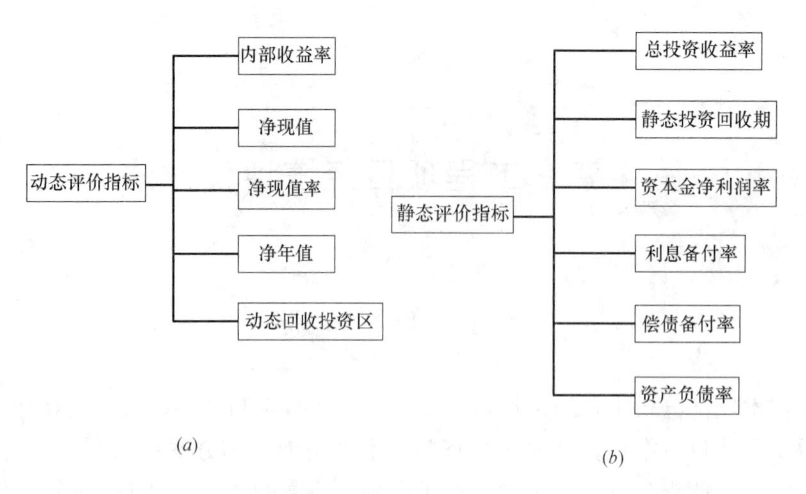

图 4-1　项目经济评价指标体系（一）

（a）动态评价指标；（b）静态评价指标

力分析指标，如图 4-2 所示。

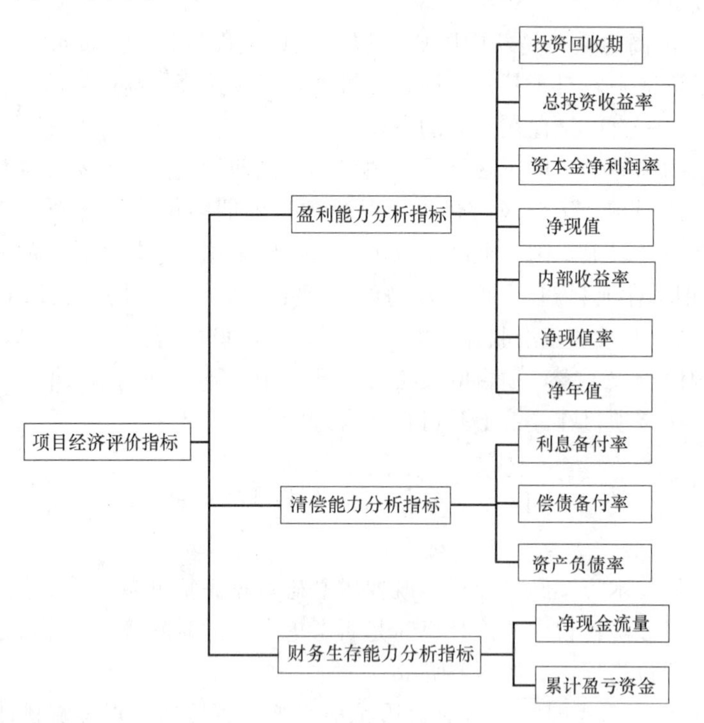

图 4-2　项目经济评价指标体系（二）

其中，价值性指标是以货币为量纲的指标；时间性指标是以时间为量纲的指标；比率性指标是无量纲的指标。

在工程项目方案经济评价时，应根据项目投资目标评价深度要求、资料的多少以及工程项目方案本身的条件，选用多个指标，从不同侧面反映项目的经济效果。

投资回收期（返本期）是反映项目技术方案盈利能力的指标。

静态投资回收期：在不考虑资金时间价值的前提下，用方案的净收益回收项目全部投资所需的时间。静态投资回收期可以自项目建设开始年算起，也可以自项目投产年开始算起，需予注明。自建设开始年算起，静态投资回收期 P_t（以年表示）的计算公式见式（4-1）：

$$\sum_{t=1}^{P_t}(CI-CO)_t=0 \tag{4-1}$$

式中 P_t——静态投资回收期；

CI——现金流入量；

CO——现金流出量；

$(CI-CO)_t$——第 t 年净现金流量。

静态投资回收期可根据项目现金流量表计算，其具体计算又分以下两种情况：

（1）项目建成投产后各年的净现金流量均相同，则静态投资回收期的计算公式见式（4-2）：

$$P_t=\frac{I}{A} \tag{4-2}$$

式中 I——项目总投资；

A——项目投产后各年的净现金流量，即 $A=(CI-CO)_t$。

（2）项目建成投产后各年的净收益不相同，则静态投资回收期可根据累计净现金流量求得（见图 4-3），即在现金流量表中累计净现金流量由负值转向正值的临界年份。

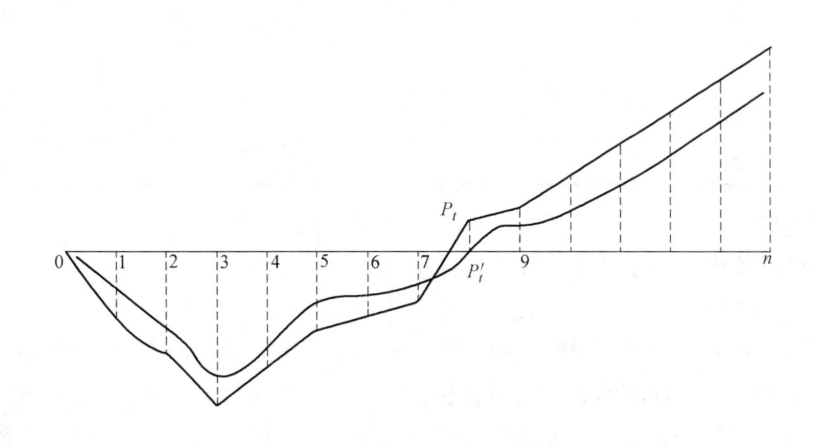

图 4-3 投资回收期示意图

根据插入法，其计算公式见式（4-3）：

$$P_t=(\text{累计净现金流量出现正值的时点}-1)+\frac{\text{上一时点累计净现金流量的绝对值}}{\text{出现正值时点的净现金流量}}$$

$$P_t=T-1+\frac{\left|\sum_{t=1}^{T-1}(CI-CO)_t\right|}{(CI-CO)_T} \tag{4-3}$$

式中 T——各年累计净现金流量首次为正值或零的年数。

用计算出的静态投资回收期 P_t 与所确定的基准投资回收期 P_c 进行比较：若 $P_t \leqslant P_c$，表明项目投资能在规定的时间内收回，则方案可行；若 $P_t > P_c$，则方案不可行。

动态投资回收期：动态投资回收期是在考虑了资金的时间价值条件下计算回收期，其表达式见式（4-4）：

$$\sum_{t=1}^{P_t}(CI-CO)_t(1+i_c)^{-t}=0 \tag{4-4}$$

式中 i_c——基准收益率。

设基准动态投资回收期为 P'_c，若 $P'_t<P'_c$，则项目可行；否则，应予拒绝。

【例 4-1】 根据下表的净现金流量系列，求静态和动态投资回收期，$i_c=9\%$，基准投资回收期 $P_c=10$ 年。

【解】

年份	净现金流量	累计净现金流量	折现系数	折现值	累计折现值
1	−100	−100	0.9092	−90.92	−90.92
2	−100	−200	0.8354	−167.08	−258
3	−100	−300	0.7431	−222.93	−480.93
4	50	−250	0.6850	−171.25	−652.18
5	100	−150	0.6301	−94.52	−746.7
6	180	30	0.5555	16.67	−730.03
7	180	210	0.5230	109.83	−620.2
8	200	410	0.4850	198.85	−421.35
9	200	610	0.4510	275.11	−146.24
10	200	810	0.3850	311.85	165.61
11	220	1030	0.3510	361.53	527.14

静态投资回收期 $P_t=6-1+(150\div180)=5.83$ 年。

动态投资回收期 $P'_t=10-1+(146.24\div311.85)=9.47$ 年。

静态投资回收期与动态投资回收期均小于 10 年，故方案可行。

一般项目技术方案的动态投资回收期大于静态投资回收期。静态投资回收期和动态投资回收期适用于项目融资前的盈利能力分析。

净现值（NPV）：净现值是反映项目技术方案在计算期内获利能力的动态评价指标。项目技术方案的净现值是指用一个预定的基准收益率 i_c，分别把整个计算期内各年所发生的净现金流量都折现到建设期初的现值之和。净现值 NPV 计算公式见式（4-5）：

$$NPV=\sum_{t=0}^{n}(CI-CO)_t(1+i_c)^{-t} \tag{4-5}$$

式中 NPV——净现值；

$(CI-CO)_t$——第 t 时点的净现金流量（应注意“+”，“−”号）；

i_c——基准收益率；

n——方案计算期。

净现值是评价项目盈利能力的绝对效果评价指标。当 $NPV>0$ 时，说明该方案除了满足基准收益率要求的盈利之外，还能得到超额收益，故该方案可行；当 $NPV=0$ 时，说明该方案基本能满足基准收益率要求的盈利水平，方案勉强可行或有待改进；当 $NPVC<0$ 时，说明该方案不能满足基准收益率要求的盈利水平，该方案不可行。

净现值（NPV）指标的优点是：考虑了资金的时间价值，并全面考虑了项目在整个计算期内的经济状况；经济意义明确，能够直接以货币额表示项目的盈利水平；评价标准容易确定，判断直观。净现值适用于项目融资前整体盈利能力分析。

净现值指标的不足之处是：基准收益率的确定比较复杂且难于达到相当的精度；在互斥方案评价时，净现值必须慎重考虑互斥方案的寿命，如果互斥方案寿命不等，必须构造一个相同的研究期，才能进行各个方案之间的比选；净现值不能反映项目投资中单位投资的使用效率。

对具有常规现金流量（即在计算期内，开始时有支出而后才有收益，且方案的净现金流量序列 A 的符号只改变一次的现金流量）的项目技术方案，其净现值的大小与基准收益率的高低有直接的关系。若已知某投资方案各年的净现金流量，则该方案的净现值就完全取决于所选用的折现率，即净现值是折现率的函数，其表达式见式（4-6）：

$$NPV(i)=\sum_{t=0}^{n}(CI-CO)_t(1+i_c)^{-t} \tag{4-6}$$

工程项目技术经济分析中常规投资项目的净现值函数曲线在 $-1<i_c<\infty$ 内，简单的常规投资项目的净现值函数曲线是单调下降的，且递减率逐渐减小，即随着基准收益率的逐渐增大，净现值将由大变小，由正变负。NPV 与 i 之间的关系如图 4-4 所示。

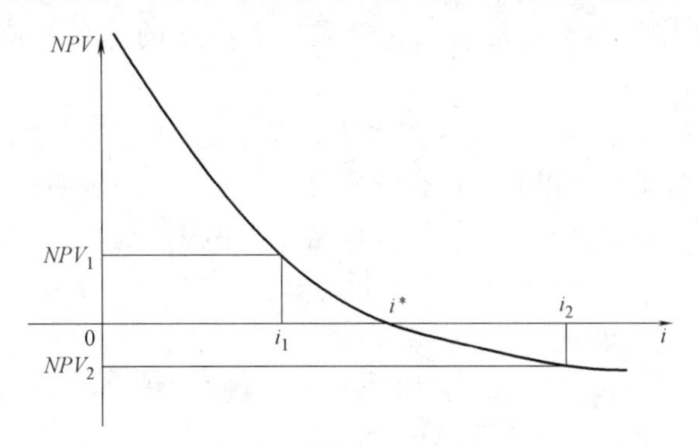

图 4-4　净现值函数曲线

图 4-4 所示的 NPV（i）曲线是在 $A_0<0$ 且其他 $A_t>0$ 的条件下得出的，是净现值函数的典型图形。实际上，NPV（i）并不总是 i_c 的单调递减函数，而是要根据 A_t 的大小和符号及项目寿命 n 来定。不过，对常规工程投资项目而言，NPV（i_c）的总趋势是随着 i_c 的增大而减小。

按照净现值的评价准则，只要 $NPV(i)\geqslant0$，方案或项目就可接受。但由于 $NPV(i)$ 是 i_c 的递减函数，故基准收益率定得越高，方案被接受的可能性越小。很明显，i_c 可以大到使 $NPV(i)=0$。这时 $NPV(i)$ 曲线与横轴相交，达到了其临界值 i^*，i^* 是净现值评价准则的一个分水岭，称为内部收益率。由此可见，基准收益率确定得合理与否，对投资方案经济效果的评价结论有直接的影响。

内部收益率（IRR）：内部收益率是使投资方案在计算期内各年净现金流量的现值累计等于零时的折现率，在这个折现率时，项目的现金流入的现值和等于其现金流出的现值和。

内部收益率不是项目初期投资的收益率。事实上，内部收益率的经济含义是投资方案占用的尚未回收资金的获利能力，它取决于项目内部，可以理解为项目对贷款利率的最大承担能力。

在项目计算期内，项目始终处于“偿付”未被收回投资的状况，内部收益率指标正是项目占用的尚未回收资金的获利能力，反映项目自身的盈利能力，其值越高，方案的经济性越好。因此，在工程经济分析中，内部收益率是考察项目盈利能力的主要动态评价指标。

由于内部收益率不是初始投资在整个计算期内的盈利率，因而它不仅受项目初始投资规模的影响，而且受项目计算期内各年净收益大小的影响。

对常规投资项目而言，内部收益率的判别准则为：设基准收益率为 i_c，若 $IRR>i_c$，则项目或方案在经济上可以接受；若 $IRR=i_c$，项目或方案在经济上勉强可行；若 $IRR<i_c$，则项目或方案在经济上应予拒绝。

内部收益率指标的优点是考虑了资金的时间价值以及项目在整个计算期内的经济状况。由于内部收益率值取决于项目的净现金流量系列的分布情况，这种项目内部决定性，使它在应用中具有一个显著的优点，即避免了净现值指标需事先确定基准收益率这个难题，而只需要知道基准收益率的大致范围即可。当要对一个项目进行开发，而未来的情况和未来的折现率都带有高度的不确定性时，采用内部收益率对项目进行评价，往往能取得满意的效果。内部收益率的不足是对于非常规现金流量的项目来讲，内部收益率可能无解。

资产负债率（*LOAR*）：资产负债率指各期末负债总额同资产总额的比率。适度的资产负债率表明企业经营安全、稳健，具有较强的筹资能力，也表明企业和债权人的风险较小。对该指标的分析，应结合国家宏观经济状况、行业发展趋势、企业所处竞争环境等具体条件判定。

4.3 工程项目方案经济评价

4.3.1 评价方案类型

工程项目方案类型是指一组备选方案之间所具有的相互关系。正确分析工程项目方案的经济性，不仅要对评价指标准确计算，还必须确认工程项目方案所属类型，从而按照方案的类型确定合适的评价指标，作为最终的科学依据。

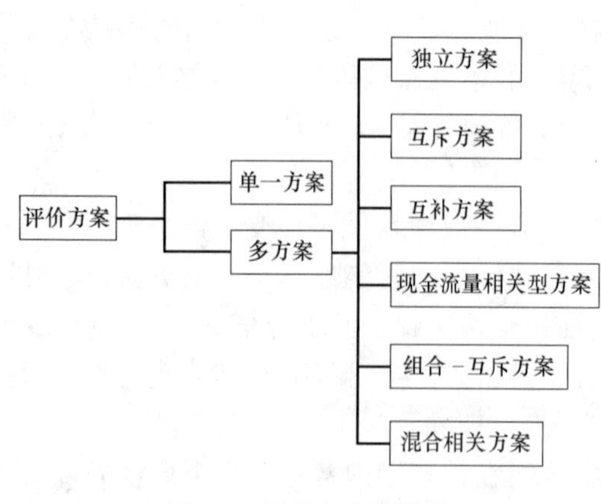

图 4-5 评价方案的分类

工程项目方案类型一般有单一方案和多方案两类，如图 4-5 所示。单一方案可以直接采用经济评价指标及其评价判据进行分析。而多方案中的互斥型、互补型、现金流量相关型、组合—互斥型和混合相关型五种类型则需要具体问题具体分析。

1. 独立方案

指多方案间互不干扰，在经济上互不相关的方案。即这些方案是彼此独立无关的，选择或放弃其中一个方案，并不影响对其他方案的选择。单一方案是独立方案的特例。

2. 互斥方案（排他方案）

在若干备选方案中，各个方案彼此可以相互代替，因此方案具有排他性，选择其中任何一个方案，则其他方案必然被排斥。在工程建设中，互斥方案还可按以下因素进行分类：

（1）按服务寿命长短不同，投资方案可分为：相同服务寿命的方案、不同服务寿命的方案、无限寿命的方案。

（2）按规模不同，投资方案可分为：相同规模的方案、不同规模的方案。

项目互斥方案的比较是工程经济评价工作的重要组成部分，也是寻求合理决策的必要手段。

3. 互补方案

在多方案中，出现技术经济互补的方案称为互补型方案。根据互补方案之间相互依存的关系，互补方案可能是对称的，如建设一个大型非坑口电站，必须同时建设铁路、电厂，它们无论在建成时间还是在建设规模上都要彼此适应。缺少其中任何一个项目，其他项目就不能正常运行，它们之间是互补的，又是对称的。此外还存在着大量不对称的经济互补，如建造一座建筑物 A 和增加一个太阳能系统 B，建筑物 A 本身是有用的，增加太阳能系统 B 后使建筑物 A 更节能，但建造建筑物 A 的同时不一定要采用太阳能系统 B。

4. 现金流量相关方案

现金流量相关是指各方案的现金流量之间存在着相互影响，即方案间不完全独立，任一方案的取舍会导致其他方案现金流量的变化。

5. 组合—互斥方案

在若干可采用的独立方案中，如果有资源约束条件。比如受资金、劳动力、材料、设备及其他资源拥有量限制，则只能从中选择一部分方案实施。例如，现有独立方案 A、B、C、D，所需的投资分别为 10000 万元、6000 万元、4000 万元、3000 万元。若资金总额限量为 10000 万元，除 A 方案具有完全的排他性外，其他方案由于所需金额不大，可以互相组合。这样，可能选择的互斥方案共有：A、B、C、D、B+C、B+D、C+D 七个组合方案。因此，当受某种资源约束时，独立方案可以组成多种组合方案，这些组合方案之间是互斥或排他的。

6. 混合相关方案

在方案众多的情况下，方案间的相关关系可能包括多种类型，称之为混合相关型。

在经济效果评价前，分清工程项目方案属于何种类型是非常重要的，因为方案类型不同，其评价和选择方法也不同。否则，会产生错误的评价结果。

4.3.2 独立方案经济评价

独立方案评价的实质是在“做”与“不做”之间进行选择。因此，独立方案在经济上是否可接受，取决于方案自身的经济性，即方案的经济效果是否达到或超过了预定的评价标准。这种对方案自身经济性的检验叫做“绝对经济效果检验”。对独立方案而言，若方案通过了绝对经济效果检验，就认为方案在经济上是可行的，否则应予拒绝。

1. 静态评价

对单一方案进行经济效果静态评价，主要是对项目方案的总投资收益率或静态投资回收期指标进行计算，并与确定的行业收益率参考值或基准投资回收期进行比较，以此判断方案经济效果的优劣。若方案的投资收益率大于行业平均投资收益率，则方案可行；或者投资方案的投资回收期小于基准投资回收期，表明方案投资能在规定的时间内收回，方案可接受。

2. 动态评价

对单一方案进行动态经济评价，主要应用净现值和内部收益率指标进行评价。应用净现值评价时，首先依据现金流量表和确定的基准收益率计算方案的净现值，当净现值≥0时，方案可行。应用内部收益率时，首先依据现金流量表求出内部收益率，然后与基准收益进行比较，项目的内部收益率越大，表示投资方案的经济效果越好。

4.3.3 互斥方案经济评价

方案的互斥性使得在若干方案中只能选择一个方案实施。为使资金发挥最大的效益，选出的方案应是若干备选方案中经济性最优的。为此就需要进行方案间相对经济效果评价，也就是任一方案都必须与其他所有方案一一进行比较。但仅此还不充分，因为某方案相对最优并不能证明该方案在经济上一定可行，即不能排除“矮中拔高”的情况。互斥方案经济效果评价应包含两部分内容：一是考察各个方案自身的经济效果，即进行绝对效果检验；二是考察哪个方案相对经济效果最优，即相对效果检验。两种检验的目的和作用不同，通常缺一不可。但需要注意的是，在进行相对经济效果评价时，必须满足方案的可比条件。

1. 互斥方案静态评价

互斥方案常用增量投资收益率、增量静态投资回收期、综合总费用等评价方法进行相对经济效果的静态评价。

（1）增量投资收益率法

增量投资收益率法是通过计算互斥方案增量投资收益，以此判断互斥方案相对经济效果，并据此选择方案。两个互斥方案，其生产规模相同或基本相同时，如果其中一个方案的投资额和总成本费用都为最小，则该方案就是最理想的方案。但是实践中往往达不到这样的要求。经常出现的情况是，某一个方案的投资额小，但总成本费用较高；而另一方案正相反，其投资额较大，但总成本费用较低。这样，投资大的方案与投资小的方案就形成了增量的投资，但投资大的方案总成本费用较低，比投资小的方案在总成本费用上又有节约。

增量投资所带来的总成本费用上的节约与增量投资之比就叫增量投资收益率。如果计算出来的增量投资收益率大于基准投资收益率，则投资大的方案可行，它表明投资的增量完全可以由总成本费用的节约或增量利润总额来得到补偿。反之，投资小的方案为最优方案。

（2）增量投资回收期法

当互斥方案的产量相等时，增量投资回收期就是用经营成本的节约或增量净现金流量来补偿其增量投资的年限。计算出来的增量投资回收期若小于基准投资收期，则投资大的方案可行。反之选投资小的方案。

(3) 综合总费用法

当互斥方案个数较多且产量相同时，也可用综合总费用法评价互斥方案。方案的总费用是方案的投资与基准投资回收期内年经营成本的总和。在方案评选时，综合总费用最小的方案最优方案。

2. 互斥方案动态评价

动态评价是通过等值计算，将不同时点的净现金流量换算到同一时点，消除方案在时间价值上的不可比性。常用的互斥方案动态评价方法有净现值、内部收益率、净年值、净现值率等几种。

(1) 计算期相同时互斥方案动态评价

1) 净现值法

对互斥方案评价，首先分别计算各个方案的净现值，放弃 $NPV<0$ 的方案，即进行方案的绝对效果检验；然后对所有 $NPV\geqslant 0$ 的方案比较其净现值，净现值最大的方案为最佳方案。净现值评价互斥方案的判据是：净现值不小于零且为最大的方案是最优可行方案。

按方案净现值的大小直接进行比较，可同时满足对互斥方案绝对效果评价和相对效果评价的要求。

净现值法是评价互斥方案时最常用的方法。当采用不同的评价指标对方案进行比选时，会得出不同的结论，这时往往以净现值指标为最后衡量的标准。

2) 增量内部收益法

由于用内部收益率评价互斥方案，仅能得到绝对效果，还要进行相对效果评价，即增量投资内部收益率是否大于基准收益率。增量投资内部收益率是两方案各年净现金流量的差额的现值之和等于零时的折现率。采用内部收益率评价互斥方案的绝对效果后，再采用增量投资内部收益率评价互斥方案的相对效果的结果，则可与按净现值指标评价结果保持一致。

增量投资内部收益率也是两互斥方案等额年金相等的折现率。

3) 净现值率法

单纯地用净现值最大为标准进行方案选优，往往导致评价人趋向于选择投资大、盈利多的方案，而忽视盈利额较少，但投资更少、经济效果更好的方案。因此，在互斥方案经济效果实际评价中，当资金无限制时用净现值法评价，当有资金限制时可以考虑用净现值率法进行辅助评价。

净现值率的大小能说明单位投资所获得的超额净效益的大小。应当指出，用净现值率评价方案所得的结论与用净现值评价方案所得的结论并不总是一致的。

(2) 计算期不同的互斥方案经济效果的评价

当现实中方案的计算期不同时，必须消除计算期的不可比性，使计算期不等的互斥方案能在一个共同的计算期基础上进行比较，以保证结论的合理性。

1) 净现值法

净现值是价值型指标，用于互斥方案评价时必须考虑时间的可比性，即在相同的计算期下比较净现值的大小。常用方法有最小公倍数法和研究期法。

① 最小公倍数法（方案重复法）

以各备选方案计算期的最小公倍数作为方案比选的共同计算期，并假设各个方案均在这样一个共同的计算期内重复进行，即各备选方案在其计算期结束后，均可按与其原方案计算期内完全相同的现金流量系列周而复始地循环下去直到有共同的计算期。在此基础上，计算出各个方案的净现值，以净现值最大的方案为最佳方案。

最小公倍数法解决了寿命不等的方案之间净现值的可比性问题，但这种方法所依赖的方案可重复实施的假定不是在任何情况下都适用的，对于某些不可再生资源开发型项目，或者寿命原本较长的项目，在进行计算期不等的互斥方案比选时，方案可重复实施的假定不再成立。这种情况下就不能用最小公倍数法确定计算期。

② 研究期法

针对上述最小公倍数法的不足，对计算期不相等的互斥方案可采用研究期法。这种方法是根据对市场前景的预测，直接选取一个适当的分析期作为各个方案共同研究期。

一般以互斥方案中年限最短或最长方案的计算期作为互斥方案评价的共同研究期，或者可取所期望的计算期为共同研究期，通过比较各个方案在该研究期内的净现值来对方案进行比选，以净现值最大的方案为最佳方案。

对于计算期短于共同研究期的方案，仍可假定其计算期完全相同的重复延续，也可按新的现金流量序列延续。

2）增量内部收益率法

用增量内部收益率进行寿命不等的互斥方案评价时，需要首先对各备选方案进行绝对效果检验，然后再对通过绝对效果检验的方案用计算增量内部收益率的方法进行比选。

【案例】 某煤化工项目盈利能力分析。

本项目为新建年产 30 万 t 煤化工项目。项目建设期 2 年，运营期 14 年。计算期为 16 年。项目总投资 95016 万元，其中建设投资 68634 万元，建设期借款利息 3332 万元，流动资金 23050 万元。项目形成固定资产 68066 万元，无形资产原值 3300 万元、其他资产 600 万元，固定资产值为零。

该项目期第 1 年初建设投资为 32369 万元，第 2 年初建设投资为 36265 万元。项目第 3 年投产，于第 3 年、第 4 年初分别投入流动资金 15135 万元和 6915 万元。

项目产品年产销量为 30 万 t，预测销售价格为 10650 元/t，项目正常年份的营业收入为 319500 万元。产品增值税税率为 17%，城市维护建设税和教育费附加分别按增值税的 7%和 3%计。项目正常年份的进项税为 44727 万元，项目正常年份的经营成本为 272486 万元。

投产的第 1 年生产能力仅为设计生产能力的 70%，该年的销售收入、经营成本和进项增值税均按照正常年份的 70%估算。投产的第 2 年及其以后的各年生产均达到设计生产能力。该项目各年的销售收入、经营成本和销售税金及附加均在年末发生。该行业的基准静态投资回收期为 6 年，基准动态投资回收期为 8 年，基准收益率为 14%。

该项目的经济评价过程：

首先，根据企业的投资、成本、销售收入和销售税金及附加情况编制现金流量表如表 4-1 所示。

现金流量表（万元） **表 4-1**

项目 \ 时点(年)	合计	建设期		生产经营期					
		0	1	2	3	4	5～12	13～15	16
现金流入	4400200	—	—	—	223650	319500	319500	319500	342550
营业收入	4377150	—	—	—	223650	319500	319500	319500	319500
回收固定资产余值	—	—	—	—	—	—	—	—	—
补贴收入	—	—	—	—	—	—	—	—	—
回收流动资金	23050	—	—	—	—	—	—	—	23050
现金流出	3837878	32369	36265	16135	198326	273445	273445	273445	273445
建设投资	68634	32369	36265	—	—	—	—	—	—
流动资金	23050	—	—	16135	6915	—	—	—	—
经营成本	3733058	—	—	—	190740	272486	272486	272486	272486
增值税金及附加	13136	—	—	—	671	959	959	959	959
维持运营投资	—	—	—	—	—	—	—	—	—
净现金流量	562322	−32369	−36265	−16135	25324	46055	46055	46055	69105
累计净现金流量	—	−32369	−68634	−84769	−59445	−13390	355051	493217	562322

（1）静态投资回收期计算

根据表 4-1 中的数据计算项目的静态投资回收期：

$$静态投资回收期=5-1+(|-13390|\div 46055)=4.29\ 年$$

（2）动态投资回收期计算

根据表 4-1 中的数据计算各年现金流量折现值和累计折现值，如表 4-2 所示。

净现金流量计算表（万元） **表 4-2**

项目 \ 时点(年)	0	1	2	3	4	5	6
净现金流量	−32369	−36265	−16135	25324	46055	46055	46055
折现值	−32369	−31811.40	−12415.36	17092.74	27268.38	23919.63	20982.13
累计折现值	−32369	−64180.40	−76595.76	−59503.03	−32234.65	−8315.02	12667.11

$$动态投资回收期=6-1+(|-8315.02|\div 20982.13)=5.40\ 年$$

（3）净现值的计算

根据表 4-1 中的数据计算该项目财务净现值：

$$NPV=\sum_{t=0}^{n}(CI-CO)(1+14\%)^{-t}=-32369-36269(P/F,14\%,1)-16135(P/F,14\%,2)+25324(P/F,14\%,3)+46055(P/A,14\%,12)(P/F,14\%,3)+69105(P/F,14\%,15)=124944.97\ 万元$$

（4）内部收益率计算

如果试算结果满足：$NPV_1>0$，$NPV_2<0$，且满足精度要求，可采用线性内插法计算出拟建项目的内容收益率 IRR。

当 $i_1=33\%$时，$NPV_1=112.5$ 万元，当 $i_1=34\%$时，$NPV_2=-2636.72$ 万元，则可以采用线性内插法计算拟建项目的内部收益率 IRR。即：

$$IRR=i_1=\frac{NPV_1}{NPV_1+|NPV_2|}(i_2-i_1)=33\%+\frac{112.25}{112.25+|-2636.72|}\times(34\%-33\%)$$
$$=33.04\%$$

根据以上经济评价指标的计算结果可以得出以下结论：项目净现值为 124944.97 万元时，大于零；内部收益率为 33.04%，大于行业基准收益率为 14%，静态投资回收期为 4.29 年，动态投资回收期为 5.40 年，均小于行业基准投资回收期。因此，该项目财务盈利能力可满足要求。

思 考 题

1. 影响基准收益率的因素主要有哪些？

2. 内部收益率的经济含义是什么？

3. 投资方案有哪几种类型？试举例说明。

4. 某方案的现金流量如表 4-3 所列，基准收益率为 15%，试计算：（1）投资回收期；（2）净现值 NPV；（3）内部收益率。

习题 4 表 **表 4-3**

时点	0	1	2	3	4	5
现金流量(万元)	−2000	450	550	650	700	800

5. 已知方案 A、B、C 的有关资料如表 4-4 所列，基准收益率为 15%。试分别用净现值法与内部收益率法对这三个方案优选。

习题 5 表 **表 4-4**

方案	初始投资(万元)	年收入(万元)	年支出(万元)	经济寿命(年)
A	3000	1800	800	5
B	3650	2200	1000	5
C	4500	2600	1200	5

第5章　工程项目经济评价

工程项目经济评价是在完成可行性分析的基础上，对拟建项目各方案投入与产出的基础数据进行推测、估算，然后对拟建项目各方案进行评价和选优的过程。经济评价的工作成果融汇了可行性研究的结论性意见和建议，是投资主体决策的重要依据。

工程项目经济评价包括财务分析（评价）、费用效益分析和费用效果分析。

5.1　概　　述

财务分析（评价）是在国家现行财税制度和市场价格体系下，分析预测项目的财务效益与费用，计算财务评价指标，考察拟建项目的盈利能力和清偿能力，从而判断项目的财务可行性。

财务分析的目的：

（1）衡量经营性项目的盈利能力和清偿能力；

（2）衡量非经营性项目的财务生存能力；

（3）项目合同谈判签约，以及项目资金规划的重要依据。

费用效益分析是按合理配置稀缺资源和社会经济可持续发展的原则，采用影子价格、社会折现率等费用效益分析参数，从国民经济全局的角度出发，分析项目的经济合理性。

在市场经济条件下，大部分工程项目财务评价结论可以满足投资决策要求，但也存在财务现金流量不能全面、真实地反映其经济价值的项目，从而需要进行费用效益分析。这类项目主要包括：农业、水利、铁道、公路、民航、城市建设、电信等具有公共产品特征的基础设施项目；环保、高科技产业等外部效果显著的项目；煤炭、石油、电力、钢铁、黄金等资源开发项目；涉及石化、通信、电子、机械、重大技术装备等国家经济安全的项目。

正常运行的市场是将稀缺资源在不同用途和不同时间上合理配置的有效机制。市场的正常运行必须具备若干条件，包括：资源的产权清晰、完全竞争、公共产品数量不多、短期行为不存在等。如果这些条件不能满足，市场就不能有效地配置资源，即市场失灵。市场失灵包括：

（1）无市场、薄市场；

（2）外部效果；

（3）公共物品；

（4）短视计划。

市场失灵的存在使得财务评价的结果往往不能真实反映工程项目的全部利弊得失，必须通过费用效益分析对财务评价中失真的结果进行修正。

费用效益分析的研究内容主要是识别国民经济效益与费用，计算和选取影子价格，编制费用效益分析报表，计算费用效益分析指标并进行方案比选。

费用效益分析与财务评价的关系：

1. 费用效益分析与财务评价的共同之处

（1）评价方法相同。二者都属于经济效果评价，使用基本的经济评价理论，即效益与费用比较的理论方法。寻求以最小的投入获取最大的产出，考虑资金的时间价值，采用内部收益率、净现值等赢利性指标评价工程项目的经济效果。

（2）评价的基础工作相同。两种分析都要在完成产品需求预测估算、工艺技术选择、投资估算、资金筹措方案等可行性研究内容的基础上进行。

（3）评价的计算期相同。

2. 费用效益分析与财务评价的区别

（1）层次不同。财务评价是站在项目的层次上，从项目经营者者、未来债权人的角度，分析项目在财务上能够生存的可能性，以及各方的实际收益或损失，分析投资或贷款的风险及收益。费用效益分析则是站在国民经济的层次上，从全社会的角度分析项目的国民经济费用和效益。

（2）费用和效益的含义及划分范围不同。财务评价只根据项目直接发生的财务收支计算项目的费用和效益。费用效益分析则从全社会的角度考察项目的费用和效益，项目中有些收入与支出，例如，税金和补贴、银行贷款利息等，从全社会的角度考虑，就不能作为社会费用或收益。

（3）使用的价格体系不同。财务评价使用实际的市场预测价格，费用效益分析则使用一套专用的影子价格体系。

（4）两种评价使用的参数不同。衡量赢利性指标一般采用内部收益率为判据；财务评价中用财务基准收益率，费用效益分析中则用社会折现率。财务基准收益率由于行业的差异而不同，社会折现率则全国各行业各地区都是一致的。

（5）评价内容不同。财务评价主要做赢利能力分析和清偿能力分析。费用效益分析则只作赢利能力分析，不作清偿能力分析。

5.2 工程项目财务评价相关分析

5.2.1 财务评价基本步骤

财务评价分析主要是采集有关基础数据，计算财务指标，制作财务分析报表，进行分析和评价。一般步骤如下：

（1）前期准备。实地调研，熟悉拟建项目的基本情况，收集整理相关信息。编制部分财务分析辅助报表：建设投资估算表、流动资金估算表、营业收入、税金及附加和增值税估算表、总成本费用估算表等。

（2）进行融资前分析。融资前分析属于项目决策中的投资决策，是在不考虑债务融资条件下的财务分析，考察项目净现金流量的价值是否大于其投资成本。融资前分析只进行盈利能力分析。基本步骤如下：

1）编制项目投资现金流量表，计算项目投资内部收益率、净现值和项目投资回收期等指标。

2）如果分析结果表明项目效益符合要求，则考虑融资方案，继续进行融资后分析。

3）如果分析结果不能满足要求，可通过修改方案设计完善项目方案，或者提出放弃项目的建议。

（3）进行融资后分析

融资后分析属于项目决策中的融资决策，是以设定的融资方案为基础进行的财务分析，考察项目资金筹措方案能否满足要求。融资后分析包括盈利能力分析、偿债能力分析和财务生存能力分析。基本步骤如下：

1）在融资前分析结论满足要求的情况下，初步设定融资方案。

2）在已有财务分析辅助报表的基础上，编制项目总投资使用计划与资金筹措表和建设期利息估算表。

3）编制项目资本金及现金流量表，计算项目资本金财务内部收益率指标，考察项目资本金可获得的收益水平。

5.2.2 财务分析报表

财务报表是以会计准则为规范编制的，向所有者、债权人、政府及其他有关各方及社会公众等外部反映会计主体财务状况和经营的会计报表。

财务报表包括资产负债表、损益表、现金流量表或财务状况变动表、附表和附注。财务报表能够全面反映企业的财务状况、经营成果和现金流量情况。但是单纯从财务报表上的数据还不能直接或全面说明企业的财务状况，特别是不能说明企业经营状况的好坏和经营成果的高低，只有将企业的财务指标与有关的数据进行比较才能说明企业财务状况所处的地位，因此要进行财务报表分析。

（1）现金流量表。反映项目计算期内各年的现金收支，用以计算各项动态和静态评价指标，进行项目财务盈利能力分析。现金流量表分为：

1）项目投资现金流量表。对于新设项目法人项目，该表不分投资资金来源，以全部投资作为计算基础，用于计算项目投入全部资金的财务内部收益率、财务净现值、项目静态和动态投资回收期等评价指标，考察项目全部投资的盈利能力，为各个投资方案（不论其资金来源及利息多少）进行比较来建立共同基础。

2）项目资本金现金流量表。用于计算项目资本金财务内部收益率。

3）投资各方财务现金流量表。用于计算投资各方财务内部收益率。

（2）利润和利润分配表。反映项目计算期内各年的营业收入、总成本费用、利润总额等情况，以及所得税后利润的分配，用以计算总投资收益率、项目资本金净利润率等指标。

（3）财务计划现金流量表。反映项目计算期内各年的投资、融资及经营活动的资金流入和流出，用于计算累计盈余资金，分析项目财务生存能力。

（4）资产负债表。用于综合反映项目计算期内各年年末资产、负债所有者权益的增减变化及对应关系，计算资产负债率。

（5）借款还本付息计划表。用于反映项目计算期内各年借款本金偿还和利息支付情况，计算偿债备付率和利息备付率等指标。

财务分析报表与评价指标之间的关系如表5-1所示。

财务分析报表与财务评价指标的关系 **表 5-1**

评价内容	基本报表	静态指标	动态指标
盈利能力分析	项目投资现金流量表	项目投资静态回收期	项目投资财务内部收益率 项目投资财务净现值 项目投资动态回收期
	项目资本金现金流量表	—	项目资本金财务内部收益率
	投资各方现金流量表	—	投资各方财务内部收益率
	利润与利润分配表	总投资收益率 项目资本金净利润率	—
清偿能力分析	资产负债表 建设期利息估算及 还本付息计划表	资产负债率 偿债备付率 利息备付率	—
财务生存能力	财务计划现金流量表	累计盈余资金	—

5.2.3 公司财务分析案例

目前，许多上市公司都希望靠业绩支撑获得投资者青睐，因此必须有一份靓丽的经营性现金流含量极高的财务报表，很多公司账面业绩靓丽，但是从财务报表分析，可以发现如果公司经营性现金流、净利润和财务费用之间存在巨大差距，则表明公司实际隐含巨大隐患。

分析历史上股价暴跌90％的公司的财务报表都有一个共性，要么是经营性现金流急剧恶化，要么是财务费用大幅飙升。这说明财务费用和经营性现金流是考察一家公司真实经营状态最好的参照数据，如果一家公司会走向破产，那么这两个数据一定会体现出来。

【例 5-1】 A上市公司近几年财务报表如表 5-2 所示。

A上市公司近几年财务报表 **表 5-2**

时间	2013年12月31日	2012年12月31日	2011年12月31日	2010年12月31日	2009年12月31日
货币现金(亿元)	31.15	51.33	96.68	57.76	36.72
财务费用(亿元)	1.7	1.15	0.33	0.67	—0.26
经营活动现金净额(亿元)	—20.97	—4.15	—58.61	—10.16	13.81
筹资活动现金净额(亿元)	—9.6	—35.44	108.96	35.19	—0.53
净利润(亿元)	—34.46	—58.26	37.79	21.61	28.55

详细分析该公司报表，可以发现2010年公司财务报表有极大的疑点，2009年货币资金36.72亿元，财务费用仅仅获得银行利息0.26亿元，基本就是活期存款利率，说明该笔资金是备日常经营用的。2010年经营性现金流已经是－10.16亿元，净利润却高达20亿元，说明公司在日常经营上货款已经回笼不力。2011年1月上市融资93亿元，当年净利润37.79亿元，实际经营性现金流出58.61亿元。

【例 5-2】 B上市公司2009～2014年财务报表见表5-3。

B上市公司财务报表（600550） 表5-3

时间	2011年12月31日	2010年12月31日	2009年12月31日	2008年12月31日	2007年12月31日
货币现金(亿元)	18.30	18.78	26.68	30.31	13.63
财务费用(亿元)	4.18	4.31	3.38	2.34	1.10
经营活动现金净额(亿元)	—1.48	6.6	3.08	2.74	1.98
筹资活动现金净额(亿元)	5.85	—5.91	11.96	31.47	12.02
净利润(亿元)	—0.78	6.33	6.08	9.61	4.61

分析表5-3可以发现存在的主要问题是公司财务费用激增，从2007年的1.1亿元到2009年的3.38亿元只用2年时间，期间融资43.47亿元；更大的问题是，经营活动现金净额在2007年至2009年净利润相差近10亿元，表面上是账面富贵，实际全是资金的流出。

【例5-3】 C上市公司财务报表见表5-4。

C上市公司财务报表 表5-4

时间	2017年12月31日	2016年12月31日	2015年12月31日	2014年12月31日	2013年12月31日	2012年12月31日
财务费用(亿元)	1.24	6.48	3.48	1.58	1.16	0.42
经营活动现金净额(亿元)	—7.4	—10.68	8.75	2.34	1.76	1.06
筹资活动现金净额(亿元)	10.13	94.77	43.65	11.53	11.14	7.17
净利润(亿元)	1.24	5.54	5.7	3.6	2.32	1.89

C上市公司经营性现金流在2012～2015年超过净利润，但是其财务费用在2014年至2015年剧增。一般财务费用剧增是公司大举借债或填补以前亏空所致，凡是遇见财务费用激增，一般说明公司大举扩张，容易带来极大风险。

5.3 工程项目财务评价案例

工程项目财务评价过程一般包括融资前分析与融资后分析，如图5-1所示。

（1）概况：某高新技术产业化项目，其可行性研究已完成市场需求预测、生产规模、工艺技术方案、建厂条件和厂址方案、环境保护、工厂组织和劳动定员以及项目实施规划诸方面的研究论证和多方案比较，在此基础上进行项目财务分析。其项目基准收益率为12%（融资前税前），基准投资回收期为8.3年（融资前税前）。

（2）基础数据：该项目生产规模为年产1.2万t。项目计划两年建成，第三年投产，当年生产负荷达到设计能力的70%，第四年达到90%，第五年达到100%。生产期按8年计算，计算期为10年。

（3）建设投资估算见表5-5。

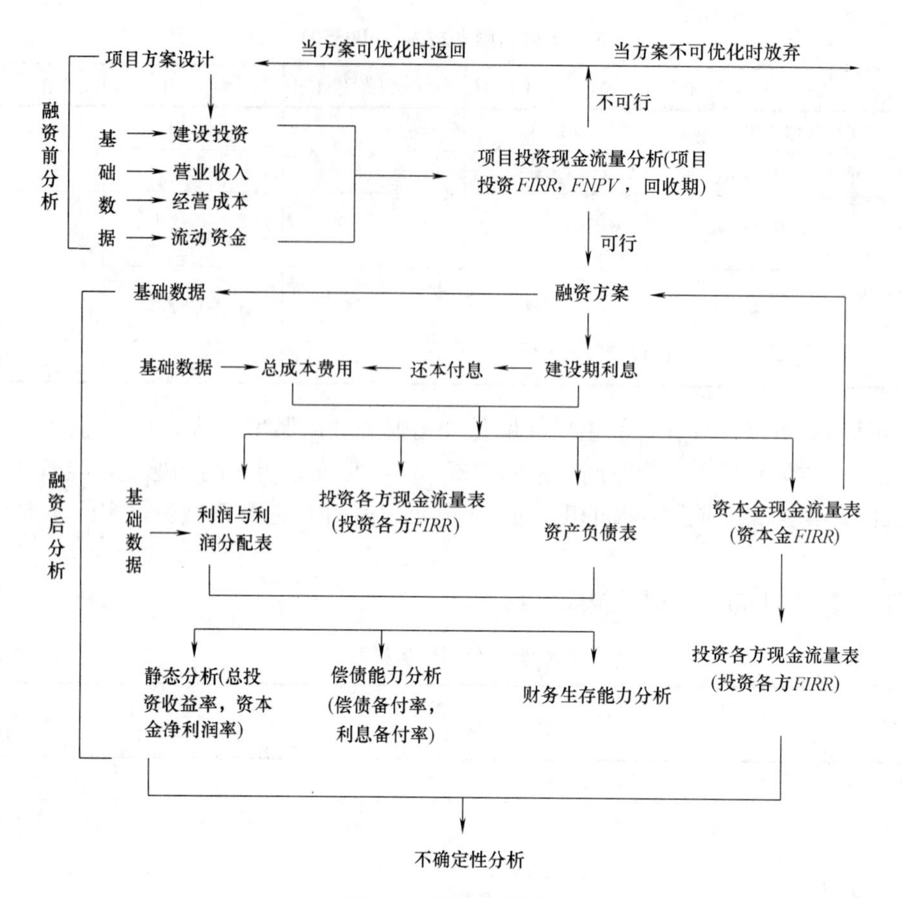

图 5-1 财务分析图

某高新技术产业化项目建设投资估算 **表 5-5**

序号	工程费用名称	建筑工程（万元）	设备费用（万元）	安装工程（万元）	其他费用（万元）	总值（万元）	占总值比（%）
1	工程费用	1551	10047	3891	0	15489	81
1.1	主要生产项目	460	7850	3290	—	11600	—
1.2	辅助生产车间	170	470	23	—	663	—
1.3	公用工程	200	1120	460	—	1780	—
1.4	环境保护工程	83	495	101	—	679	—
1.5	总图运输	23	112	—	—	135	—
1.6	服务性工程	118	—	—	—	118	—
1.7	生活福利工程	497	—	—	—	497	—
1.8	厂外工程	—	—	17	—	17	—
2	工程建设其他费用	—	—	—	1370	1370	7
	其中土地费	—	—	—	600	600	—
3	预备费用	—	—	—	2273	2273	12
4	建设投资合计	1551	10047	3891	3643	19132	100
	比例(%)	8	53	20	19	100	—

（4）流动资金估算见表 5-6，估算总额为 3159 万元，流动资金借款为 2350 万元。

某高新技术产业化项目流动资金估算　　表 5-6

序号	项目\年份	最低周转天数	周转次 数	投产期	—	达到设计生产能力期	—	—	—
—	—	—	—	3	4	5	6	7	8
1	流动资产(万元)	—	—	2977	3693	4049	4049	4049	4049
1.1	应收账款(万元)	30	12	821	999	1088	1088	1088	1088
1.2	存货(万元)	—	—	2118	2656	2923	2923	2923	2923
1.3	现金(万元)	15	24	38	38	38	38	38	38
2	流动负债(万元)	—	—	623	801	890	890	890	890
2.1	应付账款(万元)	30	12	623	801	890	890	890	890
2.2	预收账款(万元)	—	—	—	—	—	—	—	—
3	流动资金(1-2)(万元)	—	—	2354	2892	3159	3159	3159	3159
4	流动资产增加额(万元)	—	—	2354	538	267	0	0	0

（5）资金来源。项目资本金为 7121 万元，其中用于流动资金 808 万元，其余为借款。资本金由甲、乙两个投资方出资，其中甲方出资 3000 万元，分别于建设期每年年初投入 1500 万元，从还完建设投资长期借款年开始，每年分红按出资额的 25%进行，经营期末收回投资。建设投资债务资金由中国银行向中国建设银行提供贷款，其中中国银行贷款年利率为 7.47%，中国建设银行贷款年利率为 7.56%；流动资金由中国工商银行提供贷款，年利率 7.29%。投资分年使用，计划按第一年 60%，第二年 40%的比例分配。项目总投资使用计划与资金筹措见表 5-4。

工资及福利费估算。全厂定员 200 人，工资及福利费按每人每年 50000 元估算，全年工资及福利费估算为 1000 万元（其中福利费按工资总额的 14%计算）。

（6）年营业收入、年营业税金及附加。

产品售价以市场价格为基础，预测到生产期初的市场价格，每吨出厂价按 17000 元计算（不含增值税）。产品增值税税率为 17%。本项目采用价外计税方式考虑增值税。城市维护建设税按增值税的 7%计算，教育费附加按增值税的 3%计算。年营业收入和年营业税金及附加见表 5-7。

年营业收入和年营业税金及附加表　　表 5-7

序号	项　　目	合计	第 3 年	第 4 年	第 5 年	第 6～10 年
—	—	—	生产负荷 70%	生产负荷 90%	生产负荷 100%	生产负荷 100%
1	产品营业收入(万元)	144552	13314	17118	19020	19020
2	营业税金及附加(万元)	1079	99	128	142	142
2.1	营业税	—	—	—	—	—
2.2	消费税	—	—	—	—	—
2.3	城市维护建设税(万元)	752	69	89	99	99
2.4	教育附加费(万元)	320	30	38	42	42
3	增值税(万元)	10770	992	1276	1417	1417
3.1	增值税销项(万元)	24571	2263	2910	3233	3233
3.2	增值税进项(万元)	13801	1271	1634	1816	1816

（7）总成本费用估算见表 5-8。

1）固定资产原值为 19459 万元，按平均年限法计算折旧，折旧年限为 8 年，残值率 5%，折旧率 11.88%，年折旧额为 2311 万元。

2）无形资产为 368.90 万元，采用平均年限法，按 8 年摊销，年摊销额为 46.11 万元。其他资产为 400 万元，采用平均年限法，按 5 年摊销，年摊销额为 80 万元。

总成本费用估算 **表 5-8**

序号	项目	合计	投产期	—	达到设计生产能力期	—	—	—	—	—
—	—	—	3	4	5	6	7	8	9	10
1	总成本费用(万元)	123510	13449	15440	16268	15937	15664	15584	15584	15584
2	折旧费(万元)	18488	2311	2311	2311	2311	2311	2311	2311	2311
3	摊销费(万元)	768	126	126	126	126	126	46	46	46
4	财务费用(万元)	4080	1160	1015	776	445	171	171	171	171
5	经营成本(万元)	100174	9852	11988	13055	13055	13055	13056	13056	13056

（8）融资前分析。项目投资现金流量表见表 5-9。根据该表计算的评价指标为：项目投资财务内部收益率＝16.25%（调整所得税前）；项目投资财务内部收益率＝13.66%（调整所得税后）；项目投资财务净现值（i_c＝12%）＝3588.64 万元（调整所得税前）；项目投资回收期（从建设期算起）＝6.46 年。项目投资财务内部收益率大于基准收益率，说明盈利能力满足行业最低要求，项目投资财务净现值大于零，说明该项目在财务上是可以接受的。项目投资回收期为 6.46 年，小于行业基准投资回收期（8.3 年），说明项目投资能按时收回。

项目投资现金流量表 **表 5-9**

序号	项目	合计	建设期		投产期		达到设计生产能力期					
			1	2	3	4	5	6	7	8	9	10
	生产负荷	—	—	—	70	90	100	100	100	100	100	100
1	现金流入(万元)	148684	—	—	13314	17118	19020	19020	19020	19020	19020	23152
2	现金流出(万元)	123550	11486	7657	12305	12653	13464	13197	13197	13197	13197	13197
3	所得税前净现金流量(万元)	—	−11486	−7657	1009	4465	5556	5823	5823	5823	5823	9955
4	累计所得税前净现金流量(万元)	—	−111486	−19143	−18134	−13669	−8113	−2290	3533	9356	15179	25134
5	调整所得税(万元)	—	—	—	—	—	—	—	883	1456	1456	2489
6	所得税后净现金流量(万元)	—	−11486	−7657	1009	4465	5556	5823	4940	4367	4367	7466
7	累计所得税后净现金流量(万元)	—	−11486	−19143	−18134	−13669	−8113	−2290	2650	7017	11384	18850

（9）融资后分析。项目资本金现金流量表见表 5-10，利润与利润分配表见表 5-11，财务计划现金流量表见表 5-12。

项目资本金现金流量表 表 5-10

序号	项目	合计	建设期		投产期		达到设计生产能力期					
—	—	—	1	2	3	4	5	6	7	8	9	10
1	现金流入(万元)	148684	—	—	13314	17118	19020	19020	19020	19020	19020	23152
2	现金流出(万元)	131372	3788	2525	14122	17118	19020	18051	14172	14192	14192	14192
3	净现金流量(万元)	17312	−3788	−2525	−808	0	0	969	4848	4828	4828	8960

利润与利润分配表 表 5-11

序号	项目	合计	投产期		达到设计生产能力期					
—	—	—	3	4	5	6	7	8	9	10
1	利润总额(万元)	19944	—234	1533	2609	2940	3214	3294	3294	3294
2	净利润(万元)	14960	—234	1208	1957	2205	2411	2471	2471	2471
3	未分配利润(万元)	14212		1208	1957	2205	2170	2224	2224	2224
4	息税前利润(万元)	20662	926	2566	3386	3386	3386	3466	3466	3466
5	息税折旧摊销前利润(万元)	39200	2203	3970	5046	5377	5651	5651	5651	5651

财务计划现金流量表 表 5-12

序号	项目	合计	建设期		投产期		达到设计生产能力期					
—	—	—	1	2	3	4	5	6	7	8	9	10
1	经营活动现金流量(万元)	38315	—	—	3363	4678	5170	5088	5019	4999	4999	4999
2	投资活动净现金流量(万元)	−22302	−11486	−7657	−2354	−538	−267	0	0	0	0	0
3	筹资活动净现金流量(万元)	4287	11486	7657	−1009	−4140	−4904	−4119	−171	−171	−171	−171
4	净现金流量(万元)	20301	0	0	0	0	0	969	4848	4828	4828	4828
5	累计盈余资金(万元)	—	0	0	0	0	0	969	5817	10645	15473	20301

1）根据项目资本金现金流量表计算资本金财务内部收益率为 19.35%。

2）根据利润与利润分配表、建设投资估算表、资金使用计划与资金筹措表、财务计划现金流量表、建设期利息估算表、固定资产折旧估算表、无形资产及其他资产摊销估算表等计算以下指标：

$$总投资收益率=\frac{运营期内年平均息税前利润}{总投资}\times 100\%$$
$$=\frac{20662/8}{23387}\times 100\%$$
$$=11.04\%$$

$$利息备付率=\frac{息税前利润}{当期应付利息费用}=\frac{20662}{4101}=5.0>2.0$$

$$偿债备付率=\frac{利润总额+利息+折旧+摊销-所得税}{借款利息支付+借款本金偿还}$$

$$=\frac{19944+4101+18486+767-4986}{4101+13915+2351}=1.9>1.3$$

通过计算可知，项目利息备付率大于 2.0，偿债备付率大于 1.3，说明项目付息保证程度较高，项目的偿债能力较强。

根据财务计划现金流量表可知，项目计算期内各年的净现金流量及累计盈余均为正值，各年均有足够的净现金流量维持项目的正常运营，可保证项目财务的可持续性。

（10）财务分析说明。项目财务分析分为融资前分析和融资后分析两个层次。融资前分从项目投资总获利能力角度，考察项目方案设计的合理性，重在考察项目净现金流的价值是否大于其投资成本；融资后分析重在考察资金筹措方案能否满足要求，包括项目的盈利能力分析、偿债能力分析以及财务生存能力分析，判断项目方案在融资条件下的合理性。

5.4 费用效益分析参数、指标及报表

5.4.1 经济效益与经济费用

经济效益分为直接经济效益和间接经济效益；经济费用分为直接经济费用和间接经济费用。直接经济效益和直接经济费用是与投资主体有关的，可称为内部效果；由投资主体而产生，却被其他主体所承担的间接经济效益和间接经济费用，称为外部效果。

1. 直接经济效益和直接经济费用

直接经济效益是指由项目产出物直接生成，并在项目范围内计算的经济效益。直接经济效益一般表现为：增加项目产出物或者服务的数量以满足需求的效益，或者替代效益较低的相同或类似的产出物或者服务，使被替代企业减产（停产）从而减少有用资源耗费或者效益的损失，或者增加出口或者减少进口从而增加或者节约的外汇等。

直接经济费用是指项目使用投入物所形成，并在项目范围内计算的费用。直接经济费用一般表现为：其他部门为本项目提供投入物，或者需要扩大生产规模所耗费的资源费用，或者减少对其他项目，或者最终消费投入物的供应而放弃的效益，或者增加进口或减少出口从而耗用或减少的外汇等。

2. 间接经济效益与间接经济费用

间接经济效益与间接经济费用（外部效果）是指项目对国民经济作出的贡献与国民经济为项目付出的代价中，在直接效益与直接费用中未得到反映的效益与费用。

外部效果可分为货币性和技术性两类。货币性外部效果指效益在各部门的重新分配，如税收或补贴等。货币性外部效果并不引起社会资源的变化，所以在效益费用分析中不予考虑。

技术性外部效果是指外部效果确实使社会总生产和社会总消费发生变化。技术性外部效果包括以下几个方面：

（1）产业关联效果。例如水电站建设，除发电、防洪灌溉和供水等直接效果外，还可促进养殖业、水上运动的发展，以及旅游业的增进等间接效益；同时，农牧业又因土地淹

没而遭受一定的损失（间接费用）。

（2）环境和生态效果。

（3）技术扩散和示范效果。建设技术先进的项目会培养和造就大量的技术人员和管理人员，由于人员流动、技术交流，可给整个社会经济的发展带来好处。

技术性外部效果反映了社会生产和消费的真实变化，这种真实变化必然引起社会资源配置的变化，所以应在费用效益分析中加以考虑。

需要注意的是：为防止外部效果计算扩大化，项目的外部效果一般只计算一次相关效果，不应连续计算。

5.4.2 费用效益分析参数

费用效益分析参数是费用效益分析的基本判据，对比选择优化方案具有重要作用。费用效益分析的参数主要包括：社会折现率、影子汇率和影子工资等。这些参数由专门的机构组织测算和发布。

1. 社会折现率

社会折现率是用来衡量资金时间价值的重要参数，显示社会资金被占用应获得的最低收费率，也用作不同年份价值换算的折现率。

社会折现率是费用效益分析中经济内部收益率的基准值。适当的折现率有利于合理分配建设资金，指导资金投向对国民经济贡献大的项目，调节资金供需关系，促进资金在短期和长期建设项目之间的合理调配。

根据对我国国民经济运行的实际情况、投资收益水平、资金供需状况、资金机会成本以及国家宏观调控等因素综合分析，根据国家发展和改革委员会和原建设部联合发布的第三版《建设项目经济评价方法与参数》，目前社会折现率测定值为8%。对于受益期长的建设项目，如果远期效益较大，效益实现的风险较小，社会折现率可适当降低，但不应低于6%。

2. 汇率

汇率是指两个国家不同货币之间的比价或交换比率。

影子汇率是指能正确反映外汇真实价值的汇率，即外汇的影子价格。影子汇率主要依据一个国家或地区一段时期内进出口的结构和水平、外汇的机会成本及发展趋势、外汇供需状况等因素确定。一旦上述因素发生较大变化，影子汇率值需作相应的调整。

在费用效益分析中，影子汇率通过影子汇率换算系数计算。影子汇率换算系数是影子汇率与同家外汇牌价的比值。工程项目投入物和产出物涉及进出口的，应采用影子汇率换算系数计算影子汇率。目前，根据我国外汇收支、外汇供求、进出口结构、进出口关税、进出口增值税及出口退税补贴等情况，影子汇率换算系数取值为1.08。

【例5-4】 已知某国家外汇牌价格人民币对美元的比值为674.64/100。试求人民币对美元的影子汇率。

【解】 影子汇率＝影子汇率换算系数×674.64/100

＝1.08×674.64/100

＝7.2861

3. 影子工资

影子工资是指项目使用劳动力、社会为此付出的代价。它包含在调整为经济价值的经营成本之中。反映该劳动力用于拟建项目而使社会为此放弃的原有效益，由劳动力的边际产出和劳动力的就业或转移而引起的社会资源消耗构成。

影子工资一般通过影子工资换算系数计算。影子工资换算系数是影子工资与项目财务评价中劳动力的工资和福利费的比值。即影子工资=财务工资×影子工资换算系数。影子工资应该根据项目所在地的劳动力就业状况或转移成本测定。技术劳动力的工资报酬一般可由市场供求决定，影子工资可以以财务实际支付工资计算，即影子工资换算系数取值为1。对于非技术劳动力，其影子工资换算系数取值为0.25～0.8；根据当地的非技术劳动力供求状况确定，非技术劳动力较为富裕的地区可取较低值，不太富裕的地区可取较高值，中间状况可取0.5。

【例5-5】 某建设项目投资中的人工费为1亿元，其中80%为技术性工种工资。在经济费用效益分析中，若取技术性工种影子工资换算系数为1，非技术性工种影子工资换算系数为0.3，试求该项目人工费的调整值。

【解】 该项目人工费的调整值=80%×1×1+20%×1×0.3=0.86亿元

5.4.3 费用效益分析指标及报表

1. 费用效益分析指标

费用效益分析以盈利能力评价为主，评价指标包括经济内部收益率、经济净现值和效益费用比。

（1）经济内部收益（*EIRR*）

经济内部收益率是反映项目对国民经济净贡献的相对指标。它是项目在计算期内各年经济净效益流量的现值累计等于零时的折现率。假设现金流量始终服从年末习惯法，其表达式见式（5-1）：

$$\sum_{t=1}^{n}(B-C)_t(1+EIRR)^{-t}=0 \tag{5-1}$$

式中 B——国民经济效益流量；

C——国民经济费用流量；

n——计算期。

判别准则：经济内部收益率不小于社会折现率，说明项目对国民经济的净贡献达到或超过了要求的水平，项目是可以接受的。

（2）经济净现值（*ENPV*）

经济净现值是反映项目对国民经济净贡献的绝对指标。它是指用社会折现率将项目计算期内各年的净效益流量折算到建设期初的现值之和。假设现金流量始终服从年末习惯法，其表达式见式（5-2）：

$$ENPV=\sum_{t=1}^{n}(B-C)_t(1+i_s)^{-t} \tag{5-2}$$

式中 i_s——社会折现率。

判别准则：工程项目经济净现值不小于零表示项目付出代价后，可以得到符合社会折现率的社会盈余，或还可以得到以现值计算的超额社会盈余，项目是可以考虑接受的。

按分析效益费用的口径不同，可分为整个项目的经济内部收益率和经济净现值，以及国内投资经济内部收益率和经济净现值。如果项目没有国外投资和国外借款，全投资指标与国内投资指标相同；如果项目有国外资金流入与流出，但国外资金指定用途时，应以国内投资的经济内部收益率和经济净现值作为项目费用效益分析的指标；如果项目使用非指定用途的国外资金时，则应计算全投资经济内部收益率和经济净现值指标。

（3）效益费用比（R_{BC}）

效益费用比是项目在计算期内效益流量的现值与费用流量的现值的比率，其计算公式见式（5-3）：

$$R_{BC}=\frac{\sum_{t=1}^{n}B_t(1+i_s)^{-t}}{\sum_{t=1}^{n}C_t(1+i_s)^{-t}} \tag{5-3}$$

式中 R_{BC}——效益费用比；

B_t——第 t 期的经济效益；

C_t——第 t 期的经济费用。

效益费用比大于 1，表明项目资源配置的经济效益达到了可以被接受的水平。

2. 费用效益分析报表

费用效益分析的基本报表是经济费用效益流量表。经济费用效益流量表有两种：一是国内投资经济费用效益流量表；二是项目投资经济费用效益流量表。

经济费用效益流量表一般在项目财务评价的基础上进行调整编制。

在财务评价的基础上编制经济费用效益流量表应注意以下问题：

（1）剔除转移支付。将财务现金流量表中列支的增值税金及附加、所得税、特种基金、国内借款利息作为转移支付剔除。剔除涨价预备费、税金、国内借款建设期利息等转移支付项目。进口设备购置费通常要剔除进口关税、增值税等转移支付。

（2）计算外部效益与外部费用，保持效益费用计算口径的统一。

（3）用影子价格、影子汇率逐项调整建设投资中的各项费用，建筑安装工程费按材料费、劳动力的影子价格进行调整；土地费用按土地影子价格进行调整。

（4）应收、应付款及现金并没有实际耗用国民经济资源，在费用效益分析中应将其从流动资金中剔除。

（5）用影子价格调整各项经营费用，对主要原材料、燃料及动力费，用影子价格进行调整，对劳动工资及福利费，用影子工资进行调整。

（6）用影子价格调整计算项目产出物的销售收入。

（7）费用效益分析各项销售收入和费用支出中的外汇部分应用影子汇率进行调整，计算外汇价值。从国外引入的资金和向国外支付的投资收益、贷款本息，也应用影子汇率进行调整。

【案例】 某公司欲投资建设一个生产新型 LED 芯片的项目，该项目建设期 2 年，生产经营期 18 年，计算期 20 年。该项目总投资表见表 5-13，建设投资第一年投入 40%，第二年投入 60%，流动资金从第三年起分两年等额投入。第三年投产，生产负荷达到 85%，第四年生产负荷达到 100%。该项目生产的芯片市场价格为 2.7 元/只（含增值税），正常年份年产量为 18000 万只。据预测，项目投产后将导致该产品的市场价格下降 5%，而且很可能挤占国内原有厂家的部分市场。国内运费均值为 100 元/万只。计算期末回收固定资产余值为 3500.31 万元。该项目无外部效益和外部费用。

项目总投资表 **表 5-13**

序号	项目	人民币(万元)	外币(万美元)
1	建设投资	12012.90	980.10
2	建设期利息	864.00	—
3	固定资产投资	12876.90	980.10
4	流动资金	3257.00	—

当时美元兑换人民币的外汇牌价为 6.07 元/美元，影子汇率换算系数为 1.08。建筑工程投资影子价格换算系数为 1.1。设备及工器具投资、安装工程投资及除土地费用外的工程建设其他投资中的人民币投资影子价格换算系数均为 1。占用基本农田的机会成本为 82.03 万元，新增资源消耗为机会成本的 40%。基本预备费费率为 10%。该项目应收账款为 2348 万元，存货为 1920 万元，现金为 186 万元，应付账款为 1197 万元。

项目原材料有 A、B、C 三种。原料 A 和 C 为市场定价的外贸货物，其到岸价分别为 693 美元/t 和 340 美元/t，年耗用量分别为 3 万 t 和 1.8 万 t，国内运费为 92 元/t，贸易费率为 6%。原料 B 为非外贸货物，经测定的影子价格为 3407 元/t，年耗用量 2.23 万 t。

该项目年耗用电力 3260.5 万 kWh，年耗煤炭 2 万 t，年耗水 332 万 t。当时电力影子价格为 0.28 元/kWh，煤炭影子价格为 182 元/t，水影子价格为 0.98 元/t。年工资及福利费为 270 万元，影子工资换算系数为 0.8；调整后年修理费为 414.51 万元；调整后年其他费用为 2980.06 万元。项目建设投资和流动资金投入均在年初发生，其余经济效益和经济费用流量均遵循年末习惯法，社会折现率为 8%。

根据以上资料进行该项目费用效益分析：

(1) 调整项目投资费用

首先进行项目投资费用的调整，调整情况见表 5-14。

项目费用效益分析表 **表 5-14**

序号	项目	财务分析			费用效益分析		
—	—	外币(万美元)	人民币(万元)	人民币合计(万元)	外币(万美元)	人民币(万元)	人民币合计(万元)
1	建设投资	980.10	12012.90	17962.11	980.10	11997.52	18422.67
1.1	建筑工程费	—	4250.00	4250.00	—	4675.00	4675.00
1.2	设备购置费	589.00	4466.00	8041.23	589.00	4466.00	8327.25
1.3	安装工程费	220.00	1165.00	2500.40	220.00	1165.00	2607.23
1.4	其他费用	82.00	608.00	1105.74	82.00	600.84	1138.40
1.4.1	其中:土地费用	—	122.00	122.00	—	114.84	114.84
1.5	基本预备费	89.10	1048.90	1589.74	89.10	1090.68	1674.79
1.6	涨价预备费	—	475.00	475.00	—	—	—
2	建设期利息	—	864.00	864.00	—	—	—
3	流动资金	—	3257.00	3257.00	—	1920.00	1920.00

(2) 经营费用估算

利用影子价格计算该项目的经营费用，具体见表 5-15。

项目经营费用估算表 **表 5-15**

序号	项目	年耗用量	影子价格(元/t)	年费用(万元)
1	外购原材料	—	—	26738.80
1.1	A	3.00 万 t	4907.61	14722.84
1.2	B	2.23 万 t	3407.00	7597.61
1.3	C	1.80 万 t	2454.64	4418.35
2	外购燃料及动力	—	—	1602.30
2.1	电力	3260.50 万 kWh	0.28	912.94
2.2	煤炭	2.00 万 t	182.00	364.00
2.3	水	332.00 万 t	0.98	325.36
3	工资及福利费	—	—	216.00
4	年修理费	—	—	414.51
5	其他费用	—	—	2980.06
	合计	—	—	31951.67

(3) 项目直接效益分析

采用“有项目”和“无项目”两种情况下市场价格的平均值作为测算影子价格的依据，计算该产品的影子价格为：

$$[2.7\times(1-5\%)+2.7]\div2+(1+17\%)\times10000-100=22400\text{ 元/万只}$$

则该项目直接效益为：

$$22400\times18000\div10000=40320\text{ 万元}$$

(4) 项目费用效益评价

编制项目投资经济费用效益流量表见表 5-16。

项目投资经济费用效益流量表 **表 5-16**

序号	项目	合计	建设期			生产期		
			0	1	2	3	4～19	20
1	效益流量(万元)	725232.31	—	—	—	34272.00	40320.00	45740.31
1.1	项目直接效益(万元)	719712.00	—	—	—	34272.00	40320.00	40320.00
1.2	回收固定资产余值(万元)	3500.31	—	—	—	—	—	3500.31
1.3	回收流动资金(万元)	1920.00	—	—	—	—	—	1920.00
2	费用流量(万元)	622631.64	7369.07	11053.60	28118.92	32911.67	31951.67	31951.67
2.1	建设投资(万元)	18422.67	7369.07	11053.60	—	—	—	—
2.2	流动资金(万元)	1920.00	—	—	960.00	960.00	—	—

续表

序号	项目	合计	建设期			生产期		
			0	1	2	3	4～19	20
2.3	经营费用(万元)	602288.97	—	—	27158.92	31951.67	31951.67	31951.67
3	净效益流量(万元)	102500.67	−7369.07	−11053.6	−28118.92	1360.33	8368.33	13788.64

计算经济内部收益率为13.46%，经济净现值为21126.97万元。该项目经济净现值$ENPV>0$，经济内部收益率$EIRR>8\%$，表明从资源配置效率角度，该项目具有经济合理性。

思 考 题

1. 建设投资概略估算有哪些方法？其适用条件各是什么？

2. 如何对建设投资进行详细估算？

3. 财务评价所需的财务分析报表有哪些？财务评价的主要指标有哪些评价？

4. 什么是项目效用效益分析，它与财务评价有何异同？

5. 在费用效益分析中，识别效益费用的原则是什么，与财务评价的原则有何不同？

6. 项目外部效果分为哪几种类型，哪些外部效果需要列入费用效益分析的现金流量表中？

7. 在费用效益分析中进行价格调整的主要原因是什么，外贸物品、非外贸物品和特殊投入物的调价原则分别是什么？

第6章　工程项目风险与不确定性分析

市场中的风险来自于不确定性，即经济活动中无法用基本理论把握的复杂性。

投机（Speculation）：对有价值物品或商品的买卖，从市场价格的波动中谋取利益的一种活动。投机本身是一种风险行为。投机的经济作用是资产或商品在空间和时间上的运送，简单说就是低买高卖。这种活动也叫套利，套利活动有助于拉平完全相同的产品在不同市场上的价格差别。“看不见的手”的作用最终是消除不同市场价格差异，促进市场功能更加有效地发挥作用。

投机揭示了“看不见的手”的法则在起作用。通过拉平价格和供给量，投机实际上在提高经济效益。通过将商品在时间上的调配，使得商品价格和数量趋于平稳。投机商们在追求个人利益的同时，又提高了公共经济总效用。

20世纪60年代末期，帝雪曼公司投资了位于纽约曼哈顿的一个房地产项目，该项目总投资达到11200万美元，帝雪曼公司投入了2500万美元的自有资金。而1969～1973年，曼哈顿房地产的市场却每况愈下，曼哈顿写字楼的供给量净增5500万平方英尺，即在原有基础上增加了30%。然而，此间曼哈顿白领阶层的人数因向市郊迁移减少了4%，1973年末，曼哈顿写字楼的空置率高达20%。即便当时通货膨胀率较高，租金水平仍急速下降。1969年，曼哈顿地区最优的写字楼的租金为16美元/平方英尺，而到1973年末最多也只能达到10美元/平方英尺的水平，低于这座摩天大楼12美元/平方英尺的盈亏平衡租金。

帝雪曼公司由于未能将大楼出租出去，每月损失达100万美元。最终公司因无力偿还抵押贷款的本息而破产，损失3000多万美元。

上述案例是项目风险性的典型。工程项目投资决策面对未来，项目评价所采用的数据大部分来自估算和预测，存在不同程度的不确定性和风险。为了尽量避免投资决策失误，需要进行风险与不确定性分析。

6.1　盈亏平衡分析

盈亏平衡分析是在完全竞争或垄断竞争的市场条件下，研究工程项目特别是制造业项目产品成本费用、产销量与盈利的平衡关系的方法。对于一个工程项目而言，随着产销量的变化，盈利与亏损之间一般至少有一个转折点，这种转折点称为盈亏平衡点BEP（Break Even Point）。在这个点上，营业收入与成本费用相等，既不亏损也不盈利。盈亏平衡分析就是要找出项目方案的盈亏平衡点，盈亏平衡点越低，项目盈利的可能性就越大，对不确定因素变化所带来的风险的承受能力就越强。盈亏平衡分析只适用于财务评价。

盈亏平衡分析的基本方法是建立成本与产量、营业收入与产量之间的函数关系，通过对函数及其图形的分析，找出盈亏平衡点（见图6-1）。

6.1.1 线性盈亏平衡分析

年营业收入：$R=P\cdot Q$

年总成本费用方程：$C=F+V\cdot Q+T\cdot Q$

年利润方程：$B=R-C=(P-V-T)Q-F$

式中 R——年营业收入；

P——单位产品销售价格；

Q——项目设计生产能力或年产量；

C——年总成本费用；

F——年总成本中的固定成本；

V——单位产品变动成本；

T——单位产品增值税金及附加；

B——年总利润。

盈亏平衡时，$B=0$，则有：

年产量的 BEP_Q 点：$BEP_Q=\dfrac{F}{P-V-T}$

营业收入的 BEP_R 点：$BEP_R=P\left(\dfrac{F}{P-V-T}\right)$

6.1.2 非线性盈亏平衡分析

在垄断竞争条件下，随着项目产品销量的增加，市场上该产品的售价就要下降，因而营业收入与产销量之间是非线性关系。企业增加产量时原材料价格可能上涨，同时要多支付一些加班费、奖金以及设备维修费，使产品的单位可变成本增加，从而总成本与产销量之间也成非线性关系，盈亏平衡点可能不止一个，如图 6-2 所示。

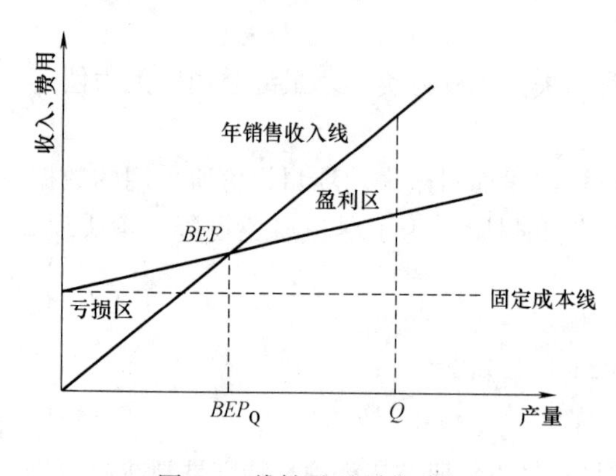

图 6-1 线性盈亏平衡分析图

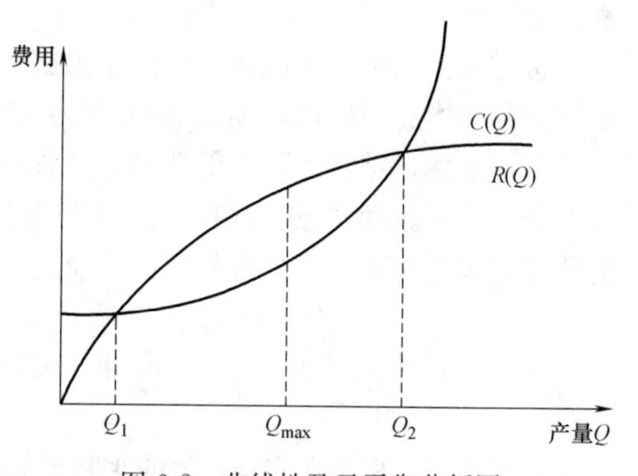

图 6-2 非线性盈亏平衡分析图

运用盈亏平衡分析，在方案选择时应优先选择盈亏平衡点较低者，盈亏平衡点越低意味着项目的抗风险能力越强，越能承受意外的变化。

6.2 敏感性分析

敏感性分析是通过研究项目主要不确定因素发生变化时，项目经济效果指标发生的相应变化，找出项目的敏感因素，确定其敏感程度，并分析该因素达到临界值时项目的承受能力。

敏感性分析可同时用于财务评价和国民经济评价。根据项目经济目标（如经济净现值或经济内部收益率等）所作的敏感性分析叫经济敏感性分析，而根据项目财务目标所作的敏感性分析叫财务敏感性分析。

敏感性分析的目的：研究方案的经济效果最好和最差时不确定性因素变化范围，以便对不确定性因素实施控制；区分方案敏感性大小，以便选出敏感性小，即风险小的方案；找出敏感性大的因素，向决策者提出是否需要进一步搜集资料，进行研究，以提高经济分析的可靠性。

敏感性分析的程序：

1. 选定需要分析的不确定因素：产品产量（生产负荷）、产品售价、主要资源价格（原材料、燃料或动力等）、可变成本、固定资产投资、建设期贷款利率及外汇汇率等。

2. 确定进行敏感性分析的经济评价指标。敏感性分析一般只对几个重要的指标进行分析，如净现值、内部收益率、投资回收期等。由于敏感性分析是在确定性经济评价的基础上进行的，故选为敏感性分析的指标应与经济评价所采用的指标相一致。

3. 计算因不确定因素变动引起的评价指标的变动值。一般就所选定的不确定因素，设若干级变动幅度（通常用变化率表示）。然后计算与每级变动相应的经济评价指标值，建立一一对应的数量关系，并用敏感性分析图或敏感性分析表的形式表示。

4. 计算敏感度系数并对敏感因素进行排序。所谓敏感因素是指该不确定因素的数值有较小的变动就能使项目经济评价指标出现较显著改变的因素。敏感度系数的计算公式见式（6-1）。

$$\beta=\frac{\Delta A}{\Delta F} \tag{6-1}$$

式中 β——评价指标 A 对于不确定因素 F 的敏感度系数；

ΔA——不确定因素 F 发生变化时评价指标 A 的相应变化率；

ΔF——不确定因素 F 的变化率。

5. 计算变动因素的临界点。临界点是指项目允许不确定因素向不利方向变化的极限位，超过极限位就表明项目的效益指标将不可行。例如，当建设投资上升到某值时，内部收益率将刚好等于基准收益率，此点称为建设投资上升的临界点。临界点可用临界点百分比或者临界值分别表示，表明某一变量的变化达到一定的百分比或者一定数值时，项目的评价指标将从可行转变为不可行。临界点可用专用软件计算，也可由敏感性分析图直接求得近似值。

依据每次所考虑的变动因素的数目不同，敏感性分析又分单因素敏感性分析和多因素敏感性分析。

单因素敏感性分析：每次只考虑一个因素的变动，假设其他因素保持不变时所进行的敏感性分析。

多因素敏感性分析：单因素敏感性分析的方法简单，但其不足之处在于忽略了因素之间的相关性。实际上，一个因素的变动往往伴随着其他因素的变动，多因素敏感性分析考虑了这种相关性，因而能反映几个因素同时变动对项目产生的综合影响，弥补单因素分析的局限性，更全面地揭示了事物的本质。因此，在对一些有特殊要求的项目进行敏感性分析时，除进行单因素敏感性分析外，还应进行多因素敏感性分析。

敏感性分析在一定程度上就各种不确定因素的变动对方案经济效果的影响作了定量描述，有助于决策者了解方案的风险情况，有助于确定在决策过程中及各方案实施过程中需要重点研究与控制的因素。但是，敏感性分析没有考虑各种不确定因素在未来发生变化的概率，这可能会影响分析结论的准确性。实际上，各种不确定因素在未来发生某一幅度变动的概率一般是有所不同的。可能出现这样的情况：通过敏感性分析找出的某一敏感因素未来发生不利变动的概率很小，因而实际上所带来的风险并不大，以至于可以忽略不计；而另一不太敏感的因素未来发生不利变动的概率很大，实际上所带来的风险比那个敏感因素大。这种失误是敏感性分析所无法解决的，必须借助于风险分析方法。

6.3 风险分析

6.3.1 风险的概念

风险是相对于预期目标而言，经济主体受到损失的不确定性。

1. 不确定性是风险存在的必要条件

风险和不确定性是两个不完全相同但又密切相关的概念。如果某种损失必定要发生或必定不会发生，人们可以提前计划或通过成本费用的方式给予明确，则风险是不存在的。只有当人们对行为产生的未来结果无法事先准确预料时，风险才有可能存在。

2. 潜在损失是风险存在的充分条件

不确定性的存在并不一定意味着风险，因为风险是与潜在损失联系在一起的，即实际结果与目标发生的负偏离，包括没有达到预期目标的损失。例如，如果投资者的目标是基准收益率 15%，而实际的内部收益率在 20%～30%之间，虽然具体数值无法确定，但最低的收益率不高于目标收益率，所以绝无风险可言。如果这项投资的内部收益率估计在 12%～18%之间，则它是一个有风险的投资，因为实际收益率有比目标水平（15%）小的可能性。

3. 经济主体是风险成立的基础

风险成立的基础是存在承担行为后果的经济主体（个人或组织），即风险行为人必须是行为后果的实际承担人。如果投资者对其投资后果不承担任何责任或者只负盈不负亏，那么投资风险对他就没有任何意义，他也不可能花费精力进行风险管理。

6.3.2 风险的分类

按照风险与不确定性的关系、风险与时间的关系和风险与行为人的关系进行以下分类：

1. 纯风险和理论风险

根据风险与不确定性的关系，纯风险是指不确定性中仅存在损失的可能性，没有任何收益的可能。例如，由于火灾或洪水造成对财产的破坏，以及由于事故或疾病造成的意外伤亡。理论风险是指不确定性中既存在收益的不确定性也存在损失的不确定性，例如证券投资活动往往包含理论风险。

2. 静态风险和动态风险

根据风险与时间的关系，静态风险是社会经济处于稳定状态时的风险。例如，由于飓风、暴雨、地震等随机事件而造成的不确定性。动态风险则是由于社会经济随时间的变化而产生的风险。例如，经济体制的改革、城市规划的改变、日新月异的科技创新、人们思想观念的转变等带来的风险。

静态和动态风险并不是各自独立的，较大的动态风险可能会提高某些类型的静态风险。例如，与天气状况有关的损失导致的不确定性，这种风险通常被认为是静态的。然而，越来越多的证据显示。日益加速的工业化造成的环境污染，可能正在影响全球的天气状况，从而提高了静态风险发生的可能性。

3. 主观风险和客观风险

根据风险与行为人的关系，主观风险本质上是心理上的不确定性，这种不确定性来源于行为人的思维状态和对行为后果的看法。客观风险与主观风险的最大区别在于：它可通过统计规律更精确地观察和测量。

主观风险提供了一种方法去解释人们面临相同的客观风险却得出不同结论的行为。因此，仅知道客观风险的程度是远远不够的，还必须了解一个人对风险的态度。

各种风险类型之间的关系如图 6-3 所示。

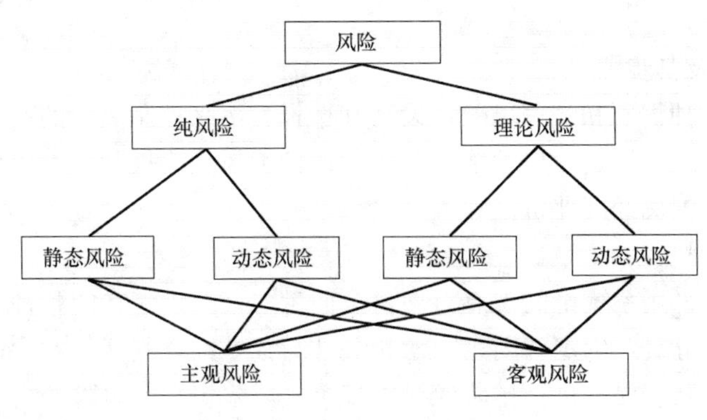

图 6-3　各类型风险的关系

6.3.3　工程项目风险的主要来源

1. 市场风险

市场风险指由于市场供求和价格的不确定性导致损失的可能性。具体讲，就是由于市场需求量、需求偏好以及市场竞争格局、政治经济、法规政策等方面的变化导致市场行情可能发生不利的变化而使工程项目经济效果或企业发展目标达不到预期的水平，比如营业收入、利润或市场占有率等低于期望水平。对于大多数工程项目，市场风险是最直接也是最主要的风险。

2. 技术风险

技术风险指高新技术的应用和技术进步使建设项目目标发生损失的可能性。在项目建设和运营阶段一般都涉及各种高新技术的应用，由于各种原因，实际的应用效果可能达不到原先预期的水平，从而也就可能使项目的目标无法实现，形成高新技术应用风险。此外，建设项目以外的技术进步会使项目的相对技术水平降低，从而影响了项目竞争力和经济效果，并构成了技术进步风险。

3. 财产风险

财产风险指与项目建设有关的企业和个人所拥有、租赁或使用财产，面临可能被破坏、被损毁以及被盗窃的风险。财产风险的来源包括项目建设和运营过程中发生火灾、闪电、洪水、地震、飓风、暴雨、偷窃、爆炸、暴乱、冲突等。此外，与财产损失相关的可能损失还包括停产停业的损失、采取补救措施的费用和不能履行合同对他人造成的损失。

4. 责任风险

责任风险指承担法律责任后对受损一方进行补偿而使自己蒙受损失的可能性。随着法律的建立健全和执法力度的加强，工程建设过程中，个人和组织越来越多地通过诉诸法律来补偿自己受到的损失。因此，经济主体必须谨慎识别那些可能对自己造成影响的责任风险。

5. 信用风险

信用风险指由于有关行为主体缺失信用而导致目标损失的可能性。在工程项目的建设和运营过程中，合同行为作为市场经济运行的基本单元具有普遍性和经常性。如工程承发包合同、分包合同、设备材料采购合同、贷款合同、租赁合同、销售合同等。这些合同规范了诸多合作方的行为，是使工程顺利进行的基础。但如果有行为主体利用合同漏洞损害另一方当事人的利益或者单方面无故违反承诺，则建设项目将受到损失，这就导致信用风险。

6.3.4 风险分析及其步骤

风险分析是一种识别和测算风险，设计和选择方案来控制风险的有组织的手段。风险分析的步骤包括：风险识别、风险估计、风险评价、风险决策和风险应对。风险分析可同时用于财务评价和国民经济评价。

6.3.4.1 风险识别

风险识别是指采用系统论的观点对项目全面考察，找出潜在的各种风险因素，并对各种风险进行比较、分类，确定各因素间的相关性与独立性，判断其发生的可能性及对项目的影响程度，并按其重要性进行排队或赋予权重。风险识别是风险分析和管理的一项基础性工作，其主要任务是明确风险存在的可能性，为风险估计、风险评价和风险应对奠定基础。

风险识别要求风险分析人员拥有较强的洞察能力以及丰富的实际经验，其一般步骤是：

（1）明确所要实现的目标；

（2）找出影响目标值的全部因素；

（3）分析各因素对目标的相对影响程度；

（4）根据各因素向不利方向变化的可能性进行分析、判断，并确定主要风险因素。

工程项目投资规模大、建设周期长、涉及因素多，因此应按项目的不同阶段进行风险识别，而且随着建设项目寿命周期的推移，一种风险的重要性会下降，而另一种风险的重要性则会上升，如图 6-4 所示。

6.3.4.2 风险估计

风险估计是指采用主观概率和客观概率分析方法，确定风险因素的概率分布，运用数理统计分析方法。计算项目评价指标相应的概率分布或累计概率、期望值、标准差。

1. 离散概率分布

当变量可能数值有限时，这种随机变量称为离散随机变量，其概率密度为间断函数。在离散概率分布下指标期望值见式(6-2)：

$$\bar{x}=\sum_{i=1}^{n} p_i \cdot x_i \tag{6-2}$$

式中 $\bar{x}$——指标的期望值；

p_i——第 i 种状态发生的概率；

x_i——第 i 种状态下的指标值；

n——可能的状态数。

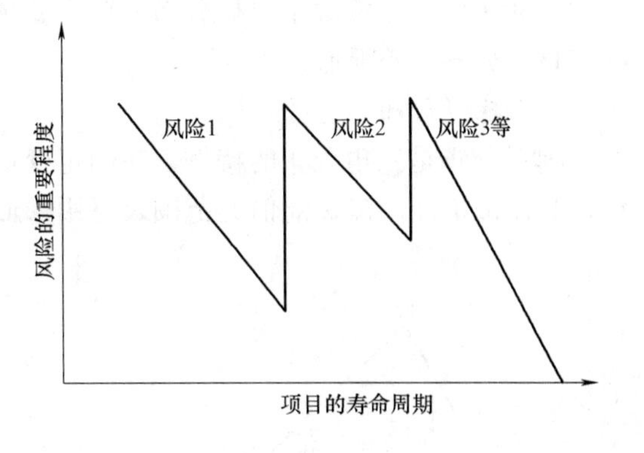

图 6-4 不同阶段项目不同风险的重要程度变化图

指数的方差 D 和均方差（或标准差）σ 的关系见式（6-3）和式（6-4）：

$$D=\sum_{i=1}^{n} p_i(x_i-\bar{x})^2 \tag{6-3}$$

$$\sigma=\sqrt{D} \tag{6-4}$$

2. 连续概率分布

当一个变量的取值范围为一个区间时称为连续变量，其概率密度分布为连续函数。常用的连续概率分布有：

（1）正态分布

正态分布是一种最常用的概率分布，特点是密度函数以均值为中心对称分布。概率密度如图 6-5 所示。正态分布适用于描述一般经济变量的概率分布，如销售量、售价、产品成本等。设变量为 x，x 的正态分布概率密度函数为 $p(x)$，x 的期望值 $\bar{x}$ 和方差 D 计算公式见式（6-5）和式（6-6）：

$$\bar{x}=\int x p(x)\mathrm{d}x \tag{6-5}$$

$$D=\int_{-\infty}^{+\infty}(x-\bar{x})^2 p(x)\mathrm{d}x \tag{6-6}$$

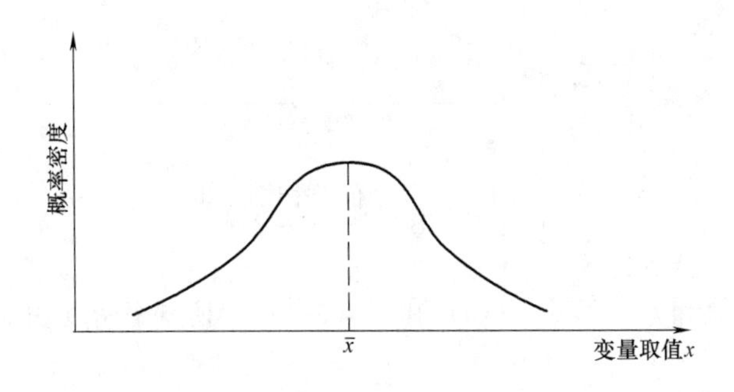

图 6-5 正态分布概率密度图

（2）三角分布

三角分布的密度函数由悲观值、最可能值和乐观值构成对称的或不对称的三角形。适用于描述工期、投资等不对称分布的输入变量，也可用于描述产量、成本等对称分布的输入变量，如图 6-6 所示。

（3）梯形分布

梯形分布是三角分布的特例，在确定变量的乐观值和悲观值后，对最可能值却难以判定，只能确定一个最可能值的范围，可用梯形分布描述，如图 6-7 所示。

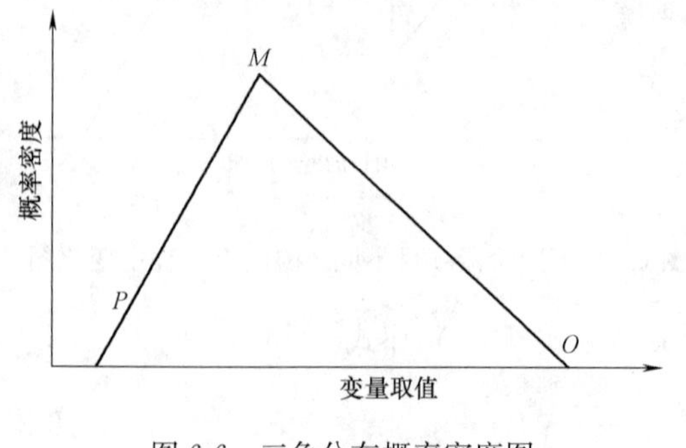

图 6-6　三角分布概率密度图

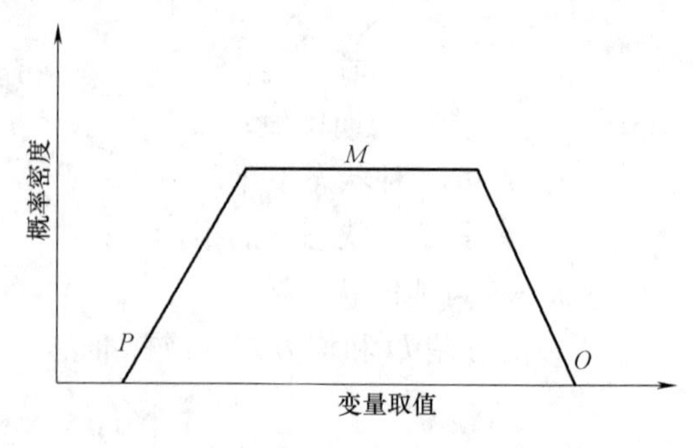

图 6-7　梯形分布概率密度图

（4）β 分布

β 分布变量的概率密度在均值两边呈不对称分布，如图 6-8 所示。β 分布适用于描述工期等不对称分布的变量。通常可以对变量做出三种估计值，即悲观值 P、乐观值 O、最可能值 M。其期望值及方差见式（6-7）和式（6-8）：

$$\bar{x}=\frac{P+4M+O}{6} \tag{6-7}$$

$$D=\left(\frac{O-P}{2}\right)^2 \tag{6-8}$$

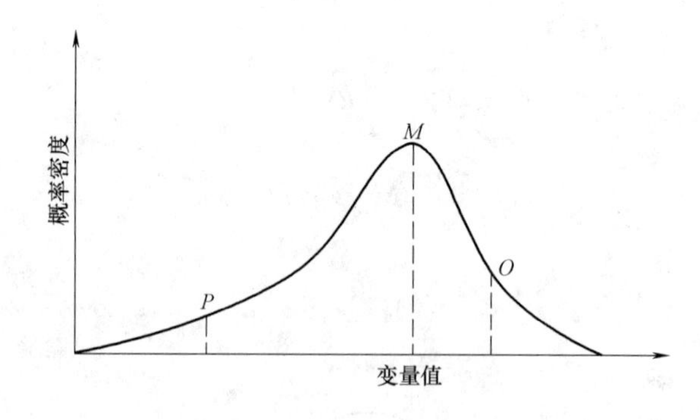

图 6-8　β 分布概率密度图

（5）均匀分布

均匀分布期望值和方差见式（6-9）和式（6-10），其概率密度图如图 6-9 所示：

$$\bar{x}=\frac{a+b}{2} \tag{6-9}$$

$$D=\frac{(b-a)^2}{12} \tag{6-10}$$

3. 蒙特卡洛模拟法

蒙特卡洛模拟法是用随机抽样的方法抽取一组输入变量的概率分布特征的数值，输入这组变量计算项目评价指标，通过多次抽样计算可获得评价指标的概率分布及累计概率分布、期望值、方差、标准差，计算项目可行或不可行的概率，从而估计项目投资所承担的风险。

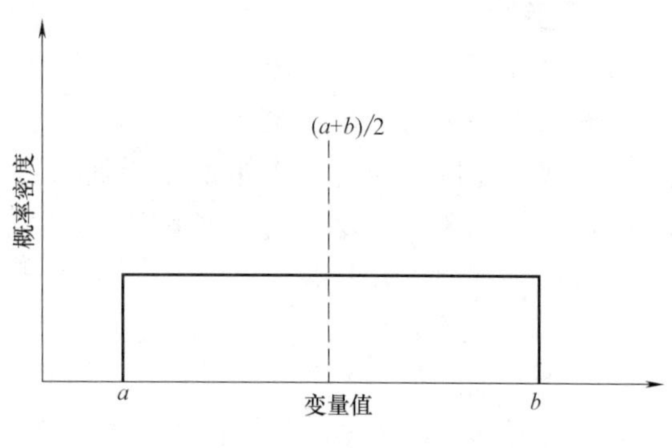

图 6-9　均匀分布概率密度图

蒙特卡洛模拟法的实施步骤一般为：

（1）通过敏感性分析，确定风险随机变量；

（2）确定风险随机变量的概率分布；

（3）通过随机数表求出随机数，根据风险随机变量的概率分布模拟输入变量；

（4）选取经济评价指标，如净现值、内部收益率等；

（5）根据基础数据计算评价指标值；

（6）整理模拟结果所得评价指标的期望值、方差、标准差和概率分布及累计概率，绘制累计概率图，计算项目可行或不可行的概率。

6.3.4.3　风险评价

风险评价是指根据风险识别和风险估计的结果，依据项目风险判别标准，找出影响项目成败的关键风险因素。项目风险大小的评价标准应根据风险因素发生的可能性及其造成的损失来确定，一般采用评价指标的概率分布或累计概率、期望值、标准差作为判别标准，或者采用综合风险等级作为判别标准。

1. 以评价指标作为判别标准

（1）财务（经济）内部收益率不小于基准收益率（社会折现率）的累计概率值越大，风险越小；标准差越小，风险越小。

（2）财务（经济）净现值不小于零的累计概率值越大，风险越小；标准差越小，风险越小。

2. 以综合风险等级作为判别标准

根据风险因素发生的可能性及其造成损失的程度，建立综合风险等级的矩阵，将综合风险分为风险很强的 K 级、风险强的 M 级、风险较强的 T 级、风险适度的 R 级和风险弱的 I 级。综合风险等级分类见表 6-1。

综合风险等级分类表　　　　**表 6-1**

综合风险等级		风险影响的程度			
		严重	较大	适度	低
风险的可能性	高	K	M	R	R
	较高	M	M	R	R
	适度	T	T	R	I
	低	T	T	R	I

6.3.5　风险决策

1. 风险态度与风险决策准则

人是决策的主体，在风险条件下，决策行为取决于决策者的风险态度。对同一风险决策问题，风险态度不同的人决策的结果通常有较大的差异。典型的风险态度有：风险厌恶、风险中性和风险偏爱。风险决策人可有以下决策准则：满意度准则、期望值准则、最小方差准则和期望值方差准则。

2. 风险决策方法

（1）满意度准则

在工程实践中，由于决策人的理性有限和时空的限制，不可能穷尽一切方案，同时还由于“最优”的代价太高。因此，最优准则只存在于纯粹的逻辑推理中。在实践中一般遵循满意度准则就可以进行决策。

满意度准则既可以是决策人想要达到的收益水平，也可以是决策人想要避免的损失水平，因此它对风险厌恶和风险偏爱决策人都适用。

当选择最优方案花费过高或在没有得到其他方案的有关资料之前就必须决策的情况下，应采用满意度准则决策。

（2）期望值准则

期望值准则是根据各备选方案指标损益值的期望值大小进行决策，如果指标为越大越好的损益值，则应选择期望值最大的方案；如果指标为越小越好的损益值，则选择期望值最小的方案。由于不考虑方案的风险，实际上隐含了风险中性的假设。因此，只有当决策者风险态度为中性时，此原则才能适用。

（3）最小方差准则

一般而言，方案指标值的方差越大，则方案的风险就越大。这是一种避免最大损失而不是追求最大收益的准则，风险厌恶型的决策人有时倾向于用这一原则选择风险较小的方案。

（4）期望值方差准则

期望值方差准则是将期望值和方差通过风险厌恶系数 A 化为一个标准 Q 来决策的准则。

$$Q=\bar{x}-A\sqrt{D}$$

式中，风险厌恶系数 A 的取值范围为 0～1，越厌恶风险，取值越大。通过 A 取值范围的调整，可以使 Q 值适合于任何风险偏好的决策者。

【例 6-1】 设有下表所示的决策问题。表中的数据除各种自然状态的概率外，还有指标的损益值，正的为收益，负的为损失。满意度准则如下：（1）可能收益有机会至少等于5；（2）可能损失不大于-1，试选择最佳方案。

方案 损益值	自然状态 S1	自然状态 S2	自然状态 S3	自然状态 S4
	状态概率 $p(S_j)$			
	0.5	0.1	0.1	0.3
Ⅰ	3	-1	1	1
Ⅱ	4	0	-4	6
Ⅲ	5	-2	0	2

【解】 按准则（1）选择方案时，方案Ⅱ和方案Ⅲ有不小于5的可能收益，但方案Ⅲ取得收益5的概率更大一些，应选择方案Ⅲ。按准则（2）选择方案时，只有方案Ⅰ的损失不超过−1，所以应选择方案Ⅰ。

用期望值准则决策：

方案	各方案期望值
Ⅰ	$3\times0.5-1\times0.1+1\times0.1+1\times0.3=1.8$
Ⅱ	$4\times0.5+0-4\times0.1+6\times0.3=3.4$
Ⅲ	$5\times0.5-2\times0.1+0+2\times0.3=2.9$

应选期望值最大的方案Ⅱ。

用最小方差准则决策：

方案	各方案期望值
Ⅰ	$3^2\times0.5+(-1)^2\times0.1+1\times0.1+1^2\times0.3-1.8^2=1.76$
Ⅱ	$4^2\times0.5+0^2\times0.1+(-4)^2\times0.1+6^2\times0.3-3.4^2=8.84$
Ⅲ	$5^2\times0.5+(-2)^2\times0.1+0^2\times0.1+2^2\times0.3-2.9^2=5.69$

应选择方差最小的方案Ⅰ。

用期望值方差准则决策：

方案	各方案期望值
Ⅰ	$1.8-0.7\times(1.76)^{-1/2}=0.87$
Ⅱ	$3.4-0.7\times(8.84)^{-1/2}=1.32$
Ⅲ	$2.9-0.7\times(5.69)^{-1/2}=1.23$

应选方案Ⅱ。

6.3.6 风险应对

风险应对是根据风险决策的结果，研究规避、控制与防范风险的措施，为项目全过程风险管理提供依据。

风险应对的四种基本方法是：风险回避、损失控制、风险转移和风险保留。

1. 风险回避

风险回避是投资主体有意识地放弃风险行为，完全避免特定的损失风险。风险回避也可以说是投资主体将损失机会降低到零。例如，在货物采购合同中业主可以推迟承担货物的责任，即让供货商承担货物进入业主仓库之前的所有损失风险。这样，在货物运输时业主可避免货物入库前的损失风险。

简单的风险回避是一种最消极的风险处理办法，因为投资者在放弃风险行为的同时，往往也放弃了潜在的目标收益。所以一般只有在以下情况下才会采用这种方法：

（1）当出现K级很强风险时；

（2）投资主体对风险极端厌恶；

（3）存在可实现同样目标的风险更低的其他方案；

（4）投资主体无能力消除或转移风险；

(5) 投资主体无能力承担该风险，或承担风险得不到足够的补偿。

2. 损失控制

当特定的风险不能避免时，可以采取行动降低与风险有关的损失，这种处理风险的方法就是损失控制。显然，损失控制不是放弃风险行为，而是制定计划和采取措施降低损失的可能性或者是减少实际损失。当存在 M 级强风险时，就应修正拟议中的方案，改变设计或采取补偿措施等；当存在 T 级较强风险时，可设定某些指标的临界值，指标一旦达到临界值，就要变更设计或对负面影响采取补偿措施。

3. 风险转移

风险转移是通过契约将让渡人的风险转移给受让人承担的行为。因为风险转移可使更多的人共同承担风险，或者受让人预测和控制损失的能力比风险让渡人大得多，当存在 R 级适度风险时，通过风险转移过程有时可大大降低经济主体的风险程度。风险转移的主要形式是合同和保险。

4. 风险保留

风险保留即由经济主体承担并处理风险。当存在 R 级适度风险或 I 级弱风险时，项目业主可进行风险保留。风险保留包括无计划保留和有计划自我保险。

思 考 题

1. 线性盈亏平衡分析的前提假设是什么？盈亏平衡点的生产能力利用率说明什么问题？
2. 敏感性分析的目的是什么，要经过哪些步骤？敏感性分析有什么不足之处？
3. 风险分析和不确定性分析有何区别和联系？风险估计的基本方法有哪些？
4. 风险决策的最显著特征是什么？风险应对的基本方法有哪些？

第7章 价值工程

7.1 价值工程概述

价值工程起源于20世纪40年代的美国，其发展历史上的著名案例是美国通用电器公司的石棉板事件：第二次世界大战期间，美国市场原材料供应十分紧张，美国通用电器公司急需石棉板，但由于该产品的货源不稳定，价格昂贵，所以美国通用电器公司的工程师L. D. Miles开始针对这一问题研究材料代用问题。Miles通过对公司使用石棉板的功能进行分析，发现其用途是铺设在产品喷漆车间的地板上，以避免涂料玷污地板引起火灾，Miles随后在市场上找到一种防火纸，同样可以起到以上作用，并且成本低，容易买到，替代石棉板后取得很好的经济效益，这是最早的价值工程应用案例。Miles首先提出了购买的不是产品本身而是产品功能的概念，实现了同功能的不同材料之间的代用，进而发展成在保证产品功能前提下降低成本的技术经济分析方法。1947年Miles发表了《价值分析》一书，标志着这门学科的正式诞生。1954年，美国海军应用了这一方法，并改称为价值工程。由于它是节约资源、提高效用、降低成本的有效方法，因而引起了世界各国的普遍重视，20世纪50年代日本和联邦德国学习和引进了这一方法。中国于1979年引进，现已在机械、电气、化工、纺织、建材、冶金、物资等多种行业中应用。目前，在建筑工程领域内也被广泛采用。

石棉板事件的实质是把技术设计和经济分析结合起来考虑问题，用技术与经济价值统一对比的标准衡量问题，这种思路和研究问题的特殊工作方法为工程项目技术方案决策提供了有效方法。

价值工程（Value Engineering或Value Analysis，VE或VA)，指以产品或作业的功能分析为核心，以提高产品或作业的价值为目的，力求以最低寿命周期成本实现产品或作业使用所要求的必要功能的一项有组织的创造性活动。价值工程是通过各相关领域的协作，对研究对象的功能与费用进行系统分析，持续创新，旨在提高研究对象价值的一种管理思想和管理技术。价值工程是一门技术与经济相结合的学科，它既是一种管理技术，又是一种思想方法。国内外的实践证明，推广应用价值工程能够促使社会资源得到合理有效的利用，使投资兴建的工程项目更好地满足社会的需求。

7.2 价值工程原理

7.2.1 价值

价值工程中“价值”的概念不同于政治经济学中有关价值的概念，而是作为评价事物（产品或作用）的有益程度的尺度。它既不是对象的使用价值，也不是对象的交换价值，而是对象的比较价值，是指对象所具有的功能与获得该功能所发生费用之比，即性能价格比，价值的大小取决于功能和成本。产品的价值高低表明产品合理有效利用资源的程度和产品物美价廉的程度。价值高的产品表明其资源利用程度高；价值低的产品表明其资源没有得到有效利用，应设法改进和提高。例如，有两种功能完全相同的产品，但价格不同，从价值工程的观点看，价格低的物品价值就高，价格高的物品价值就低。由于“价值”的引入，产生了对产品新的评价形式，即把功能与成本或技术与经济结合起来进行评价。提高价值是广大消费者追求物有所值、物超所值的愿望，也是企业和国家利益对稀缺资源进行有效配置的要求。

7.2.2 功能

价值工程中的功能是分析对象能满足某种需求的效用或属性。功能可以有下述四种不同的分类方法。

1. 使用功能和品味功能

按性质分类，功能可划分为使用功能和品味功能。使用功能是对象具有的与技术经济用途直接有关的功能；品味功能是与使用者的精神感觉、主观意识有关的功能，如美学功能、外观功能、欣赏功能等。

2. 基本功能和辅助功能

按重要程度分类，可划分为基本功能和辅助功能。基本功能是与对象的主要目的直接有关的功能，是对象存在的主要理由；辅助功能是为更好地实现基本功能而服务的功能。

3. 必要功能和不必要功能

按使用者需求分类，功能可划分为必要功能和不必要功能。必要功能是为满足使用者的需求而必须具备的功能；不必要功能是对象具有的与满足使用者需求无关的功能。

4. 不足功能和过剩功能

按量化标准分类，功能可划分为不足功能和过剩功能。不足功能是指对象尚未足量满足使用者需求的必要功能；过剩功能是对象具有的超量满足使用者需求的必要功能。

功能分析的目的是在满足用户基本使用功能的基础上，尽可能增加产品的必要功能，减少不必要功能；尽可能弥补不足功能，削减过剩功能。

7.2.3 寿命周期成本

对象的寿命周期是指从对象被研究开发、设计制造、用户使用直到报废为止的整个时期。对象的寿命周期一般可分为自然寿命和经济寿命。价值工程一般以经济寿命来计算和确定对象的寿命周期。就建筑产品而言，其寿命周期是指从规划、勘察、设计、施工建设、使用、维修，直到报废为止的整个时期。

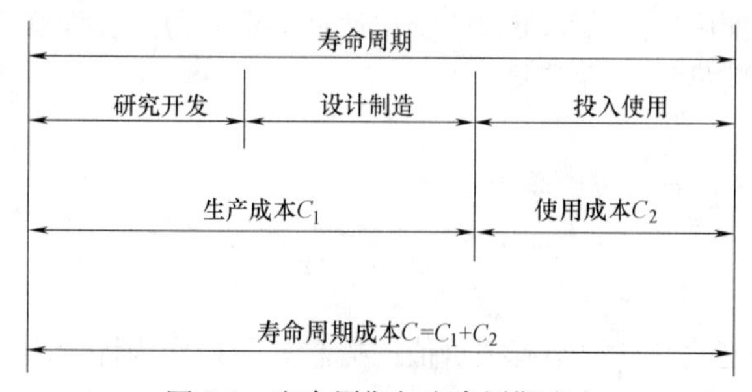

图 7-1 寿命周期与寿命周期成本

寿命周期成本是指从对象的研究、形成到退出使用所需的全部费用。如图 7-1 所示，产品的寿命周期成本包括生产成本和使用成本两部分。生产成本是产在研究开发、设计制造、运输施工、安装调试过程中发生的成本；使用成本是用户在使用产品过程中所发生的费用总和，包括产品的维护、保养、管理、能耗等方面的费用。

寿命周期成本＝生产成本＋使用成本

产品的寿命周期成本与产品的功能有关。一般而言，生产成本与产品的功能成正比关系，使用成本与产品的功能成反比关系，如图 7-2 所示。

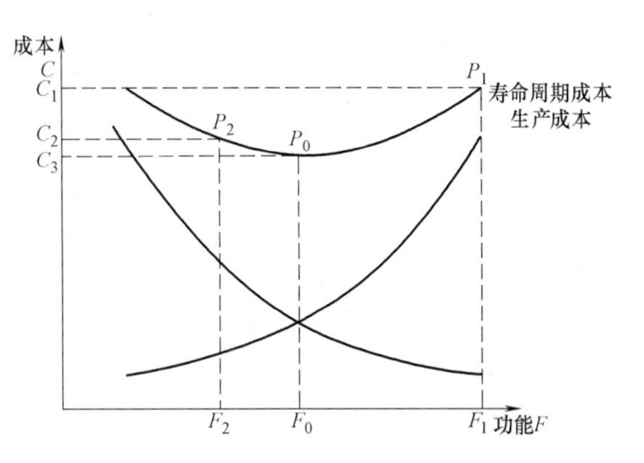

图 7-2　寿命周期成本与功能的关系

7.2.4　价值工程的特征

1. 目标上的特征

着眼于提高价值，即以最低的寿命周期成本实现必要功能的创造性活动。

2. 方法上的特征

功能分析是价值工程的核心，即在开展价值工程中，以使用者的功能需求为出发点。

3. 活动领域上的特征

侧重于在产品的研制与设计阶段开展工作，寻求技术上的突破。

4. 组织上的特征

价值工程是贯穿于产品整个寿命周期的系统方法。从产品研究、设计到原材料的采购、生产制造以及推销和维修，都有价值工程的工作可做，而且它涉及面广，需要许多部门和各种专业人员相互配合。因此，必须依靠有组织的、集体的努力来完成。开展价值工程活动，要组织设计、工艺、供应、加工、管理、财务、销售以至用户等各方面的人员参加，运用各方面的知识，集思广益，博采众家之长，从产品生产的全过程来确保功能，降低成本。

7.3　价值工程的实施步骤和方法

7.3.1　价值工程的工作程序

价值工程的应用范围广泛，具体形式也不尽相同。价值工程的一般工作程序分为准备阶段、分析阶段、创新阶段、实施阶段（见表 7-1）。其中对象选择、功能分析、功能评价和方案创新与评价是工作程序的关键内容，体现了价值工程的基本原理和思想。

7.3.2　价值工程的对象选择

价值工程的第一步就是对象选择，即逐步缩小研究范围、寻找目标、确定主攻方向的过程。

对象选择的一般原则是：

（1）市场反馈迫切要求改进的产品；

（2）功能改进和成本降低潜力较大的产品。

对象选择的方法很多，为准确有效地确定对象，可以采用定性分析与定量分析相结合，多种方法组合使用。常用的有四种方法，即经验分析法、百分比法、价值指数法和 ABC 法。

价值工程的一般工作程序　　表 7-1

工作阶段	设计程序	工作步骤		问题
		基本工作	详细工作	
准备阶段	制定工作计划	确定目标	1. 选择工作对象	1. 是什么?
			2. 信息收集	
分析阶段	规定评价标准	功能分析	3. 功能定义	2. 干什么用的?
			4. 功能整理	
		功能评价	5. 功能成本分析	3. 成本是多少?
			6. 功能评价	4. 价值是多少?
			7. 确定改进范围	
创新阶段	初步设计	制定改进方案	8. 方案创新	5. 有其他替代方案实现这一功能吗?
	评价各设计方案,改进、选优		9. 概略评价	6. 新方案成本是多少?
			10. 调整完善	
			11. 详细评价	
	优化方案书面化		12. 提出提案	7. 新方案能满足功能要求吗?
实施阶段	检查实施情况并评价活动成果	实施、评价成果	13. 审批	8. 是否偏离目标?
			14. 实施与检查	
			15. 成果鉴定	

1. 经验分析法

经验分析法是根据有丰富工程实践经验的设计人员、施工人员以及企业的专业技术人员和管理人员对产品和工程的直接感受，经过主观判断确定价值工程对象的一种方法。

经验分析法属于定性分析方法，优点是简便易行，考虑问题综合全面，是目前工程实践中采用较为普遍的方法，缺点是缺乏定量分析，一般用于初选阶段。

2. 百分比法

百分比法是通过分析产品对两个或两个以上经济指标的影响程度（百分比）来确定价值工程对象的方法。

百分比法的优点是当企业在一定时期要提高某些经济指标且拟选对象数目不多时，具有较强的针对性和有效性，缺点是不够系统和全面。

3. 价值指数法

价值指数法属于定量分析法，在产品成本已知的基础上，将产品功能定量化，计算产品价值。在应用该法选择价值工程的对象时，应当综合考虑价值指数偏离的程度和改善幅度，优先选择价值指数 $v<1$ 且改进幅度大的产品或零部件。

4. ABC 分析法

ABC 分析法又称为不均匀分布定律法，是根据研究对象对某项目技术经济指标的影响程度和研究对象数量的比例两个因素，把所有研究对象划分成主次有别的 A、B、C 三类，明确关键的少数和一般的多数，准确地选择价值工程对象。ABC 分析法的优点是抓住重点，突出主要矛盾。研究对象类别划分的参考值见表 7-2 和图 7-3 所示。

A、B、C 类别划分参考值 **表 7-2**

类别	数量百分比	成本百分比
A类	≈10%	≈70%
B类	≈20%	≈20%
C类	≈70%	≈10%

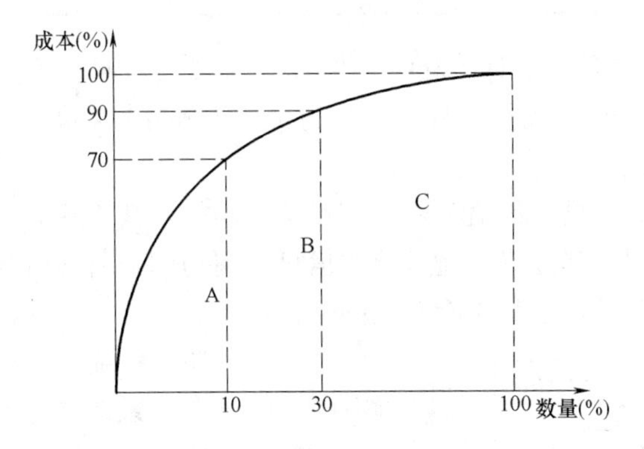

图 7-3　ABC 分析曲线图

【例 7-1】 某住宅楼工程基础部分包含分项工程及各分项工程的造价见表 7-3。试采用 ABC 分析法确定该基础工程中可能作为价值工程研究对象的分项工程。

表 7-3

分项工程名称	成本(元)	累计分项工程数	累计分项工程数百分比(%)	累计成本(元)	累计成本百分比(%)	分类
1. C20 带型钢筋混凝土基础	63000	1	6.25	63000	38.48	A
2. 干铺土石垫层	29000	2	12.5	92000	57.65	
3. 回填土	15000	3	18.75	107000	67.05	
4. 商品混凝土运费	11000	4	25	118000	73.94	B
5. C10 混凝土基础垫层	11000	5	31.25	129000	80.84	
6. 排水费	10000	6	37.5	139000	87.1	
7. C20 独立式钢筋混凝土基础	6100	7	43.75	145100	90.93	
8. C10 带形无筋混凝土基础	5600	8	50	150700	94.44	C
9. C20 矩形钢筋混凝土柱	2800	9	56.25	153500	96.19	
10. M5 砂浆砖砌基础	2200	10	62.5	155700	97.57	
11. 挖土机作业	2000	11	68.75	157700	98.82	
12. 推土机场外运费	690	12	75	158390	99.25	
13. 挖土机场外运费	530	13	81.25	158920	99.59	
14. 脚手架	240	14	87.5	159160	99.74	

续表

分项工程名称	成本(元)	累计分项工程数	累计分项工程数百分比(%)	累计成本(元)	累计成本百分比(%)	分类
15. 场地平整	220	15	93.75	159380	99.87	C
16. 槽底钎探	200	16	100	159580	100	
总成本	159580	—	—	—	—	

【解】 分项工程 ABC 分类计算和结果见表 7-3。其中，C20 带形钢筋混凝土基础、干铺土石垫层、回填土三项为 A 类工程，应作为价值工程分析对象。

7.3.3 功能分析与评价

功能分析是通过完整描述价值工程研究对象各功能及其相互关系而对各功能进行定性和定量的系统分析过程。其方法是通过分析信息，用动词和名词组合简明正确地表达研究对象的各功能和特性要求，绘制功能系统图。

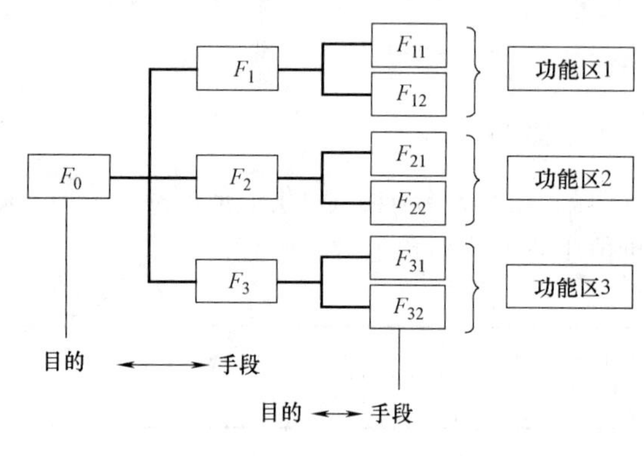

图 7-4　功能系统图基本模式

功能系统图是显示研究对象实现功能的逻辑关系图，包括总功能、上位功能、下位功能、同位功能、末位功能以及功能区域，其基本模式如图 7-4 所示。功能系统图中，直接相连的功能互为目的或手段，把作为目的功能称为上位功能，作为手段的功能体为下位功能。具有同一直接的上位功能的下位功能是同位功能，仅为上位功能的是总功能，末位功能指仅为下位功能的功能，功能区域是功能系统图中，任何一个功能及其各级下位功能的组合。

7.3.3.1　功能评价

功能评价就是通过计算功能的现实成本、目标成本，对功能在系统中的重要程度进行定量估计。功能评价的方法主要是通过定量分析功能评价系数进行比较，功能系数的确定常用的有："01" 评分法、直接评分法、"04" 评分法、倍比法等。

1. "01" 评分法［强制确定法（Forced Decision Method），简称 FD 法］

请 5～15 个对研究对象熟悉的人员独立参加功能的评价。重要者得 1 分，不重要者得 0 分。"01" 评分法得分总和为$\frac{n(n-1)}{2}$，表 7-4 是对某产品 5 个零部件的功能评价。

某产品 5 个零部件的功能评价　　表 7-4

对象	一对一比较结果					得分	功能评价系数
	A	B	C	D	E		
A	×	1	0	1	1	3+1	0.27
B	0	×	0	1	1	2+1	0.20
C	1	1	×	1	1	4+1	0.33

续表

对象	一对一比较结果					得分	功能评价系数
	A	B	C	D	E		
D	0	0	0	×	0	0+1	0.07
E	0	0	0	1	×	1+1	0.13
合计	—	—	—	—	—	15	1.0

“04”评分法是对“01”评分法的改进，它更能反映功能之间的真实差别。“04”评分法得分总和为 $2n(n-1)$。

（1）非常重要的功能得 4 分，很不重要的功能得 0 分；

（2）比较重要的功能得 3 分，不太重要的功能得 1 分；

（3）两个功能重要程度相同时各得 2 分；

（4）自身对比不得分。

例如某产品有 5 个零件，总分为 40 分，采用“04”评分法确定功能评价系数见表7-5。

某产品 5 个零部件的功能评价 **表 7-5**

对象	一对一比较结果					得分	功能评价系数
	A	B	C	D	E		
A	×	3	1	4	4	12	0.3
B	1	×	3	1	4	9	0.225
C	3	1	×	3	0	7	0.175
D	0	3	1	×	3	7	0.175
E	0	0	4	1	×	5	0.125
合计	—	—	—	—	—	15	1.0

2. 直接评分法

请 5～15 个对研究对象熟悉的人员对对象功能按总分标准直接打分（见表 7-6）。

直接评分法功能评价系数计算表 **表 7-6**

零件功能 评价人员	1	2	3	4	5	6	7	8	9	10	分项得分	功能评价系数
A	3	3	2	2	3	3	1	2	3	2	24	0.24
B	2	2	2	2	2	2	2	2	2	2	21	0.21
C	4	3	4	4	3	4	4	3	4	4	37	0.37
D	0	1	1	0	0	0	1	0	1	1	5	0.05
E	1	1	1	2	1	1	2	3	0	1	13	0.13
合计	10	10	10	10	10	10	10	10	10	10	100	1.0

3. 倍比法

利用评价对象之间的相关性进行比较来定出功能评价系数（见表 7-7），分析步骤为：

（1）根据各评价对象的功能重要性程度，按高低排序；

（2）依次按倍数比较相邻两个评价对象；

（3）设最后一个评价对象得分为 1，按上述各对象之间的相对比值计算其他对象的得分；

（4）计算各评价对象的功能评价系数。

倍比法功能评价系数计算表 **表 7-7**

评价对象	倍数	分值	功能评价系数
F_1	$F_1/F_2=3$	6	0.67
F_2	$F_2/F_3=2$	2	0.22
F_3	—	1	0.11
合计		9	1.00

7.3.4 价值系数法在改进方案的制定与评价中的应用

当对产品的各功能以及现实成本分析进行评价之后，得出每一个分项的功能评价系数和成本系数，然后可计算价值系数。

$$成本系数=\frac{对象成本}{总成本}$$

$$价值系数=\frac{功能评价系数}{成本系数}$$

【例 7-2】 工程中某材料有 3 项功能，其功能评价系数和现实成本如下表所示。试确定该材料的功能改进目标。

【解】 根据功能评价系数、成本系数计算价值系数，选取价值系数最小的作为改进目标。

功能①	功能评价系数②	现实成本③	成本系数④=③/980	价值系数⑤=②/④	功能改善目标
F_1	0.67	600	0.61	1.10	—
F_2	0.22	280	0.29	0.76	—
F_3	0.11	100	0.10	1.1	—
合计	1.00	980	1.00	—	—

7.3.5 方案创新与评价

方案创新的方法很多，其原则是要充分发挥有关人员的聪明智慧，集思广益，多提方案，从而为评价方案创造条件。

1. 方案创新

方案的创新过程即为了提高产品的功能和降低成本，实现有效利用资源，寻求或构思最佳的替代方案的活动过程。价值工程活动取得成功的关键是在正确的功能分析和评价的基础上提出可靠地实现必要功能的新方案。方案的创新通常可选用下列方法：

（1）头脑风暴法（BS 法）。该方法以开小组会的方式进行，事先通知议题，要求应邀参加会议的各方面专业人员在会上自由思考，提出不同的方案，多多益善。每个人不评价别人的方案，可在别人建议方案的基础上进行改进，提出新的方案。

（2）模糊目标法（哥顿法）。该方法是美国人哥顿在 20 世纪 60 年代提出来的，会前并不告知与会人员议题，然后开会进行一般性抽象讨论，不接触具体的实质性问题，以免束缚与会人员的思想。等讨论到一定程度以后才把中心议题指出来，再根据前面的讨论作进一步研究。

（3）专家函询法（德尔菲法）。该方法由主管人员或部门把已构思的方案以信函的方式分发给有关的专业人员并征询意见，然后将意见汇总，统计和整理之后再分发下去，进行再次补充修改，如此反复多次，使原来比较分散的意见逐渐集中，最终形成新的代替方案。

2. 方案的评价和选择。方案评价是在方案创新的基础上对新构思方案的技术、经济和社会效果等方面进行的评估，以便选择最佳方案。方案评价分为概略评价和详细评价两个阶段。

（1）概略评价。概略评价是对创新方案从技术、经济和社会三个方面进行初步研究，从众多的方案中进行粗略的筛选，减少详细评价的工作量，以便精力集中于优秀方案的评价。

（2）详细评价。方案的详细评价是对概略评价所得的比较抽象的方案进行调查和收集信息资料，使其在材料、结构、功能等方面进一步具体化，并作最后的审查和评价。经过评价，淘汰不能满足要求的方案后，从保留的方案中选择技术先进、经济合理和对社会有利的最优方案。

在详细评价阶段，对产品或服务的成本究竟是多少，能否可靠地实现必要的功能，都必须得到准确的解答。要求证明方案在技术和经济方面是可行的，而且价值必须得到真正的提高。

7.4 价值工程在工程项目方案评选中的应用

【例 7-3】 某大楼工程吊顶工程根据生产工艺的要求，要具有防静电、防眩光、防火、隔热、吸声等基本功能，以及样式新颖、表面平整、易于清理三种辅助功能。工程技术人员采用价值工程选择最优的吊顶材料，具体分析过程如下。

（1）情报收集

首先对吊顶材料进行广泛调查，收集各种吊顶材料的技术性能资料和有关经济资料。

（2）功能分析与评价

根据功能系统图，技术人员组织使用单位、设计单位、施工单位共同确定各种功能权重。使用单位、设计单位、施工单位评价的权重分别设定为 50%、40%和 10%，各单位对功能权重的打分采用 10 分制，各种功能权重见表 7-8。

入选材料为：铝合金加棉板、膨胀珍珠岩板和 PVC 板三个方案。各自的单方造价、工程造价、年维护费等见表 7-9。基准折现率为 10%，吊顶寿命为 10 年。各方案成本系数计算见表 7-9。

对各方案采用 10 分制进行功能评价。各分值乘以功能权重得功能加权分，对功能加权分的和进行指数处理后可得各方案的功能系数。计算过程见表 7-8。

吊顶功能重要程度系数 **表 7-8**

功能	使用单位评价（50%）		设计单位评价（40%）		施工单位评价（10%）		功能权重 $(0.5F_{使用}+0.4F_{设计}+0.1F_{施工})/10$
	$F_{使用}$	$F_{使用}\times0.5$	$F_{设计}$	$F_{设计}\times0.4$	$F_{施工}$	$F_{施工}\times0.1$	
F_1	4.1	2.05	4.3	1.72	3.2	0.32	0.409
F_2	1.1	0.55	1.4	0.56	1.6	0.16	0.127
F_3	0.8	0.40	1.3	0.52	1.3	0.13	0.105
F_4	0.9	0.45	0.5	0.20	1.1	0.11	0.076
F_5	1.1	0.55	0.6	0.24	1.1	0.11	0.090
F_6	1.0	0.50	1.1	0.44	1.0	0.10	0.104
F_7	0.6	0.30	0.5	0.20	0.5	0.05	0.055
F_8	0.4	0.20	0.3	0.12	0.2	0.02	0.034
合计	10	5	10	4	10	1	1

各方案成本系数计算表 **表 7-9**

方案	铝合金加棉板	膨胀珍珠岩板	PVC 板
单方造价（元/m²）	110	25	20
工程造价（万元）	220	50	40
年维护费（元）	35000	23000	36000
折现系数	6.145	6.145	6.145
维护费现值（万元）	21.51	14.13	22.12
总成本现值	241.51	64.13	62.12
成本系数	0.657	0.174	0.169

各方案采用 10 分制进行功能评价，各分值乘以功能权重得到功能加权分，再对功能加权分进行指数处理后得到功能系数，见表 7-10。

各方案功能系数计算表 **表 7-10**

功能	功能权重	铝合金加棉板		膨胀珍珠岩板		PVC 板	
		分值	加权分值	分值	加权分值	分值	加权分值
F_1	0.409	8	3.272	9	3.681	5	2.045
F_2	0.127	7	0.889	9	1.143	8	1.016
F_3	0.105	5	0.525	9	0.945	6	0.630
F_4	0.076	8	0.608	6	0.456	4	0.304
F_5	0.090	8	0.720	9	0.810	5	0.450
F_6	0.104	9	0.936	9	0.936	8	0.832
F_7	0.055	10	0.550	9	0.495	8	0.440
F_8	0.034	9	0.306	8	0.272	9	0.306
合计	1	64	7.806	68	8.738	53	6.023
功能系数		0.346		0.387		0.267	

根据各方案的功能系数除以成本系数，得到各方案价值系数，见表 7-11。

各方案价值系数 **表 7-11**

方案	铝合金加棉板	膨胀珍珠岩板	PVC 板
功能系数	0.346	0.387	0.267
成本系数	0.657	0.174	0.169
价值系数	0.527	2.224	1.580
最优方案	—	—	—

思 考 题

1. 什么是价值工程，价值工程中的价值含义是什么，提高价值有哪些途径？
2. 什么是寿命周期和寿命周期成本，价值工程中为什么要考虑寿命周期成本？
3. 什么是功能，功能如何分类？
4. 功能分析的目的是什么，功能系统图的要点是什么？
5. 什么是功能评价，常用的评价方法有哪些？
6. 什么是价值工程对象的选择，ABC 分析法的基本思路是什么？
7. 功能改善目标如何确定，最合适区域法的基本思路是什么？

第 8 章　工程项目招投标与合同管理

8.1　建设工程招标投标概述

招投标，即是招标和投标。招投标包括招标和投标两部分不同的内容，是招标和投标双方的一种合同交易行为。招投标从广义上可分为工程招投标、货物招投标和服务招投标。工程招投标主要指工程的新建、改造、扩建、维修方面的施工行为或工程总承包。服务招投标主要包括工程的规划、勘察、设计、监理，还包括其他项目的审计、造价、物业服务、保洁保安、物流运输等。货物招投标包括设备招投标、物资招投标和材料招投标。

工程招投标是习惯上的称谓，包含招标与投标两部分内容，是建设工程的勘察、设计、施工的工程发包单位与工程承包单位彼此选择对方的一种经营方式。

建筑安装工程招标指建设单位根据拟建工程内容、工期和质量等要求及现有的技术经济条件，通过公开或非公开的方式邀请施工单位参加承包建设项目的竞争，以便择优选择承包单位的经营活动。

建筑安装工程投标是指施工单位经过招标人审查获得投标资格后，以发包单位招标文件所提出的要求为前提，进行广泛的市场调查，结合企业自身的能力，在规定期限内向招标人递交投标文件，通过投标竞争获得工程施工任务的过程。建筑安装工程招标与投标是法人之间的经济活动。实行公开招标投标的建设工程不受地区、部门限制，凡持有营业执照的施工企业，经资格预审合格的企业均可参加投标。凡符合国家相关政策、法律法规而进行的招标、投标活动均受法律保护、监督。

1999 年 8 月 30 日，第九届全国人大常委会第十一次会议审议通过《中华人民共和国招标投标法》，2000 年 1 月 1 日起实施。

《中华人民共和国招标投标法》是规范市场活动的重要法律之一，是招标投标法律体系中的基本法律。它的制定与颁布，是我国公共采购市场的管理逐步走上法制化轨道的重要里程碑。国家通过法律手段推行招标投标制度，要求基础设施、公用事业以及使用国有资金投资和国家融资的工程建设项目，包括项目的勘察、设计、施工、监理以及与工程建设有关的重要设备、材料等的采购，达到国家规定的规模标准的，必须进行招标。

8.1.1　建设工程招标投标的概念

建设工程招标是指招标人在发包建设项目之前，公开招标或邀请投标人根据招标人的意图和要求提出报价，择日当场开标，以便从中择优选定中标人的一种经济活动。

建设工程投标是工程招标的对称概念，指具有合法资格和能力的投标人根据招标条件，经过初步研究和估算，在指定期限内填写标书，提出报价，并等候开标，决定能否中标的经济活动。

招标投标实质上是一种市场竞争行为。建设工程招标投标是以工程设计、施工、工程所需的物资、设备、建筑材料等为对象，在招标人和若干个投标人之间进行的经济行为，它是商品经济发展到一定阶段的产物，是市场经济条件下一种最普遍、最常见的择优方式。招标人通过招标活动来选择条件优越者，使其努力用最优的技术、最佳的质量、最低的价格和最短的周期完成工程项目任务。投标人也通过这种方式选择项目和招标人，以使自己获得市场和利润。

8.1.2 建设工程招标投标制的意义

招标投标制在建设工程中得到了广泛的应用，相比于其他交易方式，表现出明显的优势，是人们普遍公认的一种经济现象。它对于规范建筑市场行为、促进建筑业的健康发展，起到了十分重要的作用。其意义在于：

（1）符合公平竞争、优胜劣汰的市场经济规律。有序竞争是保障市场正常运行的前提，而竞争要有公平合理的机制和环境。实行招标投标，考察的不仅是价格，而是竞争者的综合实力；它是在竞争者平等地位基础上的较量，可以做到保护先进、淘汰落后，使经济素质得以提高。

（2）有效杜绝不正当交易行为，防止腐败营私。招标投标活动有着严密、科学、规范的程序，它是规范招标人、投标人行为的准则。招标人应按招标办法的规定组织招标活动，投标人必须在招标法规的约束下，进行投标竞争。只要按照正常的招标投标程序去操作，就可以从机制上抑制不正当竞争。

（3）节省建设资金，提高投资效益。招标人进行评标时，在满足其他条件的基础上重点看报价，因此可最大限度地节省建设资金，提高投资效益。

（4）为供需双方相互了解创造条件，提高市场透明度。招标文件和投标文件的拟定，客观上使供需双方对另一方的真实意图和全面情况有了了解的机会；而每一次招标、投标与开标，也都给建筑企业以了解竞争对手、了解市场需求的机会，市场透明度大为提高。

8.1.3 招标投标活动应遵循的原则

《中华人民共和国招标投标法》第五条规定：招标投标活动应当遵循公开、公平、公正和诚实信用的原则。

（1）公开原则。公开是指招标投标活动应有较高的透明度，具体表现在建设工程招标投标的信息公开、条件公开、程序公开和结果公开。

（2）公平原则。招标投标属于民事法律行为，公平是指民事主体的平等。因此应当杜绝一方把自己的意志强加于对方、招标压价或订合同前无理压价以及投标人恶意串通提高标价损害对方利益等违反平等原则的行为。

（3）公正原则。公正是指按招标文件中规定的统一标准，实事求是地进行评标和决标，不偏袒任何一方。

（4）诚实信用原则。诚实是指真实和合法，不可歪曲或隐瞒真实情况去欺骗对方。违反诚实原则的行为是无效的，且应对由此造成的损失和损害承担责任。信用是指遵守承诺，履行合约，不见利忘义、弄虚作假，甚至损害他人、国家和集体的利益。诚实信用的原则要求在招标投标活动中的招标人、招标代理机构、投标人等均应以诚实的态度参与招标投标活动，坚持良好的信用，不得以欺骗手段虚假进行招标或投标，牟取不正当利益，严格履行有关义务。

8.1.4 建设工程招标投标的范围

《中华人民共和国招标投标法》指出，凡在中华人民共和国境内进行下列工程建设项目，包括项目的勘察、设计、施工、监理以及与工程建设有关的重要设备、材料等的采购，必须进行招标：

（1）大型基础设施、公用事业等关系社会公共利益、公众安全的项目；

（2）全部或者部分使用国有资金投资或者国家融资的项目；

（3）使用国际组织或者外国政府贷款、援助资金的项目。

法律或者国务院对必须进行招标的其他项目的范围有规定的，则依照其规定。

原建设部1992年12月颁布的《工程建设施工招标投标管理办法》（建设部令第23号）指出，凡政府和公有制企、事业单位投资的新建、改建、扩建和技术改造工程项目的施工，除某些不适宜招标的特殊工程外，均应实行招标投标。凡具备条件的建设单位和相应资质的施工企业均可参加施工招标投标。施工招标可采用项目的全部工程招标、单位工程招标、特殊专业工程招标，但不得对单位工程的分部、分项工程进行招标。

8.1.5 我国建筑工程招标投标的特点

（1）具有中国特色的招标范围和管理机构。我国招标投标的实施是在国家行政组织的领导与监督下进行的，而且还制定了强制性招标的工程范围，各地建筑业行政管理组织是以招标投标工作办法来加以领导和监督的，其目的是为了使招标工程严格按基本建设程序办事，完善招标和施工条件，保证招标投标工作按照政府的法令办事，防止违反法令的事件在施工中出现，给国家造成不必要的损失。但在西方国家，工程招标完全是在自由市场中进行的，只要遵守有关法律规定，业主就可以自由招标，除军事工程或政府建设工程要由工程所属机关出面，审计机关及上级机关派员参加监督外，一般政府不出面组织。

（2）全国性法规和地方性法规互为补充的招标投标法规体系。

（3）以百分制为主体的评标定标办法。

8.1.6 我国招标投标体制尚需解决的问题

我国实行招标投标制以来已经取得了显著成效，降低了工程造价，缩短了工期，保证了工程质量，促进了按基本建设程序办事，加强了建筑企业的经营管理等，实践证明是可行的。但是，目前还需注意解决以下几个方面的问题：

（1）管理体制不顺。我国目前各省、市均已设立集中的招标投标场所，即有形建筑市场，或称工程项目承发包交易中心，由于两级有形市场在职能上和管理范围上不一致，导致管理职责不明，相互牵制。这一问题若不注意解决，会引起市场混乱，使某些招标投标单位的行为不规范。

（2）行政干预严重。在建设工程招标投标的实际操作中，领导工程、人情工程、关系工程时有出现，行政权力力量对市场的过分渗透，使公平竞争难以实现，同时滋生腐败。许多工程项目的招标投标，表面是招标投标双方在平等互利的基础上进行交易，制定的各项交易规则也符合或基本符合国家和地方的各项规定，但实际上很多工程项目的拍板定案，建设单位（业主）不能独立自主地进行，都要受来自各方面的行政力量的制约。如有的主管领导或部门滥用行政权力，限定所属单位的工程“内定”给某个施工单位，其他投标单位只是作个“陪衬”，使招标投标徒具形式。

（3）标底缺乏合理性，漏标现象时有发生。在市场供求失衡的状态下，一些建设单位不顾客观条件，人为压低工程造价，使标底不能真实地反映工程价格，从而使招标投标缺乏公平和公正，使施工单位的利益受到损害。一些建设单位在发包工程时有自己的主观倾向性，或因收受贿赂，或因碍于关系、情面，总是希望自己想用的施工队伍中标，所以标底泄漏现象时有发生，保密性差。在实行工程量清单报价制后，此问题得到一定解决。

（4）投标报价缺乏规范性。一些施工单位为了获取项目，常常先报低价“钓鱼”，再采取偷工减料、转手倒卖合同、工程结算和验收时行贿送礼、蒙混过关等不法手段，造成建设市场的混乱。

（5）评标定标缺乏科学性。评标定标是招标工作中最关键的环节，要体现招标投标的公平合理，必须要有一个公正合理、科学先进、操作准确的评标办法。目前国内还缺乏这样一套评标方法，致使一些建设单位单纯看重报价高低，以取低标为主；评价小组成员中绝大多数是建设单位派出的人员，有失公正性；评标过程中自由性、随意性较大，规范性不强；评标中定性因素多，定量因素少，缺乏客观公正；开标后议标现象仍然存在，甚至使公开招标演变为透明度极低的议标。

（6）招标投标法规建设仍不够健全，改革措施滞后。建设工程招标投标是一个相互制约、相互配套的系统，目前招标投标本身的法律、法规体系尚不健全，市场监督和制约机制的力度不够，配套的改革措施还不完善。

国家标准《建设工程工程量清单计价规范》GB 50500—2003 的颁布，是我国工程造价计价方式适应社会主义市场经济发展的一次重大改革，也是工程造价计价工作向逐步实现“政府宏观调控，企业自主报价，市场形成价格”的目标迈出的坚实的一步，有助于从制度上根本改善我国的招标投标体制。

8.2 建设工程招投标的分类

建设工程招标投标一般可分为建设项目总承包招标投标、工程勘察设计招标投标、工程施工招标投标和设备材料招标投标等。

8.2.1 建设项目总承包招标投标

建设项目总承包招标投标又称为建设项目全过程招标投标，或“交钥匙”工程招标投标，是指从项目建议书开始，包括可行性研究报告、勘察设计、设备材料询价与采购、工程施工、生产准备、投料试车，直至竣工投产、交付使用等全面实行招标，工程总承包单位根据建设单位所提出的工程要求，对项目建议书、可行性研究报告、勘察设计、设备询价选购、材料订货、工程施工、职工培训、试生产、竣工投产等实行全面报价投标。

8.2.2 工程勘察设计招标投标

指招标单位就拟建工程的勘察和设计任务发布通告，以法定方式吸引勘察单位或设计单位参加竞争，经招标单位审查获得投标资格的勘察、设计单位，按照招标文件的要求，在规定时间内向招标单位填报投标书，招标单位从中择优确定中标单位，完成工程勘察或设计任务。

8.2.3 工程施工招标投标

指针对工程施工阶段的全部工作开展的招标投标，根据工程施工范围的大小及专业不同，可分为全部工程招标、单项工程招标和专业工程招标等。

8.2.4 设备材料招标投标

指针对设备、材料供应及设备安装调试等工作进行的招标投标。

除了以上分类方式外，建设工程招标投标的类别还可按其性质分类，如图 8-1 所示。

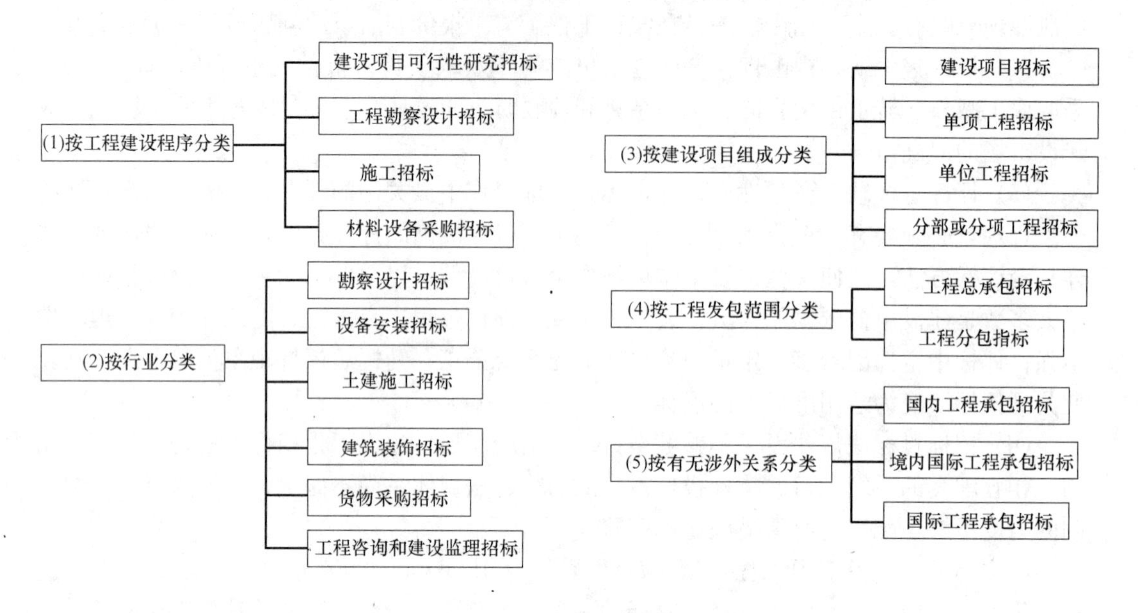

图 8-1 工程招标的分类

8.3 建设工程招标的方式

建设工程招标可以采取不同的招标方式，在实践中采用何种招标方式应由主持招标的单位根据招标工程的规模大小和专业性程度等具体条件来选择，并必须在招标文件中明确规定。建设工程的招标方式包括公开招标、邀请招标。

8.3.1 公开招标

公开招标是一种无限竞争性招标。由招标单位通过报刊、广播、电视等发表招标公告。招标公告内容应包括：招标工程的概况（工程地点、工程内容和数量、占地面积、周围环境、交通运输条件、设计情况及设计单位等）；工程招标范围（如土建工程与设备安装工程是联合招标，还是分别招标）；工程施工期限要求；对投标单位的资历要求和预审要求；招标程序时间表及投标单位报名期限；报名地点及联系方式等。

该方式的优点是可广泛吸引投标者，使一切有法人资格的承包企业均以平等的竞争机会参加投标。招标单位可以从较多的投标书中选择报价合理、工期较短、信誉良好的承包商，有助于打破垄断，实行公平竞争。但对投标单位及其标书审核的工作量大，耗费较高，投标者中标的机会也较小。

8.3.2 邀请招标

邀请招标是一种有限竞争性招标。招标单位根据工程特点，有选择地向三个以上具备承担招标项目的能力、资信良好的特定法人或者其他组织发出招标邀请书，邀请这些企业参加投标。招标邀请书除有上述招标广告所列内容外，一般还应附有主要工程量和工程平面图，以便使被邀请的企业更多地了解工程情况，确定是否参加投标。

该招标方式目标比较明确，应邀的投标单位在经济上、技术上和信誉上都比较可靠，审核工作量小，节省时间。缺点是邀请招标虽然也能够邀请到有经验和资信可靠的投标者投标，保证履行合同，但限制了竞争范围，可能会失去技术和报价上有竞争力的投标者。这种招标方式多适用于大型项目及专业性强的工业建设项目的招标。

由于邀请招标有一定缺陷，因此，在我国建设市场中大力推行公开招标。在必须实行招标发包的工程中，凡属政府和国有企事业单位投资以及政府、国有企事业单位控股投资的工程，必须实行公开招标，按照公开、公正、公平竞争的原则，择优选定承包单位。实行公开招标的项目，法人或招标投标监督管理机构对报名的投标单位的资质条件、财务状况、有无承担类似工程的经验等进行审查，资格审查合格的方可参加投标。对以上规定范围以外的工程，也可以采用邀请招标的方式。

实行公开招标的工程，必须在有形建筑市场或建设行政主管部门指定的报刊上发布招标公告，也可以同时在其他全国性或国外报刊上刊登招标公告。实行邀请招标的工程，也应在有形建筑市场发布招标信息，由招标单位向符合承包条件的单位发出邀请。凡按照规定应该招标的工程不进行招标，应该公开招标的工程不公开招标的，招标单位所确定的承包单位一律无效。建设行政主管部门按照《建筑法》第八条的规定，不予颁发施工许可证；对于违反规定擅自施工的，依据《建筑法》第六十四条的规定，追究其法律责任。

依照《招标投标法》第十条的规定，招标分为公开招标和邀请招标，取消了议标。对不宜公开招标或邀请招标的特殊工程，应报主管机构，经批准后可以直接委托建筑企业完成。比如：涉及国家安全、国家秘密的工程；抢险救灾工程；利用扶贫资金实行以工代服、需要使用农民工的工程；建筑工程有特殊要求的设计；采用特定专利技术、专有技术进行勘察、设计或施工；在建工程追加的附属小型工程或者主体加层工程，且承包人未发生变更的工程等。

按工料承包关系，工程施工招标又可采取全部包工包料、部分包工包料或包工不包料等方式。国内一般多采用全部包工包料（即大包干）方式。包工不包料方式在国内很少采用，我国在国外的劳务承包合同大多为包工不包料方式。

8.4 建设工程招标程序

所谓招标程序，是指招标工作活动必须遵循的先后次序。建设工程招标时应按照一定的工作顺序，有计划、有步骤地进行，既不能相互代替，也不允许颠倒。不同阶段有着不同的工作内容，只有循序渐进才能达到预期的效果。对于建设单位而言，招标发包程序可分为三个阶段，即准备阶段、招标阶段、决标阶段，如图 8-2 所示。

以上程序是公开招标方式下的招标程序，邀请招标的程序基本上与公开招标相同，其不同之处只在于没有资格预审，而增加了发出投标邀请函的步骤。

8.4.1 招标准备阶段的主要实务

由于现在建筑市场招标投标主要用于工程施工招标投标，所以这里主要介绍建设工程施工公开招标的程序（见图 8-2）。

1. 建设工程项目报建

(1) 建设工程项目的立项批准文件或年度投资计划下达后，按照《工程建设项目报建管理办法》的规定具备条件的，须向建设行政主管部门报建备案。

(2) 建设工程项目报建范围：各类房屋建设（包括新建、改建、扩建、翻建、大修等）、土木工程（包括道路、桥梁、房屋基础打桩）、设备安装、管道线路敷设、装饰装修等建设工程。

(3) 建设工程项目报建内容主要包括：工程名称、建设地点、投资规模、资金来源、当年投资额、工程规模、结构类型、发包方式、计划竣工日期、工程筹建情况等。

(4) 办理工程报建时应交验的文件资料：立项批准文件或年度投资计划、固定资产投资许可证、建设工程规划许可证、资金证明等。

(5) 建设工程报建程序：建设单位填写统一格式的“工程建设项目报建登记表”，有上级主管部门的需经其批准同意后，连同应交验的文件资料一并报建设行政主管部门。

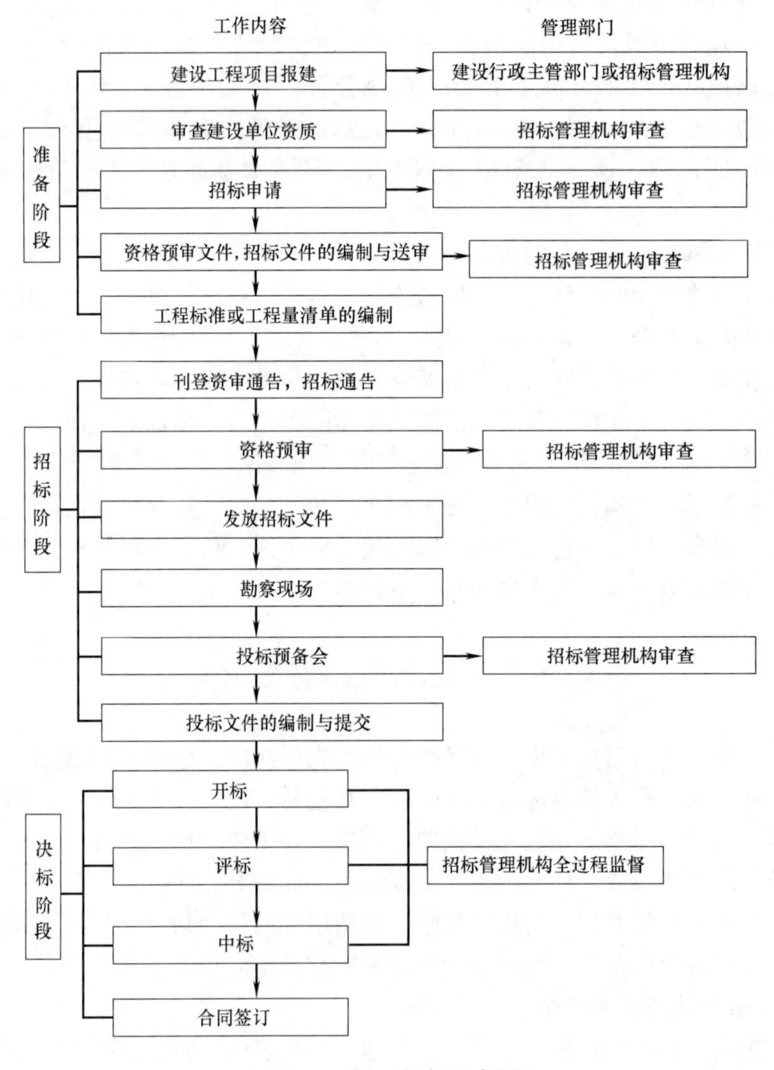

图 8-2　公开招标程序图

2. 审查建设单位资质

《招标投标法》规定，建设单位自行招标的，应具备招标条件，不具备招标条件的建设单位和个人，必须委托招标代理机构来进行招标。因此，需对建设单位的资质进行审查。招标单位必须具备以下条件才能自行招标：

(1) 必须是法人或依法成立的其他组织；

(2) 必须履行报批手续并取得批准；

(3) 项目资金或资金来源已经落实；

(4) 有与招标工程相应的经济、技术管理人员；

(5) 有组织编制招标文件的能力；

(6) 有审查投标单位资质的能力；

(7) 有组织开标、评标、定标的能力。

不具备上述 (4)～(7) 项条件的，须委托具有相应资质的咨询、监理等招标代理机构代理招标。

招标代理机构是依法成立的组织，必须取得建设行政主管部门的资质认定。招标代理机构必须具备的基本条件包括：

(1) 有从事招标代理业务的营业场所和相应资金；

(2) 有能够编制招标文件和组织评标的相应专业能力；

(3) 有可以作为评标委员会成员人选的技术、经济等方面的“专家库”。其中，专家应是从事相关领域工作满 8 年并具有高级职称或具有同等专业水平的技术、经济等方面的人员。

委托招标代理机构是招标人的自主行为，任何单位和个人不得强行委托代理或指定招标代理机构。招标代理机构应尊重招标人的要求，依法在委托范围内进行招标。

3. 招标申请

招标单位填写“建设工程施工招标申请表”(见表 8-1)，凡招标单位有上级主管部门的，需经该主管部门批准同意后，连同“工程建设项目报建登记表”报招标管理机构审批。主要包括以下内容：工程名称、建设地点、招标建设规模、结构类型、招标范围、招标方式、要求的施工企业等级、施工前期准备情况（土地征用、拆迁情况、勘察设计情况、施工现场条件等)、招标机构组织情况等。

建设工程项目还须符合以下要求，建设单位才能申请招标：

(1) 项目概算已经批准；

(2) 项目已正式列入国家、部门或地方的年度固定资金投资计划；

(3) 建设用地的征地工作已经完成；

(4) 有能够满足施工需要的施工图纸及技术资料；

(5) 建设资金和主要建筑材料、设备的来源已经落实；

(6) 已经建设项目所在地规划部门批准，施工现场的“七通一平”已经完成或一并列入施工招标范围。

4. 资格预审文件的编制与送审

公开招标必须经过资格预审程序，只有资格预审合格的施工企业才可参加正式投标。不采用资格预审的公开招标应进行资格后审，即在开标后进行资格审查。资格预审文件的内容应包括以下几个方面：

建设工程施工招标申请表（参考） **表 8-1**

<table>
<tr><td colspan="2">招标单位</td><td colspan="3">负责人
盖　章　　　　　　　　年　月　日</td></tr>
<tr><td colspan="2">工程名称：</td><td colspan="3">工程地点：</td></tr>
<tr><td colspan="2">建筑面积：　　　　　　（层数）</td><td colspan="3">资金来源和投资额(万元)</td></tr>
<tr><td colspan="2">计划批准文件号：</td><td colspan="3">建筑工程施工许可证：</td></tr>
<tr><td colspan="2">现场情况：</td><td colspan="3"></td></tr>
<tr><td>勘察设计单位：</td><td colspan="4"></td></tr>
<tr><td>招标工程简要说明：</td><td colspan="4"></td></tr>
<tr><td rowspan="4">主要材料，设备供应情况</td><td colspan="2">名称</td><td>计划需用量</td><td>来源</td></tr>
<tr><td colspan="2">钢材</td><td></td><td></td></tr>
<tr><td colspan="2">水泥</td><td></td><td></td></tr>
<tr><td colspan="2">木材</td><td></td><td></td></tr>
<tr><td>要求工程开晚工期限：</td><td colspan="4">质量类别：</td></tr>
<tr><td>招标方式：</td><td colspan="4">发包方式：</td></tr>
<tr><td colspan="5">主管单位审批意见：
年　月　日</td></tr>
</table>

（1）资格预审通告，内容包括：

1）工程项目名称、建设地点、工程规模、资金来源。

2）对申请资格预审施工单位的要求。主要写明投标人应具备以往类似工程的经验和在施工机械设备、人员和资金、技术等方面有能力执行上述工程的令招标人满意的证明，以便通过资格预审。

3）招标人和招标代理机构（如果有）名称、工程承包的方式、工程招标的范围、工程计划开工和竣工的时间。

4）要求投标人就工程的施工、竣工、保修所需的劳务、材料、设备和服务的供应提交资格预审申请书。

5）获取进一步信息和资格预审文件的办公室名称和地址、负责人姓名、购买资格预审文件的时间和价格。

6）资格预审申请文件递交的截止日期、地址和负责人姓名。

7）向所有参加资格预审的投标人发出资格预审通知书的时间。

（2）资格预审须知：

1）总则。在总则中分别列出工程招标人名称、资金来源、工程名称和位置、工程概述（其中包括“初步工程量清单”中的主要项目和估计数量、申请人有资格执行的最小合同规模以及资格预审时间表等，可用附件形式列出）。

2）投标人应提供的资料和证明。一般包括：申请人的身份及组织机构（包括该公司、合伙人或联合体各方的章程、法律地位、注册地点、主要营业地点、资质等级等）

原始文件的复印件；申请人（包括联合体的各方）在近三年（或按资审文件规定的年限）内完成的与本工程相似的工程情况和正在履行合同的工程情况；管理和执行本合同所配备的主要人员的资历和经验；执行本合同拟采用的主要施工机械设备情况；提供本工程拟分包的项目及拟承担分包项目的分包人情况；提供近两年（或按资审文件规定的年限）经审计的财务报表，今后两年的财务预测以及申请人出具的允许招标人在其开户银行进行查询的授权书；申请人近两年（或按资审文件规定的年限）介入的诉讼情况。

3）资格预审通过的强制性标准。强制性标准以附件的形式列入，它是通过资格预审时对列入工程项目一览表中各主要项目提出的强制性要求，包括强制性经验标准（指主要工程一览表中主要项目的业绩要求），强制性财务、人员、设备、分包、诉讼及履约标准等。达不到标准者，资格预审则不能通过。

4）对联合体提交资格预审申请的要求。对于一个合同项目能凭一家的能力通过资格预审的，应当鼓励以单独的身份参加资格预审。但在许多情况下，对于一个合同项目，往往一家不能单独通过资格预审，需要两家或两家以上组成的联合体才能通过，因此，在资格预审须知中应对联合体通过资格预审做出具体规定，一般规定如下：

对于达不到联合体要求的或企业单位既以单独身份又以所参加的联合体身份向同一合同投标时，资格预审申请将遭到拒绝。

对每个联合体成员的要求是：联合体的每个成员必须各自提交申请资格的全套文件；通过资格预审后参加投标的投标文件和以后签订的合同，对联合体各方都产生约束力；联合体协议应随同投标文件一起提交，该协议要规定出联合体各方对项目承担的共同义务和各自的义务，并声明联合体各方提出的参加并承担本项目的责任和份额以及承担其相应工程的足够能力和经验；联合体必须指定某一成员作为主办人负责与招标人联系；资格预审结束后，加新组成的联合体或已通过资格预审的联合体内部发生变化，应征得招标人的书面同意，新的组成或变化不允许从实质上降低竞争力。申请并接受资格预审的联合体不能在提出申请后解体或与其他申请人联合。

5）对通过资格预审投标人所建议的分包人的要求。对资格预审申请者所建议的分包人也要进行资格预审。如果通过资格预审后，投标人所建议的分包人有变更时，必须征得招标人的同意，否则，他们的资格预审将被视为无效。

6）对通过资格预审的国内投标人的优惠。世界银行贷款项目对通过资格预审的国内投标人在投标时能够提出令招标人满意的符合优惠标准的文件证明时，在评标时其投标报价可以享受优惠。一般享受优惠的标准条件为：投标人在工程所在国注册；工程所在国的投标人持有绝大多数股份；分包给国外的工程量不超过合同价的50%。具备上述三个条件者，其投标报价在评标排名次时可享受7.5%的优惠。

7）其他规定。包括递交资格预审文件的份数、送交单位的地址、邮编、电话、传真、负责人、截止日期；招标人要求申请人提供的资料要准确、详尽，并有对资料进行核定和澄清的权利，对弄虚作假、不真实的介绍可拒绝其申请；对资格预审者的数量不限，并且有资格参加投一个或多个合同的标；资格预审的结果将以书面的形式通知每一位申请人，申请人在收到通知后的规定时间内（如48h）回复招标人，确认收到通知。随后招标人将投标邀请函送达每一位通过资格预审的申请人。

8）资格预审须知有关附件的内容。一般包括：

① 工程概述。内容包括项目的环境，如地点、地形与地貌、地质条件、气象与水文、交通和能源及服务设施等。工程概况主要说明所包含的主要工程项目的情况，如结构工程、土方工程、合同标段划分、计划工期等。

② 主要工程一览表。用表格的形式将工程项目中各项工程的名称、数量、尺寸和规格等列出，如果一个项目分几个合同招标的话，应按招标的合同分别列出，使之一目了然。

③ 强制性标准一览表。对各工程项目通过资格预审的强制性要求用表格的形式全部列出，并要求申请人填写满足或超过强制性标准的详细情况。因此，该表一般分为3栏：第一栏为提出强制性要求的项目名称；第二栏是强制性业绩要求；第三栏是申请人满足或超过业绩要求的项目评述。

④ 资格预审时间表。表中列出发布资格预审通知的时间、出售资格预审文件的时间、递交资格预审申请书的最后日期和通知资格预审合格的投标人名单的日期等。

5. 招标文件的编制与送审

招标文件的编制是招标准备工作中最重要的一环。一方面，招标文件是提供给投标人的投标依据，投标人根据招标文件介绍的工程情况、合同条款、工程质量和工期的要求等投标报价；另一方面，招标文件是签订工程合同的基础，几乎所有的招标文件内容都将成为合同文件的组成部分。尽管在招标过程中招标人有可能对招标文件进行补充和修改，但基本内容是不会改变的。因此，招标文件的编制要求做到完整、系统、准确、明了，使投标人能够充分了解自己应尽的职责和享有的权益。

（1）招标文件的编制原则

1）遵守国家的法律和法规。如《招标投标法》、《建筑法》、《合同法》等多项有关的法律、法规。

2）如果是国际组织贷款，应符合该组织的各项规定和要求。

3）公正地处理招标人和承包人（或供货商）的权益，要使承包人（或供货商）能获得合理的利润。如果不恰当地将过多的风险转移给承包人一方，势必迫使承包人加大风险金，提高投标报价，最终还是招标一方增加支出。

4）招标文件应正确、详细地反映项目的客观情况，以使投标人的投标能建立在可靠的基础上，最大限度地减少履约过程中对能产生的争议。

5）招标文件包括的众多内容应力求统一，尽量减少和避免相互矛盾，招标文件的矛盾有可能为承包人创造索赔的机会。招标文件用语应力求严谨、明确，以便在产生争端时易于根据合同条件判断解决。

（2）工程的分标

我国《工程建设施工招标投标管理办法》规定，施工招标可以采用项目的全部工程招标、单位工程招标、特殊专业工程招标的办法，但不得对单位工程的分部、分项工程进行招标。依据招标投标法和上述规定，工程是可以进行分标的。当一个工程项目投资额很高、技术复杂、工程量也巨大时，往往一个施工单位难以完成，为了加快工程进度，发挥各承包人的优势，降低工程造价，对一个建设项目进行合理分标是非常必要的。

根据分标应保证工程的整体性和专业性的原则，在分标时要考虑以下主要因素：

1）工程特点。工程场地集中、工程量不大、技术上不复杂的工程可不分标。由一家承包，便于管理。如果场地面大、工程量大、有特殊技术要求，应考虑分标。如高速公路不仅施工线路长，而且工程量很大，应根据沿线地形、河流、城镇和居民情况及桥梁、隧洞和地基情况，对土建工程进行分段招标，而对道路的监控系统，则不宜分标。

2）对工程造价的影响。大型、复杂的工程项目（如大型水电站），施工周期长、投资额巨大，要求承包人有很强的施工能力和施工经验，并能解决施工中的技术难题。如果不分标，会使有资格参加投标的单位数目大大减少，从而会导致投标报价提高，不能得到较合理的报价。而分标则会避免这种情况，能发挥投标人的特长，有更多的投标人参加投标。

3）对资金筹措的安排。根据资金筹措情况和工程建设的次序进行分标，可以按资金情况在不同时间分段招标。

4）工地现场的管理和工程各部分的衔接。分标应考虑对施工现场的管理，竭力避免各承包人之间的相互干扰。特别要对承包人的施工场地，包括各承包人的现场分配、生活营地、附属厂房、材料堆放场地、交通运输、弃渣场地要进行细致而周密的安排。工程进度的衔接也很重要，特别是在关键线路上的项目一定要选择施工水平高、能力强、信誉好的承包人，防止因工期、质量问题影响其他承包人的工作。

总之，分标是正式编制招标文件前一项很重要的工作，必须对上述各因素进行综合考察和分析比较，确定最好的分标方案，然后按分标特点编写招标文件。

（3）招标文件的内容与通用格式

招标文件的内容大致分为三类：

第一类，编写和提交投标文件的规定。其目的是尽量减少符合资格的承包商或供应商由于不明确如何编写投标文件而处于不利地位或其投标遭到拒绝的可能性。

第二类，对投标人资格审查的标准，以及投标文件的评审标准和方法。这是为了提高招标过程的透明度和公平性，因而是非常重要的，也是必不可少的。

第三类，合同的主要条款（其中主要是商务性条款）。这有利于投标人了解中标后签订的合同的主要内容，明确双方各自的权利和义务。其中，技术要求、投标报价要求和主要合同条款等内容是招标文件的关键内容，统称实质性的要求。

施工招标文件的内容：按照我国2003年《建设工程施工招标文件范本》（以下简称为《招标文件范本》）的规定，施工招标文件应包括以下内容：投标邀请书；投标须知前附表（见表8-2）；合同条款；合同文件格式；工程建设标准；图纸；工程量清单；投标函格式；投标文件商务部分格式；投标文件技术部分格式；资格审查申请书格式等。

前附表 **表8-2**

项目	条款号	内 容 规 定
1	0.1	工程综合说明 工程名称： 建设地点： 结构类型及层数： 建筑面积： 承包方式： 要求质量标准： 要求工期： 年 月 日开工， 年 月 日竣工 工期： 天(日历日) 招标范围：

续表

项目	条款号	内容规定
2	1.1	合同名称：
3	2	资金来源：
4	3.2	招标单位资质等级：
5	11.1	投标有效期为 天(日历日)
6	12.1	投标保证金数额为： % 或 元
7	13.1	投标预备会 时间： 地点：
8	14.1	投标文件副本份数为 份
9	15.4	投标文件递交至： 单位： 地址：
10	16.1	投标截止日期： 时间：
11	18.1	开标 时间： 地点：
12	24.2	评标办法

第一部分　总则

包括的内容有：

① 工程描述。说明本工程的名称、地理位置、工程规模和性质、工程分标情况、本合同的工作范围等。

② 资金来源。说明招标项目的资金来源。

③ 资格与合格条件要求。投标人应提交独立法人资格和相应的施工资质证书，提供令招标人满意的资格文件，包括拟实施本合同的人员、机械情况，以往类似工程的施工经验，经过审计的主要财务报表等，以证明投标人具有履行合同的能力。如两个或两个以上施工单位组成的联合体投标时，每个成员均应提交上述资格与合格要求的资料。应指定其中一家联合体成员作为主办人，由联合体所有成员法定代表人签署提交的授权书，以证明其主办人资格，联合体各成员之间签订的联合体协议书副本应随投标文件一起递交。协议书中应明确各个成员为实施合同所共同和分别承担的责任。

④ 投标费用。投标单位应承担其编制投标文件与递交投标文件所涉及的一切费用，不管投标结果如何，招标方对上述费用不负任何责任。

⑤ 现场考察。投标人按招标人的要求和时间安排现场考察，考察费用投标人自理。考察期间所发生的人身伤害及财产损失由投标人自己负责。

第二部分　招标文件，包括下列格式和内容：

第一卷　商务余款

第一章　投标人须知

第二章　合同通用条件

第三章　合同专用条件

第四章　合同格式（包括合同协议书格式、动员预付款银行保函与履约保证金格式）

第二卷　技术规范

第五章　技术规范

第三卷　投标文件

第六章　投标书及投标书附录

第七章　工程量清单与报价表

第八章　辅助资料表

第九章　资格审查表（资格审查后使用）

第四卷　图纸

第十章　图纸

投标人发现招标文件中有遗漏、错误、词义含混等情况，应在规定的时间内书面向招标人咨询；招标人以书面文件方式答复，送达全部投标人，但不涉及问题的由来。

招标人有权修改招标文件中的条款，即不论是招标人一方认为有必要还是根据投标人咨询提出的问题，均可在投标截止日期前若干天对招标文件进行修改，如果发出的修改通知太晚，则招标人应推迟投标截止日期。所有修改应以书面文件形式送交全部投标人，并作为招标文件的组成部分，对投标人起约束作用；投标人收到此修改通知后立即回执。

第三部分　投标文件编写

① 投标文件的语言。规定中文为投标文件中的语言，投标文件、投标人与招标人之间与投标有关的来往通知、函件和文件均应使用中文。

② 投标文件的组成。投标人提交的投标文件应由下列文件组成：投标书及其附录、投标保证金、标价的工程量清单与报价单、辅助资料表、有关资格证明书、提出的替代方案以及按“投标须知”的要求提供的其他资料。

③ 投标报价。合同价格是指以投标人提交的单价和合价为依据，计算得出的工程总价格。没有填写单价和合价的项目将不予支付，并被认为此项费用已包括在工程量清单的其他单价和合价中。一切税收和其他收费均应由承包人支付并包含在投标报价中。

④ 投标有效期。投标有效期指从投标截止日起到公布中标日为止的一段时间，按照国际惯例，一般为90～120d；在此期间，全部投标均为有效，投标人不得修改或撤销其投标。有效期应保证招标人有足够的时间对合格投标文件进行比较、评价及最后选定中标者。

在原定投标有效期满之前，如出现特殊情况，经招标管理机构核准，招标人可用书面方式向投标人提出延长投标有效期的要求，投标人有权拒绝这种要求而不被没收投标保证金。

同意延长投标有效期的投标人不允许在此期间修改其投标文件，而是需要相应地延长其投标保证金的有效期，对投标保证金的各项有关规定在延长期内同样有效。

⑤ 投标保证金。投标人应按前附表中规定的数额提交投标保证金。投标保证金可以是现金、支票、银行汇票，也可以是在中国注册的银行出具的银行保函。保函的格式应符合招标文件的格式要求，有效期应超过投标有效期28d。未按规定提交投标保证金的投标文件被视为不合格投标。宣布中标者之后，未中标者的投标保证金将尽快退还；中标者的投标保证金在按要求提交履约保证金并签署合同协议书之后予以退还。

⑥ 替代方案投标。有的招标人除要求投标人按招标文件中的图纸、规范及各项规定进行投标外，还允许投标人另外提出自己的替代方案，但应在保证原设计要求的前提下，

有利于缩短工期或降低造价。

⑦ 标前会议。也称投标预备会，召开的目的是为澄清投标人对招标文件的疑问，解答投标人提出的问题。标前会议往往与组织投标人进行现场考察相结合。标前会议合开的时间和地点在前附表中应做出明确规定。会议记录（包括所有问题和答复的副本）应尽快提供给所有投标人。因投标前会议产生的对招标文件内容的修改，应以补充通知的方式发给所有投标人，并作为招标文件的组成部分。

⑧投标文件的份数与签署。投标单位应按前附表的规定提交一份“正本”和数份副本。正本是指投标人填写的所购买的招标文件的表格以及“投标须知”中所要求提交的全部文件和资料。副本为正本的复印件，并在封面上明确标明“正本”和“副本”字样，正本与副本有不一致之处时以正本为准。正本、副本的每一页均由投标人正式授权的全权代表签署确认，授权公证书应一并递交。如果是由投标人造成的必要修改，修改处应有投标文件签字人签字。

第四部分　投标文件递交

① 投标文件的密封和印记。投标人应将投标文件的正本和每一份副本分别密封在内层包封中，正确注明“正本”和“副本”字样，再密封在一个外层包封中。外层、内层包封都应写明招标人的名称和地址、合同名称、工程名称、招标编号，并注明开标时间以前不得开封。在内层包装上还应注明投标人的名称与地址，以备投标迟到时能原封退回。

② 投标截止日期。投标人应在规定的日期和时间之前将投标文件递交给招标人，投标截止日期之后收到的投标文件将被拒绝并原封退回。

③ 投标文件的修改和撤销。投标人在投标截止日期之前，可以书面形式向招标人提出修改或撤销已提交的投标文件。要求修改投标文件的信函应该按照递交投标文件的有关规定编制、密封、标志和递交。在投标截止日期之后，投标人不能再对投标文件进行修改。在投标截止日至投标有效期终止日之间，投标人不能撤销投标文件，否则其投标保证金将被没收。

第五部分　开标

招标人按照前附表规定的时间和地点在有关行政监督部门的监督下举行开标会议。在所有投标人的法定代表人或授权代表在场的情况下公开开标，同时检查投标文件的密封、签字盖章与完整性，包括检查是否提交了投标保证金。但按规定提交合格撤销投标通知的投标文件不予开封。

凡是未按规定密封、签章（未经法定代表人签字或未加盖投标单位公章或未加盖法定代表人印鉴）、字迹不清、不完整、逾期送达的投标文件均视为无效投标。

招标人当众宣布核查结果，并宣读有效投标的投标人名称、投标报价、修改内容、工期、质量、主要材料用量、投标保证金以及招标人认为适当的其他内容。

第六部分　评标

① 评标过程保密。开标之后，评标过程中的有关信息应对与此工作无关的人员和投标人严格保密。

② 投标文件的澄清。评标机构可以要求投标人澄清其投标文件。有关澄清的要求与答复应以书面形式进行，但不允许修改投标报价或投标的实质性内容。

③ 投标文件的实质上响应性检查。在详细评标之前，评标机构首先审定每份投标文

件，是否在实质上响应了招标文件的要求，有无显著差异或保留。所谓显著差异或保留是指对工程的发包范围、质量标准、工期等方面有重大改变，或者对招标人的权利和投标人的义务有重大限制。如果接受这种有显著差异或保留的投标文件，将会影响其他投标人的合理竞争地位。因此，不符合招标文件要求的投标文件将被拒绝，也不允许投标人进行修改。

④ 错误的修正。对于实质上响应的投标文件，评标机构对其计算上或累计上的算数错误进行审核和修正。其原则为：如数字表示的数额与文字数额不符，则以文字数额为准；如单价乘以工程量不等于合价时，一般以单价为准，除非发现有明显的小数点错位，此时以合价为准，并修改单价。修正后的投标文件须经投标人认可，才对投标人具有约束力。如投标人不接受修正，则投标文件将被拒绝，投标保证金也将被没收。

⑤ 投标文件的评标与比较。评标机构仅对实质上响应的投标文件进行评价与比较。评价与比较时，根据附表中有关内容的规定，对投标人的投标报价、工期、质量标准、主要材料用量、施工方案或施工组织设计、优惠条件、社会信誉及以往的业绩等进行综合评价。

第七部分　授予合同

① 授予合同的标准。招标单位把合同授予其投标文件在实质上响应招标文件的要求，经评价与比较选出的报价合理、有足够的能力和资源完成本合同的投标人。

② 中标通知书。确定中标人后，在投标有效期截止日期前，招标人以书面形式通知中标的投标人其投标被接受，并在中标通知书中给定合同签订地点和日期。

③ 合同协议书的签署。中标人在收到中标通知书后，在规定的时间内派出全权代表与招标人签署合同协议书。

④ 履约保证金。中标人应按规定的金额和时间要求向招标人提交履约保证金，如果中标人未能按规定提交履约保证金，招标人有权取消其中标资格，并没收其投标保证金。

履约保证金一般有两种形式，即银行保函和履约担保。银行保函又分为无条件银行保函和有条件银行保函。无条件银行保函无需招标人提供任何证据，招标人在任何时候提出声明，认为承包人违约而提出索赔的日期和金额，只要在保函有效期和保证金额的限额之内，银行即无条件履行保证，进行支付，承包人不能要求银行止付。当然，招标人也要承担由此引起的争端、仲裁或诉讼的法律后果。对银行而言，他们愿意承担这种履约保函，因为这样既不承担风险，也不卷入合同双方的争端。

有条件银行保函则是银行在支付之前，招标人必须提出理由，指出承包人不能履行其义务或违约并出示证据，提供所受损失的计算数值等。一般来讲，银行不愿意承担这种履约保函，招标人也不喜欢这种保函。下面列举无条件银行履约保函格式和履约担保格式。

银行履约保函（无条件）

____________：（建设单位名称）

鉴于______（下称“承包单位”）已保证按______工程合同施工、竣工和保修该工程（下称“合同”）。

鉴于你方在上述合同中要求承包单位向你方提交银行开具的下述金额的保函，作为承包单位履行本合同责任的保证金。

本银行同意为承包单位出具本保函。

本银行在此代表承包单位向你方承担支付人民币______元的责任，承包单位在履行合同中，由于资金、技术、质量或非不可抗力等原因给你方造成经济损失时，在你方以书面形式提出要求得到上述金额内的任何付款时，本银行给予支付，不挑剔、不争辩、也不要求你方出具证明或说明背景、理由。

本银行放弃你方应先向承包单位要求赔偿上述金额，然后同意向本银行提出要求的权利。

本银行进一步同意在你方和承包单位之间的合同条件、合同项下的工程或合同发生变化、补充或修改后，本银行承担本保函的责任也不改变，有关上述变化、补充和修改也无需通知本银行。

本保函直至保修责任证书发出后28天内一直有效。

银行名称：(盖章)

银行法定代表人；(签字、盖章)

地址：

邮政编码：

日期：______年______月______日

履约担保书

根据本担保书，投标单位______作为委托人和______(担保单位名称)作为担保人向债权人______(下称“建设单位”)承担支付人民币的责任，承包单位和担保人均受本履约担保书的约束。

鉴于承包单位已于______年______月______日向建设单位递交了______工程的投标文件，愿为投标单位在中标后(下称“承包单位”)同建设单位签署的工程承包合同担保。下文中的合同包括合同规定的合同协议书、合同文件、图纸、技术规范等。

本担保书的条件是：承包单位在履行上述合同中，由于资金、技术、质量或非不可抗力等原因给建设单位造成经济损失，当建设单位以书面提出要求得到上述金额内的任何付款时，担保将迅速予以支付。

本担保人不承担大于本担保书限额的责任。

除建设单位以外，任何人都无权对本担保书的责任提出履行要求。

本担保书直至保修责任证书发出后28天内一直有效。

承包单位和担保的法定代表人在此签字、益公章，以兹证明。

担保单位：(盖章)

法定代表人：(签字、盖章)　　______年______月______日

投标单位；(盖章)

法定代表人；(签字、盖章)　　______年______月______日

如果在招标文件中规定了招标人向承包人提供动员预付款(一般为合同总价的10%～15%)，则承包人应开具银行动员预付款保函，招标人得到此保函后，才能支付预付款。

预付款银行保函

______(建设单位名称)：

根据你单位______工程合同的合同协议条款第×条规定，______(下称“承包单位”)

应向你方提交预付款银行保函，金额为人民币______元，以保证其忠实地履行合同上的上述条款。

我银行______（银行名称）受承包单位委托，作为保证人和主要债务人，当你方以书面形式提出要求时，就无条件地、不可撤销地支付不超过上述保证金额的款额，也不要求你方先向承包单位提出此项要求；以保证在承包单位没有履行合同协议条款第×条的责任时，你方可以向承包单位收回全部或部分预付款。

我银行还同意：在你方和承包单位之间的合同条件、合同项下的工程或合同文件发生变化、补充或修改后，我行承担本保函的责任也不改变，有上述变化、补充或修改也无需通知我银行。

本保函的有效期从预付款支付日期起至你方向承包单位全部收回预付款的日期止。

银行名称：（盖章）

银行法定代表人：（签字、盖章）

地址：

日期：______年______月______日

⑤ 技术规范。技术规范指工程技术要求说明文件，它是招标文件中一个非常重要的组成部分。技术规范和图纸反映了招标人对工程项目应达到的技术要求，也是施工过程中承包人控制质量和监理工程师检查验收的主要依据。技术规范、图纸和工程量清单都是投标人在投标时必不可少的资料。投标人依据这些资料才能拟定施工规划，包括施工方案、进度计划、施工工艺等，并据之进行工程估价和确定投标价。因此，在拟定技术规范时，既要满足设计要求，保证工程的施工质量，又不能过于苛刻。因为太苛刻的技术要求必然导致投标人提高投标价格。

编写技术规范时一般可引用国家有关各部门正式颁布的规范，往往还需要由咨询工程师再编制一部分具体适用于本工程的技术要求和规定。正式签订合同之后，承包人必须遵循合同列入的规范要求。技术规范一般包含下列内容：工程的全面描述、工程所采用材料的要求、施工质量要求、工程计量方法、验收标准和规定、其他不可预见因素的规定。技术规范分为总体规定和各项规范两部分。

总体规定通常包括工程范围及说明，水文气象条件，工地内外交通，开工、完工日期，对承包人提供材料的质量要求，技术标准，场地内供水、排水，临建工程，安全、测量工作，环境卫生，仓库及车间等。

各项规范是根据设计要求，对工程每一个部位的材料和施工工艺提出明确的要求。

各项技术规范范围一般按照施工内容和性质来划分。例如，一般土建工程包括临时工程、土方工程、基础处理、模板工程、钢筋工程、混凝土工程、污水结构、金属结构、装修工程等；水利工程包括有施工导流、灌浆工程、隧洞开挖工程；港口工程则有基床工程、沉箱预制、板桩工程等。

各项技术规范应对计量要求做出明确规定，因为这涉及实施阶段计算工程量与支付的问题，以避免和减少争议。

⑥ 图纸。图纸是招标文件和合同的重要组成部分，是投标人在拟定施工方案、确定施工方法以及提出替代方案、计算投标报价必不可少的资料。图纸的详细程度取决于设计的深度与合同的类型。详细的设计图纸能使投标人比较准确地计算报价。实际上，在工程

实施中常常需要陆续补充和修改图纸，这些补充和修改的图纸均需经监理工程师签字后正式下达，才能作为施工及结算的依据。

图纸中所提供的地质钻孔柱状图、探坑展开图等均作为投标人的参考资料，它提供的水文、气象资料也属于参考资料。投标人根据上述资料做出分析与判断，据之拟定施工方案，确定施工方法。

⑦ 工程量清单。工程量清单是将合同规定要实施的工程全部项目和内容，按工程部位、性质等列在一系列表内。每个表中既有工程部位需实施的各个分项，又有每个分项的工程量和计价要求（单价与合价或包干价），以及每个表的总计等。后两个栏目留给投标人填写。

⑧ 投标书格式和投标保证金格式。投标书是由投标人充分授权的代表签署的一份投标文件。投标书是对招标人和承包人双方均有约束力的合同的一个重要组成部分。

投标书包含投标书及其附录，一般由招标人或咨询工程师拟定好固定的格式，由投标人填写。

⑨ 补充资料表。补充资料表是招标文件的一个组成部分，其目的是通过投标人填写招标文件中拟定好格式的各类表格，得到所需要的相当完整的信息。通过这些信息既可以了解投标人的各种安排和要求，便于在评标时进行比较，又便于在工程准备和施工过程中做好各种计划和安排。常用的各类补充资料表包括：

项目经理简历表；

主要施工管理人员表；

主要施工机械设备表；

项目拟分包情况；

劳动力计划表；

现金流动表；

施工方案或施工组织设计；

施工进度计划表；

临时设施布置及临时用地表

其他。

(4) 招标文件应注意事项

根据《招标投标法》和《招标文件范本》规定，施工招标文件部分内容应注意的一些问题。具体有：

1) 说明评标原则和评标办法。

2) 投标价格中，一般结构不太复杂或工期在 12 个月以内的工程，可以采用固定价格，考虑一定的风险系数。结构较复杂或大型工程、工期在 12 个月以上的，应采用调整价格，价格的调整方法及调整范围应在招标文件中明确。

3) 招标文件中应明确投标价格的计算依据，主要有以下方面：工程计价类别；执行的概预算定额及费用定额；执行的人工、材料、机械设备政策性调整文件等；材料、设备计价方法及采购、运输、保管的责任；工程量清单。

4) 质量标准必须达到国家施工验收规范合格标准，对于要求质量达到优良标准时，应计取补偿费用。补偿费用的计算方法应按国家或地方有关文件规定执行，并在招标文件中明确。

5）招标文件中的建设工期应参照国家或地方颁发的工期定额来确定，如果要求的工期比工期定额缩短 20%以上（含 20%），应计算赶工措施费。赶工措施费如何计取应在招标文件中明确。

6）由于施工单位的原因造成不能按合同工期竣工时，计取的赶工措施费需扣除，同时还应赔偿由于误工给建设单位带来的损失。其损失费用的计算方法或规定应在招标文件中明确。

7）如果建设单位要求按合同工期提前竣工交付使用，应考虑计取提前工期奖。提前工期奖的计算办法应在招标文件中明确。

8）招标文件中应明确投标准备时间，即从开始发放招标文件之日起至投标截止时间的期限，最短不得少于 20 天。

9）招标文件中应明确投标保证金数额，投标保证金额数一般不超过投标总价的 2%。投标保证金的有效期应超过投标有效期。

10）中标单位应按规定向招标单位提交履约担保，履约担保可采用银行保函或履约担保书。履约担保比率为：银行出具的银行保函为合同价格的 5%；履约担保书为合同价格的 10%。

11）材料或设备采购、运输、保管的责任应在招标文件中明确，如建设单位提供材料或设备，应列明材料或设备名称、品种或型号、数量，及提供日期和交货地点等；还应在招标文件中明确招标单位提供材料或设备的计价和结算退款的方法。

12）关于工程量清单，招标单位按国家公布的统一工程项目划分、统一计量单位和统一工程量计算规则，根据施工图纸计算工程量，提供给投标单位作为投标报价的基础。结算拨付工程款时以实际工程量为依据。

13）合同协议条款的编写。招标单位在编制招标文件时，应根据《合同法》、《建设工程施工合同管理办法》的规定和工程具体情况确定“招标文件合同协议条款”的内容。

14）投标单位在收到招标文件后，若有问题需要澄清，应于收到招标文件后以书面形式向招标单位提出，招标单位将以书面形式或投标预备会的方式予以解答，答复将送给所有获得招标文件的投标单位。

15）招标文件的修改。招标人对已发出的招标文件进行必要的澄清或者修改的，应当在招标文件要求提交投标文件截止时间至少 15 日前，以书面形式通知所有招标文件收受人。该澄清或者修改的内容为招标文件的组成部分。

6. 招标工程标底的编制与审查

标底由招标人自行编制或委托经建设行政主管部门批准具有编制标底能力的中介机构代理编制。标底是招标工程的预期价格，是招标人对招标工程所需费用的自我测算和控制，也是判断投标报价合理性的依据。制定标底是工程招标的一项重要准备工作。标底的组成内容主要有：

1）标底的综合编制说明；

2）标底价格审定书、标底价格计算书、带有价格的工程量清单、现场因素、各种施工措施费的测算明细以及采用固定价格工程的风险系数测算明细等；

3）主要材料用量；

4）标底附件：各项交底纪要，各种材料及设备的价格来源，现场的地质、水文、地上情况的有关资料，编制标底价格所依据的施工方案和施工组织设计等。

1）标底的作用

① 使招标人预先明确自己在拟建工程上应承担的财务义务；

② 给上级主管部门提供核实建设规模的依据；

③ 是衡量投标报价的准绳、评标的重要尺度。只有制定了正确的标底，才能正确判断投标人所投报价的合理性、可靠性。因此，招标工程必须以严肃认真的态度和科学的方法编制标底。

2）编制标底的依据

① 投标文件的商务条款；

② 工程施工图纸、工程量计算规则、工程量清单；

③ 施工现场地质、水文、地上情况的有关资料；

④ 施工方案或施工组织设计；

⑤ 现行工程预算定额、工期定额、工程项目计价类别及取费标准、国家或地方有关价格调整的文件规定；招标时，建筑安装材料及设备的市场价格等。

3）标底价格的编制原则

① 根据国家公布的统一工程项目划分、统一计量单位、统一工程量计算规则以及施工图纸、招标文件，并参照国家制定的基础定额和国家、行业、地方规定的技术标准规范，以及生产要素市场的价格和确定的工程量编制标底价格；

② 标底的计价内容、计价依据应与招标文件的规定完全一致；

③ 标底价格作为招标单位的期望计划价，应力求与市场的实际变化吻合，要有利于竞争和保证工程质量；

④ 标底价格应由成本、利润、税金等组成，一般应控制在批准的总概（预）算及投资包干的限额内；

⑤ 标底应考虑人工、材料、设备、机械台班等价格变化因素，还应包括不可预见费、预算包干费、措施费、现场因素费用、保险以及采用固定价格的工程的风险金等；

⑥ 标底编制完成后，应密封报送招标管理机构审定。审定后必须及时妥善封存，直至开标时。所有接触过标底价格的人员均负有保密责任，不得泄露。

4）标底价格的计价方法和需要考虑的因素

① 标底价格的计价方法。根据我国现行的工程造价计算方法和国际惯例，在工程量清单计价模式下常采用的方法有两种，即工料单价和综合单价。

工料单价：具体做法是根据施工图纸及技术说明，按照预算定额规定的分部分项工程项目，逐项计算出工程量，再套用定额单价（或单位估价表）确定直接费，然后按规定的费用定额确定其他直接费、现场经费、间接费、计划利润和税金，还要加上材料调价系数和适当的不可预见费，汇总后即为工程预算，也就是标底的基础。

工料单价法在实施中也可以采用工程概算定额，对分项工程子目作适当的归并和综合，使标底价格的计算有所简化。采用概算定额编制标底，通常适用于技术设计阶段即进行招标的工程。在施工图阶段招标，应按施工图计算工程量，按概算定额和单价计算直接费，既可提高计算结果的准确性，又可减少工作量，节省人力和时间。

综合单价：综合单价法编制标底，其各部分项工程的单价应包括人工费、材料费、机械费、其他直接费、间接费、有关文件规定的调价、利润、税金以及采用固定价格的风险金等全部费用。综合单价确定后，再与各部分项工程量相乘汇总，即可得到标底价格。

② 编制标底与编制工程概算或施工图预算需要考虑的不同因素。编制招标工程的标底大多是在工程概算定额或预算定额的基础上做出的，但它不完全等同于工程概算或施工图预算。编制一个合理、可靠的标底还必须在此基础上考虑以下因素：

(a) 标底必须适应目标工期的要求，对提前工期的因素应有所反映，招标工程的目标工期往往不能等同于国家颁布的工期定额，而需要缩短工期。承包人此时要考虑相应的施工措施，如增加人员和设备数量，加班加点，付出比正常工期更多的人力、物力、财力等，而这样就会提高工程成本。因此，编制招标工程的标底时，必须考虑这一因素，将目标工期对照工期定额，按提前天数给出必要的赶工费和奖励，并列入标底。

(b) 标底必须适应招标方的质量要求，对高于国家验收规范的质量因素应有所反映。标底中对工程质量的反映，应按国家相关的施工验收规范的要求，作为合格的工程产品，按国家规范来检查验收。而招标方往往还要提出要达到高于国家验收规范的质量要求，承包人为此要付出比合格水平更多的费用。例如，据某些地区测算，建筑产品从合格到优良，其人工和材料的消耗要使成本相应增加3%～5%，因此，标底的计算应体现优质优价。

(c) 标底必须适应建筑材料采购渠道和市场价格的变化，考虑材料差价因素。目前，由于材料的价格不统一，对编制标底时所用的有变化的价格，应列出清单，随同招标文件、图纸发给投标人，供其报价时参考。委托投标人办理的材料，必须按市场价格，并将差价列入标底。

(d) 标底必须合理考虑本招标工程的自然地理条件和招标工程范围等因素。将地下工程及“三通一平”等招标工程范围内的费用正确地计入标底价格。由于自然条件导致的施工不利因素也应考虑，计入标底。

5) 标底的编制与审查程序

① 编制标底主要有以下几个步骤：

(a) 确定标底的计价内容及计算方法、编制总说明、施工方案或施工组织设计，编制(或审查确定) 工程量清单、临时设施布置、临时用地表、材料设备清单、补充定额单价、钢筋铁件调整、预算包干、按工程类别的取费标准等。

(b) 确定材料设备的市场价格。

(c) 采用固定价格的工程，应测算施工周期内的人工、材料、设备、机械台班价格波动风险系数。

(d) 确定施工方案或施工组织设计中的计费内容。

(e) 计算标底价格。

(f) 标底送审。标底应在投标截止日期后、开标之前报招标管理机构审查，结构不太复杂的中小型工程在投标截止日期后7天内上报，结构复杂的大型工程在14天内上报。未经审查的标底一律无效。

(g) 标底价格审定交底。

② 标底的审查主要有两种情况：

（a）当采用工料单价计价方法时，其主要审定内容包括：标底计价内容、预算内容、预算外费用。

（b）当采用综合单价计价方法时，其主要审定内容包括：标底计价内容、工程单价的组成分析、设备市场的供应价格、措施费、现场因素费用等。

8.4.2 招标阶段的主要实务

招标阶段的主要工作有以下几项：

1. 刊登资审通告、招标通告

我国《招标投标法》指出，招标人采用公开招标方式的，应当发布招标公告。依法必须进行招标的项目的招标公告，应当通过国家指定的报刊、信息网络或者其他媒介发布。建设项目的公开招标应在建设工程交易中心发布信息，同时也可通过报刊、广播、电视等新闻媒介发布“资格预审通告”或“招标通告”。进行资格预审的，刊登“资格预审通告”。

建设单位的招标申请经主管部门批准，并备妥招标文件之后，即可发出招标通告或邀请投标函，也可采取招标文件与招标通告同时进行的方式，以争取时间，加快进度。

（1）招标通告。

1）建设单位的名称、地址，联系人的姓名、电话；

2）工程情况简介，包括项目名称、建筑规模、工程地点、结构类型、质量要求、工期要求；

3）承包方式、材料、设备供应方式；

4）对投标企业资质的要求及应提供的有关文件；

5）招标日程安排；

6）招标文件的押金数额；

7）其他要说明的问题。

（2）邀请投标函。采用邀请投标方式时，由招标单位直接向有承包能力的建筑施工企业发出“招标通知书”。

2. 资格预审

《招标投标法》规定，招标人可以根据招标项目本身的要求，在招标公告或者投标邀请书中，要求潜在投标人提供有关资质证明文件和业绩情况，并对潜在投标人进行资格审查；国家对投标人的资格条件有规定的，依照其规定，招标人不得以不合理的条件限制或者排斥潜在投标人，不得对潜在投标人实行歧视待遇。

（1）资格预审的目的

1）了解投标人的财务状况、技术力量以及类似工程的施工经验，为招标人选择优秀的承包人打下良好的基础；

2）事先淘汰不合格的投标人，排除将合同授予不合格的投标人的风险；

3）减少评标阶段的工作时间，减少评标费用；

4）使不合格的投标人节约购买招标文件、现场考察和投标的费用。

（2）国家对资格预审的主要规定

1）公开招标进行资格预审时，通过对申请单位填报的资格预审文件和资料进行评比和分析，确定出合格的申请单位短名单，将短名单报招标管理机构审查核准。

2）待招标管理机构核准同意后，招标单位向所有合格的申请单位发出资格预审合格通知书。申请单位在收到资格预审合格通知书后，应以书面形式予以确认，在规定的时间领取招标文件、图纸及有关技术资料，并在投标截止日期前递交有效的投标文件。

3）资格预审审查的主要内容：投标单位的组织与机构和企业概况；近3年完成工程的情况；目前正在履行的合同情况；资源方面，如财务、管理、技术、劳力、设备等方面的情况；其他资料（如各种奖励或处罚等）。

3. 发放招标文件

（1）将招标文件、图纸和有关技术资料发放给通过资格预审获得投标资格的投标单位。不进行资格预审的，发放给愿意参加投标的单位。投标单位收到招标文件、图纸和有关资料后，应认真核对，核对无误后应以书面形式予以确认。

（2）招标单位对招标文件所作的任何修改或补充，须报招标管理机构审查同意后，在投标截止时间之前，同时发给所有获得招标文件的投标单位，投标单位应以书面形式予以确认。

（3）修改或补充文件作为招标文件的组成部分，对投标单位起约束作用。

（4）投标单位收到招标文件后，若有疑问或不清的问题需澄清解释的，应在收到招标文件后7日内以书面形式向招标单位提出，招标单位以书面形式或以投标预备会形式予以解答。

4. 勘察现场

（1）招标单位组织投标单位进行勘察现场的目的在于了解工程场地和周围环境的情况，以获取投标单位认为有必要的信息。为便于投标单位提出问题并得到解答，勘察现场一般安排在投标预备会的前1～2天。

（2）投标单位在勘察现场中如有疑问，应在投标预备会前以书面形式向招标单位提出。

（3）招标单位应向投标单位介绍有关现场的以下情况：施工现场是否达到招标文件规定的条件；施工现场的地理位置和地形、地貌；施工现场的地质、土质、地下水位、水文等情况；施工现场的气候条件，如气温、湿度、风力、年雨雪量等；现场环境，如交通、饮水、污水排放、生活用电、通信等；工程在施工现场中的位置或布置；临时用地、临时设施搭建等。

5. 投标预备会

投标预备会的主要内容就是工程交底及答疑。工程交底的内容，主要是针对招标文件的内容作进一步的阐明，如设计图纸中不够明确的做法、用料标准及设备选型等。通过标底的编制，也可向投标企业加以补充。此外，如投标企业再有提出的疑问（可以是事先书面提出，也可以是当时口头提出），也应给予当时解答或事后解答。所有这些问题，除应在会上明确应解答的内容外，还应以书面方式发送给各投标单位，作为招标文件的补充。如采取招标文件与发出“招标通知书”同时进行，招标单位可先将招标文件的基本内容发给投标企业，以有利于缩短招标周期。在这种情况下，可以将答疑部分的内容补充进招标文件内，然后作为正式完整的招标文件，供投标企业作为投标报价的主要依据。开标前，不应与任何投标单位的代表单独接触或个别解答任何问题。

对投标单位在领取招标文件、图纸和有关技术资料和勘察现场时提出的疑问，招标单位可通过以下方式进行解答：

（1）收到投标单位提出的疑问后，应以书面形式进行解答，并将解答同时送达所有获得招标文件的投标单位。

（2）收到提出的疑问后，通过投标预备会进行解答，并以会议记录形式同时送达所有获得招标文件的投标单位。

（3）投标预备会。投标预备会的目的在于澄清招标文件中的疑问，解答投标单位对招标文件和勘察现场中提出的疑问。投标预备会可安排在发出招标文件 7 日后、28 日以内举行。

投标预备会在招标管理机构监督下，由招标单位组织并主持召开，在预备会上对招标文件和现场情况作介绍或解释，并解答投标单位提出的疑问，包括书面提出的和口头提出的询问。

投标预备会结束后，由招标单位整理会议记录和解答内容，报招标管理机构核准同意后，尽快以书面形式将问题及解答同时发送到所有获得招标文件的投标单位。

所有参加投标预备会的投标单位应签到登记，以证明出席了投标预备会。

对招标单位以书面形式向投标单位发放的任何资料文件，以及投标单位以书面形式提出的问题，均应以书面形式予以确认。

（4）为了使投标单位在编写投标文件时充分考虑招标单位对招标文件的修改或补充的内容，以及投标预备会会议记录的内容，招标单位可根据情况延长投标截止时间。

6. 投标文件的编制与递交

《招标投标法》规定，投标人应当在招标文件要求提交投标文件的截止时间前，将投标文件送达投标地点。招标人收到投标文件后，应当签收保存，不得开启。投标人少于 3 个时，招标人应当依法重新招标。在招标文件要求提交投标文件的截止时间后送达的投标文件，招标人应当拒收。投标人在招标文件要求提交投标文件的截止时间前，可以补充、修改或者撤回已提交的投标文件，并书面通知招标人。补充、修改的内容为投标文件的组成部分。

在投标截止时间前，招标单位在接收投标文件时应注意核对投标文件是否按招标文件的规定进行密封和标志。在开标前，应妥善保管好投标文件、修改和撤回通知等投标资料，由招标单位管理的投标文件需经招标管理机构密封或送招标管理机构统一保管。

8.4.3 决标成交阶段的主要实务

决标阶段包括开标、评标和中标。

8.4.3.1 开标

我国《招标投标法》规定，开标应当在招标文件确定的提交投标文件截止时间的同一时间公开进行；开标地点应当为招标文件中预先确定的地点。开标由招标人主持，邀请所有投标人参加。开标时，由投标人或者推选的代表检查投标文件的密封情况，也可以由招标人委托的公证机构检查并公证；经确认无误后，由工作人员当众拆封，宣读投标人名称、投标价格和投标文件的其他主要内容。招标人在招标文件要求提交投标文件的截止时间前收到的所有投标文件，开标时都应当当众予以拆封、宣读。开标过程应当记录，并存档备查。

1. 开标程序

（1）招标单位：工作人员介绍各方到会人员，宣读会议主持人及招标单位法定代表证件或法定代表人委托书。

（2）会议主持人检验投标企业法定代表人或其指定代理人的证件、委托书。

（3）主持人重申招标文件要点，宣布评标办法和评标小组成员名单。

（4）主持人当众检验启封投标书。其中属于无效标书的，须经评标小组半数以上成员确认，并当众宣布。

（5）投标企业法定代表人或其指定的代理人申明对招标文件是否确认。

（6）按标书的送标时间或以抽签方式排列投标企业唱标顺序。

（7）各投标企业代表按顺序唱标。

（8）当众启封公布标底。

（9）招标单位指定专人监唱，做好开标记录（工程开标汇总表），并由各投标企业的法定代表人或其指定的代理人在记录上签字。

2. 开标过程中应注意的问题

（1）开标会议宣布开始后，应首先请各投标单位代表确认其投标文件的密封完整性，并签字予以确认。当众宣读评标原则、评标办法，由招标单位依据招标文件的要求，核查投标单位提交的证件和资料，并审查投标文件的完整性、文件的签署、投标担保等，但提交的合格“撤回通知”和逾期送达的投标文件不予启封。

（2）唱标应当众宣读有效标函的投标单位的名称、投标报价、工期、质量、主要材料用量、修改或撤回通知、投标保证金、优惠条件，以及招标单位认为有必要的内容。

（3）投标单位法定代表人或授权代表未参加开标会议的视为自动弃权。投标文件有下列情况之一者将视为无效：

1）投标文件未按规定标志、密封；

2）未经法定代表人签署或未加盖投标单位公章或未加盖法定代表人印鉴；

3）未按规定的格式填写，内容不全或字迹模糊辨认不清；

4）投标截止时间以后送达的投标文件。

8.4.3.2 工程施工评标

1. 设立评标机构

评标由评标委员会负责。评标委员会由招标人的代表和有关技术、经济等方面的专家组成，成员为5人以上单数，其中技术、经济等方面的专家不得少于成员总数的2/3。专家应当从事相关领域工作满8年，并具有高级职称或具有同等专业水平，由招标人从国务院有关部门或者省、自治区、直辖市人民政府有关部门提供的专家名册或者招标代理机构的专家库内相关专业的专家名单中确定。一般项目可以采取随机抽取的方式，特殊招标项目可以由招标人直接确定。与投标人有利害关系的人不得进入评标委员会。评标委员会成员的名单在中标结果确定前应当保密。评标机构负责人由建设单位法定代表人或授权代理人担任。评标委员会成员应具备以下条件：

（1）熟悉建筑市场和建设工程管理的有关法律、法规、规章和规范标准，有丰富的工作实践经验；

（2）能自觉遵守招标投标工作纪律，廉洁自律，作风正派，秉公办事，敢于坚持真理，抵制不正之风；

(3) 具有中级以上职称，已在本专业从事建设工程（技术或经济）管理工作一定年限。

2. 评标原则

评标工作应按照严肃认真、公平公正、科学合理、客观全面、保密的原则进行，保证所有投标人的合法权益。

招标人应当采取必要的措施，保证评标秘密进行，在宣布授予中标人合同之前，凡属于投标书的审查、澄清、评价和比较及有关授予合同的信息，都不应向投标人或与该过程无关的其他人泄露。

任何单位和个人不得非法干预、影响评标的过程和结果。如果投标人试图对评标过程或授标决定施加影响，则会导致其投标被拒绝；如果投标人以他人名义投标或者以其他方式弄虚作假、骗取中标的，则中标无效，并将依法受到惩处；如果招标人与投标人串通报标，损害国家利益、社会公共利益或者他人合法权益，则中标无效，并将依法受到惩处。

3. 评标程序与内容

开标之后即进入评标阶段，评价的过程通常要经过投标文件的符合性鉴定、技术评估、商务评估、投标文件澄清、综合评价与比较、编制评标报告等几个步骤。评标可按两段三审进行，两段指初审和终审，三审指符合性评审、技术性评审和商务性评审。评标只对有效投标进行评审。

(1) 初审

1) 投标文件的符合性鉴定。包括商务符合性和技术符合性鉴定。所谓符合性鉴定是检查投标文件是否实质上响应招标文件的要求，实质上响应的含义是投标文件应该与招标文件的所有条款、条件规定相符，无显著差异或保留。符合性鉴定一般包括下列内容：

① 投标文件的有效性。投标人以及联合体形式投标的所有成员是否已通过资格预审、获得投标资格；投标文件中是否提交了承包人的法人资格证书及对投标负责人的授权委托证书；如果是联合体，是否提交了合格的联合体协议书以及对投标负责人的授权委托证书；投标保证金的格式、内容、金额、有效期、开具单位是否符合招标文件要求；投标文件是否按要求进行了有效签署等。

② 投标文件的完整性。投标文件中是否包括招标文件规定应递交的全部文件，如标价的工程量清单、报价汇总表、施工进度计划、施工方案、施工人员和施工机械设备的配备等，以及应该提供的必要的支持文件和资料。

③ 投标文件与招标文件的一致性。凡是招标文件中要求投标人填写的空白栏目是否全部填写并做出明确回答，投标书及其附件是否已完全按要求填写；对于招标文件的任何条款、数据或说明是否有任何修改、保留和附加条件。

符合性鉴定是评标的第一步，如果投标文件没有实质上响应招标文件的要求，将被列为不合格投标而予以拒绝，并且不允许投标人通过修正或撤销其不符合要求的差异或保留，使之成为响应性投标。

2) 技术评估。技术评估的目的是确认和比较投标人完成本工程的技术能力，以及其施工方案的可靠性。包括方案可行性评审和关键工序评审，劳务、材料、机械设备、质量控制措施评估以及对施工现场周围环境污染的保护措施的评估。具体内容有：

① 施工方案的可行性。对各类分部分项工程的施工方法、施工人员和施工机械设备

的配备、施工现场的布置和临时设施的安排、施工顺序及其相互衔接等方面的评审，特别是对该项目的关键工序的施工方法进行可行性论证，应审查其技术的最难点或其先进性和可靠性。

② 施工进度计划的可靠性。审查施工进度计划是否满足竣工时间的要求，是否科学合理、切实可行，以及审查保证施工进度计划的措施。例如，施工机具、劳务的安排是否合理和可能等。

③ 施工质量保证。审查投标文件中提出的质量控制和管理措施，包括质量管理人员的配备、质量检验仪器的配置和质量管理制度。

④ 工程材料和机械设备的技术性能符合设计技术要求。审查投标文件中关于主要材料和设备的样本、型号、规格和制造厂家的名称、地址等，判断其技术性能是否达到设计标准。

⑤ 分包商的技术能力和施工经验。如果投标人拟在中标后将中标项目的部分工作分包给他人完成，应当在投标文件中载明。应审查确定拟分包的工作必须是非主体、非关键性的工作；审查分包人应当具备的资格条件、完成相应工作的能力和经验。

⑥ 对投标文件中按照招标文件规定提交的建议方案做出技术评审。如果招标文件中规定可以提交建议方案，则应对投标文件中建议方案的技术可靠性与优缺点进行评估，并与原招标方案进行对比分析。

3）商务评估。商务评估的目的是从工程成本、财务和经验分析等方面评审投标报价的准确性、合理性、经济效益和风险等。商务评估在整个评标工作中通常占有重要地位。商务评估的主要内容如下：

① 审查全部报价数据计算的正确性。通过对投标报价数据的全面审核，看是否有计算上或累计上的算术错误。如果有，则按“投标须知”中的规定改正和处理。

② 分析报价构成的合理性。通过分析工程报价中直接费、间接费、利润和其他费用的比例关系、主体工程各专业工程价格的比例关系等，判断报价是否合理，注意审查工程量清单中的单价有无脱离实际的“不平衡报价”，计日工劳务和机械台班（时）报价是否合理等。

③ 对建议方案的商务评估。评审这些建议和替代方案对工程质量和技术性能的影响，评估其可行性和技术经济价值，考虑是否全部或部分采纳。

④ 投标文件澄清。必要时，为了有助于投标文件的审查、评价和比较，评标委员会可以约见投标人对其投标文件予以澄清，以口头或书面形式提出问题，要求投标人回答，随后在规定的时间内，投标人以书面形式正式答复。澄清和确认的问题必须由授权代表正式签字，并声明将其作为投标文件的组成部分，但澄清问题的文件不允许变更投标价格或对原投标文件进行实质性修改。

这种澄清的内容可以要求投标人补充报送某些标价计算的细节资料，对其具有某些特点的施工方案作进一步解释，补充说明其施工能力和经验，或对其提出的建议方案作详细说明等。

（2）终审

通过初审阶段后，筛选出若干个具备授标资格的投标单位进行终审，即对筛选出具备授标资格的投标单位进行澄清或答辩，以进一步评审，择优选择中标单位，最后选定中标人。不实行合理低标价的评标，可不进行终审。

中标人的投标应当符合下列条件之一：

1）能最大限度地满足招标文件中规定的各项综合评价标准。

2）能满足招标文件各项要求，并且经评审的投标价格最低，但投标价格低于成本的除外。

（3）提出评标报告

招标单位根据评标委员会的评审情况编写出评标报告，报招标管理机构审查。评标报告应包括以下内容：

1）招标情况。包括工程说明、工程概况及招标范围等；招标过程：资金来源及性质、招标方式、招标文件报招标管理机构的时间及招标管理机构的批准时间；刊登招标通告的时间；发放招标文件的情况、现场勘察和投标预备会的情况；到投标截止时间递交投标文件的情况。

2）开标情况。包括开标时间及地点，参加开标会议的单位及人员情况，唱标情况。

3）评标情况。包括评标委员会的组成及评标委员会人员名单；评标工作的依据；评标内容：投标文件的符合性鉴定、投标单位的资格审查；审核报价；投标文件问题的澄清；投标文件的分析论证内容及评审意见。

4）推荐意见。

5）附件。包括评标委员会人员名单；投标单位资格审查情况表；投标文件符合性鉴定表；投标报价评比报价表；投标文件质询澄清的问题。

（4）意外情况的处理

当下述情况之一发生时，经招标管理机构同意可以拒绝所有投标，宣布招标失败：

1）最低投标报价高于或低于一定幅度时；

2）所有投标单位的投标文件均实质上不符合招标文件要求。

若发生招标失败，招标单位应认真审查招标文件及工程标底，做出合理修改后经招标管理机构同意方可重新办理招标。

4. 评标标底的确定

评标标底的确定可采用如下方式：

（1）由招标单位或其委托的具有编制标底价格能力的中介机构编制出标底，经当地招标投标办公室审定有效后，可直接作为评标标底。

（2）有些地区为了避免标底的泄密造成的影响，采用以标底价的修正值作为评标标底，即“A+B”值决定评标标底。这种做法是以低于标底某一预定百分数范围内的投标报价算术平均值为A，以标底或评标委员会评标前确定的标底为B，然后再以A+B的均值作为评标标底。例如，将建设单位（业主）提供的标底经当地招标办审定有效后，作暂定标底A，投标报价在暂定标底+5%以内的，相加作报价平均值B，而A+B的平均值，即为该工程的评标标底。

5. 评标指标的设置

（1）标价（即投标报价）。

（2）施工方案（或施工组织设计）。包含施工方法是否先进、合理；进度计划及措施是否科学、合理、可靠；质量保证措施是否可靠；安全保证措施是否可靠；现场平面布置及文明施工措施是否合理可靠；主要施工机具及劳动力配备是否合理；项目主要管理人员及工程技术人员的数量和资历；施工组织设计是否完整等。特别应突出关键部位的施工方法或特殊技术措施及保证工程质量、工期的措施。

（3）质量。工程质量应达到国家施工验收规范合格标准或优良标准，必须符合招标文件要求，质量措施应全面和可行。

（4）工期。工期必须满足招标文件的要求。

（5）信誉和业绩。包含近期施工承包合同的履约情况；服务态度；是否承担过类似工程；近期获得的优良工程及优质以上的工程情况；经营作风和施工管理情况；是否获得过部、省（自治区、直辖市）、市级的表彰和奖励；企业在社会中的整体形象等。为贯彻信誉好、质量高的企业多得标、得好标的原则，使用评审指标时，可适当侧重施工方案、质量和信誉。

6. 评标的方法与实例

评标方法可采用评议法、百分法和合理低标价法等。

（1）评议法。通过对投标单位的能力、业绩、财务状况、信誉、投标价格、工期质量、施工方案（或施工组织设计）等内容进行定性的分析和比较、评议后，选择各指标都较优良的投标单位为中标单位，也可以用表决的方式确定中标单位。该方法属于定性的评价方法，由于没有量化比较，评标的科学性较差。其优点是简单易行，在较短时间内即可完成，一般适用于小型工程或规模较小的改扩建项目招标。

（2）百分法（综合评分法）。在招标文件内规定评审的各个指标所占比例和评标标准。开标后按评标程序，根据评分标准，由评委对各投标单位的标书进行评分，最后以总得分最高的投标单位为中标单位。具体步骤如下：

1）预先确定好评审内容。首先将要评审的内容划分为若干大类，并根据项目的特点和对承包商要求的重要程度分配分值比重，再将各类要素细划成评定小项并确定评分标准。

2）对投标书评定记分。为避免打分的随意性，应规定出测量等级，并按统一折算办法来打分。

3）以累计得分评定投标书的优劣。

（3）合理低标价法。按照评标程序，经初审后，以合理的低标价作为中标的主要条件。这里所说的合理低标价是必须经过终审，进行答辩，证明是实现低标价的措施有利可行的报价，但不保证最低的投标价中标。

下面列出在评标实践中常用的几种评标方法，供参考。

评标办法（一）

本工程评定标，依据《建筑法》第二十、二十一条之规定。结合本工程具体情况，评标内容共分5项，即投标报价、工期、工程质量、社会信誉、施工方案及保证措施。

评标采取记分评标法，以得分最高的投标者中标，各项分值的分配为：投标报价30分，工期20分，工程质量20分，社会信誉13分，施工方案及保证措施17分，合计100分。

各项分值取小数点后三位，不四舍五入，投标企业之间出现并列最高得分时，由评委投票表决排列名次或由招标人从中任选一名中标。

各项证书加分时，就高不就低，不重复计算。质量加分以拟投入施工的项目经理部所交验的工程为准。

附：评标计分表（见表8-3）。

评标计分表 表8-3

评标项目	分值分配	评标内容
投标报价30分	1. 基本分+20分	投标报价与标底相比在±5%范围内得基本分
	2. 浮动分+10分	投标报价与标底相比每上下浮动1%，减加2分，最高浮动5%，上下浮动超过5%，投标报价计0分。但造价下浮应有切实可行的措施
工期20分	1. 基本分+10分	投标工期符合招标书规定工期要求的得基本分
	2. 增加分+10分	投标工期比规定工期每提前1%加2分，每提高5%，加满10分
	3. 工期延误	投标工期比招标书规定工期延长者，每延长1%扣2分
质量20分	1. 基本分+10分	投标书所报质量等级符合招标文件规定优良（合格）等级的得基本分
	2. 增加分+10分	(1)近三年以来每交验市、省、部优工程，分别加0.5分、1.0分、1.5分，最高5分；(2)优良品率分=5×个数优良率（或面积优良率）
社会信誉13分	1. 基本分+6分	由评委根据授标企业近三年来生产经营服务、安全生产情况综合评定（但最低不低于4分）
	2. 增加分+7分	近三年以来荣获一项生产经营荣誉称号，市、省、部级分别1.0分、1.5分、2.0分，最高加满7分
施工方案及保证措施17分	1. 基本分+10分	其中：综合进度计划、施工平面图、保证优良措施、工期保证措施、安全措施、劳动力机具计划各1分，主要项目施工方法及消除质量通病措施各2分，共10分
	2. 评议分+7分	由评委根据方案措施综合评议，分别计4～7分

评标办法（二）

本工程评定标，依据《建筑法》第二十、二十一条之规定，评标内容共分6项，即投标报价、“三材”耗用量、工期、工程质量、社会信誉、施工方案及保证措施。

评标采取记分评标法，以得分最高的前两名投标企业为中标候选单位，定标由评标领导小组确定，各项分值约分配为：投标报价40分，“三材”耗用量10分，工期10分，工程质量18分，社会信誉10分，施工方案及保证措施12分，合计100分。

各项分值取小数点后三位，不四舍五入，投标企业之间出现得分相同时，由评委投票表决排列名次。计算投标单位得分时，去掉一个最高分，去掉一个最低分，经加权平均后为最终得分。

各项证书加分时，就高不就低，不重复计算。

附：评标计分表（见表8-4）

评标计分表 表8-4

评标项目	分值分配	评标内容
投标报价40分	1. 基本分+26分	投标报价与标底相比以+5%、-7%范围得基本分
	2. 增加分+14分	投标报价与标底相比每向下浮动1%，增加2分，最高浮动7%（含7%）。超过7%投标报价为0分
	3. 减分	投标报价与标底相比每上浮1%，在基本分的基础上扣2分，最高上浮5%（含5%）。超过5%标价为0分

续表

评标项目	分值分配	评标内容
“三材”耗用量10分	1. 基本分+5分	其中钢材2分，木材1.5分，水泥1.5分，投标量在标底5%范围内得基本分
	2. 浮动分+5分	其中钢材2分，木材1.5分，水泥1.5分，钢材每上下浮动1%，减加0.4分；木材、水泥每上下浮动1%，减加0.3分；超过5%(不含5%)不得“三材”分
工期10分	1. 基本分+5分	投标工程符合招标书规定工期要求的得基本分
	2. 增加分+5分	投标工期比招标书规定工期每提前1%加1分，最高加满5分
	3. 工期延误	投标工期比招标书规定工期延长者标书作废
质量18分	1. 基本分+8分	投标所报质量等级符合招标书优良规定的，得基本分
	2. 增加分+8分	近三年以来项目经理组织交验一项市、省、部优工程，分别加1分、2分、3分，最高加满8分
	3. 措施分+2分	创优措施切实可行计2分，一般计1分。措施不力者不得措施分
社会信誉10分	1. 基本分+4分	由评委根据投标企业近三年来生产经营、优质服务、安全生产情况综合评定(但最低不低于2分)
	2. 增加分+6分	近三年以来荣获一项生产经营荣誉称号市、省、部级分别计1分、1.5分、2分，最高加满6分
施工方案及保证措施12分	1. 基本分+8分	其中：综合进度计划、施工平面图、劳动计划、机具计划、安全措施各1分。主要项目施工方法，消除质量通病措施各1.5分，共8分
	2. 增加分+4分	由评委根据方案措施综合评价，分别计2～4分

评标办法（三）

本工程评标，依据《建筑法》第二十条、第二十一条之规定，评标内容共分五项，即工程造价、工期、工程质量、社会信誉、施工方案及保证措施。

评标采取记分评标法，以得分最高的投标企业中标，各项分值的分配为工程造价26分，工期20分，工程质量20分，社会信誉16分，施工方案及保证措施18分，合计100分。

各项分值取小数点后三位，不四舍五入。投标企业之间出现并列最高得分时，由评委投票表决排列名次或由招标人从中任选一名中标者。

各项证书加分时，就高不就低，不重复计算。

附：评标计分表（见表8-5）

评标计分表 **表8-5**

评标项目	分值分配	评标内容
工程造价26分	1. 基本分+20分	投标明确结算方式，符合招标文件要求的得基本分
	2. 浮动分+6分	投标书明确竣工结算值(税前)，每上下浮动1%，减加2.0分，最高浮动3%(含3%)。上浮超过3%，标价分为0，下浮超过3%，不再加分。但下浮应有切实可行的措施，加分才有效
工期20分	1. 基本分+10分	投标工期符合招标书规定工期600天要求的得基本分
	2. 增加分+10分	投标工期比招标书规定工期每提前1天加0.25分，提前最高为40天，加满10分
	3. 工期延误	投标工期比招标书规定工期延长者标书作废

续表

评标项目	分值分配	评标内容
质量20分	1. 基本分+10分	投标书所报质量等级符合招标文件规定优良等级的得基本分
	2. 增加分+10分	近三年来投标单位每交验一项市、省、部优工程，分别加0.5分、1.0分、1.5分，最高加满10分。优良工程证书以年度编号为准
社会信誉16分	1. 基本分+8分	由评委根据投标企业近三年以来生产经营服务、安全生产情况综合评定(但最低不低于5分)
	2. 增加分+8分	近三年以来荣获一项生产经营荣誉称号市、省、部级分别加0.5分、1分、1.5分，最高加满8分。包括：先进单位、重合同守信用、科技进步、安全生产奖
施工方案及保证措施18分	1. 基本分+10分	其中：综合进度计划、施工平面图、保证优良措施、工期保证措施、安全措施、劳动力机具计划各1分，主要项目施工方法及消除质量通病措施各2分，共10分
	2. 附加分+4分	(1)有新工艺新技术加1分，合理化建议加1分 (2)标书编制完整加2分
	3. 评议+4分	由评委根据方案措施综合评议，分别计2~4分

评标办法（四）

为保证本次工程评标工作的顺利进行，本着客观公正的原则，依据现行有关法律、法规的规定，结合目前建筑市场的情况，制定本工程的评标定标办法。

一、评标原则和依据

1. 本工程的评标原则和依据执行现行有关法律法规和招标文件。

2. 无效标和弃权标的规定按现行有关规定及招标文件的规定执行。

3. 评标小组按照有关文件的规定，对各投标单位的报价、质量、工期、以往业绩、社会信誉、施工方案和施工组织设计等内容进行综合评标和比较。

二、评标标底的确定

1. 投标报价

当投标单位在本次所报投标文件中没有调整报价或优惠报价时，以本次投标文件投标书中的报价作为投标报价；当投标单位在本次所报投标文件中有调整报价或优惠报价时，以调整报价或优惠报价作为最终投标报价。一个投标单位不得同时有两个报价，其投标报价应控制在有效范围内，即控制在招标办审定标底的3%~7%之间，否则视为无效报价。

2. 评标标底

以有效范围（3%~7%）内的各投标单位投标报价平均值的50%与招标办审定标底的50%之和得出的价格做出评标标底。

三、评分方法及说明

1. 报价最高60分

（1）当投标报价在评标标底合理浮动范围1%~3%之内的得基本分30分。

（2）报价竞争分最高30分，当投标报价为评标标底的3%时得0分，低于1%增加5分，中间值采取插值法（保留两位小数）。

（3）报价总分=基本得分（30分）+竞争得分。

2. 质量2分

当质量标准承诺符合招标文件要求的质量标准时得2分。

3. 工期2分

当工期承诺符合招标文件要求的工期时得2分。

4. 施工组织设计或施工方案最高10分

施工组织设计或施工方案合理、可行，施工组织设计或施工方案应包括：综合说明、平面布置、主要部位的施工方法、质量保证措施、主要机械设备（型号、数量）、现场文明施工、环保措施和经审计的年度报告等主要内容，满分得10分。

5. 企业信誉及实力最高得分15分

(1) “信誉称号”分为“国家级荣誉称号”和“省（自治区、直辖市）级荣誉称号”。“国家级荣誉称号”指“中国建筑工程鲁班奖”、“国家金质工程奖”、“国家银质工程奖”和国家有关部委命名的“重合同守信誉企业”、“优秀施工企业”等；“省（自治区、直辖市）级荣誉称号”、“重合同守信誉企业”及上一年度在工程质量和项目管理上做出优秀成绩被建设行政主管部门评为的“优秀企业”。

(2) “国家级荣誉称号”的有效期为5年，“省（自治区、直辖市）级荣誉称号”的有效期为3年，有效期自证书签发之日算起，“荣誉称号”公布年度内有效。

(3) “国家级荣誉称号”每一项得3分，“省（自治区、直辖市）级荣誉称号”每一项得1分。如遇同一项工程同获上述两项荣誉称号的按最高奖项计分，不重复计分。“国家级荣誉称号”的工程奖仅限于在本地区承建的工程。

(4) 评标时上述奖项得分可用于计算，但最高得分为15分。

6. 企业及项目经理资质等级最高5分

(1) 企业资质等级得分：

A. 一级施工资质3分；

B. 二级施工资质2分；

C. 三级施工资质1分。

(2) 项目经理等级得分：

A. 一级项目经理2分；

B. 二级项目经理1分。

7. 企业遵纪守法状况最高6分

(1) 企业无质量事故处罚记录的得2分，处罚期内不得分。

(2) 企业无安全事故处罚记录的得2分，处罚期内不得分。企业有质量事故处罚记录的，在受处罚期内不得分。

(3) 企业无违规违纪处罚记录的得2分；企业有违规违纪处罚记录的，在受处罚期内不得分。

四、中标单位的确定

1. 每个评委应对所有有效投标单位按上述评分方法逐项进行打分，各投标单位的得分为所有评委打分的平均值。

2. 获得最高分的投标单位为中标单位。

3. 当出现两个或两个以上投标单位获得最高得分时，由招标单位从中任选一名为中标单位。

8.4.3.3　中标

招标单位应当依据评标委员会的评标报告，并从其推荐的中标候选人名单中确定中标单位，也可以授权评标委员会直接定标。

实行合理低标价法评标的，在满足招标文件各项要求的前提下，投标报价最低的投标单位应当为中标单位，但评标委员会可以要求其对保证工程质量、降低工程成本拟采用的技术措施做出说明，并据此提出评价意见，供招标单位定标时参考；实行综合评议法，得票最多或者得分最高的投标单位应当为中标单位。

评标委员会经评审认为所有投标都不符合招标文件要求的，可以否决所有投标。依法必须进行招标的项目的所有投标被否决的，招标人应当依照《招标投标法》重新招标。在确定中标人前，招标人不得与投标人就投标价格、投标方案等实质性内容进行谈判。

招标单位未按照推荐的中标候选人排序确定中标单位的，应当在其招标投标情况的书面报告中说明理由。

中标人确定后，招标人应当向中标人发出中标通知书，并同时将中标结果通知所有未中标的投标人。中标通知书对招标人和中标人具有法律效力。中标通知书发出后，招标人改变中标结果的，或者中标人放弃中标项目的，应当依法承担法律责任。

自中标通知书发出之日 30 日内，招标单位应当与中标单位签订合同，合同价应当与中标价相一致；合同的其他主要条款应当与招标文件、中标通知书相一致。招标人和中标人不得另行订立背离合同实质性内容的其他协议。

依法必须进行招标的项目，招标人应当自确定中标人之日起 15 日内，向有关行政监督部门提交招标投标情况的书面报告。

中标人应当按照合同约定履行义务，完成中标项目。中标人不得向他人转让中标项目，也不得将中标项目肢解后分别向他人转让。中标人按照合同约定或者经招标人同意，可以将中标项目的部分非主体、非关键性工程分包给他人完成。接受分包的人应当具备相应的资格条件，并不得再次分包。中标人应当就分包项目向招标人负责，接受分包的人就分包项目承担连带责任。

中标后，除不可抗力外，中标单位拒绝与招标单位签订合同的，招标单位可以不退还其投标保证金，并可以要求赔偿相应的损失；招标单位拒绝与中标单位签订合同的，应当双倍返还其投标保证金，并赔偿相应的损失。

中标单位与招标单位签订合同时，应当按照招标文件的要求，向招标单位提供履约保证。履约保证可以采用银行履约保函（一般为合同价的 5%～10%）或其他担保方式（一般为合同价的 10%～20%）。招标单位应当向中标单位提供工程款支付担保。

8.5　招标管理及代理

建设工程招标投标涉及各行各业和部门，为了维护建筑市场的统一性、竞争有序性和开放性，国家明确指定统一归口建设行政主管部门——住房和城乡建设部。在住房和城乡建设部的统一监管下，省、市、县三级建设行政主管部门对所辖行政区内的建设工程招标投标实行分级管理。

1. 住房和城乡建设部的主要职责

住房和城乡建设部负责全国建设工程招标投标的管理工作，其主要职责是：

（1）贯彻执行国家有关建设工程招标投标的法律、法规和方针、政策，制定招标投标的规定和办法。

（2）指导、检查各地区、各部门的招标投标工作。

（3）总结交流招标投标工作的经验，提供相应服务。

（4）维护国家利益，监督重大工程的招标投标活动。

（5）审批全国范围内建设工程招标投标的代理机构。

2. 省、自治区、直辖市的建设行政主管部门的职责

各省、自治区、直辖市的建设行政主管部门负责管理本行政区域内的建设工程招标投标工作，其主要职责是：

（1）贯彻国家有关建设工程招标投标的法规和方针、政策，制定建设工程招标投标实施办法。

（2）监督、检查本行政区域内的有关招标投标活动，总结交流工作经验。

（3）审批咨询、监理等单位代理建设工程招标投标业务的资格。

（4）调解招标投标纠纷。

3. 省、自治区和直辖市下属各级招标投标办事机构（如招标办公室等）的职责

（1）审查招标单位的资质、招标申请书和招标文件。

（2）审查标底。

（3）监督开标、评标、议标和定标。

（4）调解招标投标活动中的纠纷。

（5）处罚违反招标投标规定的行为，否决违反招标投标规定的定标结果。

（6）监督承发包合同的签订和履行。

招标代理机构：中介服务机构是指受当事人的委托，向当事人提供有偿服务，以代理人的身份为委托方（即被代理人）与第三方进行某种经济行为的社会组织，如咨询监理公司、会计师事务所、审计师事务所、律师事务所、资产评估公司、仲裁委员会等。建设工程招标投标中为当事人提供有偿服务的社会中介代理机构包括各种招标公司、招标代理中心、标底编制单位等。他们必须是法人或依法成立的经济组织，并取得建设行政主管部门核发的招标代理、标底编制、工程咨询和监理等资质证书。

鉴于工程建设项目招标的特殊性，从事工程建设项目招标的代理机构还须由国务院（住房和城乡建设部）、省、自治区、直辖市的建设行政主管部门进行资格认定。招标代理机构既不同于政府职能部门，又不同于一般企业。从我国的目前情况看，招标代理机构主要有如下两种类型：

（1）专职招标机构。即经国家授权，具有招标资格，不以赢利为目的，接受政府、金融机构或企业委托，专门从事招标业务的机构。这类机构在接受委托后，介入项目并组织项目招标的全过程，直至结束，并享有此过程中的决策权。

（2）项目招标代理机构。即针对具体的物资采购或项目建设，由项目单位的主管部门或业主负责单位自行组织的机构。这种机构为临时机构，项目招标结束，机构便自行解体。这类机构一般适用于工程项目招标，特别是业主负责制的工程项目，物资采购招标较少采用。

8.6 建筑安装施工合同

合同是适应私有制的商品经济的客观要求而出现的，是商品交换在法律上的表现形式。商品生产产生后，为了交换的安全和信誉，人们在长期的交换实践中逐渐形成了许多关于交换的习惯和仪式，并逐渐成为调整商品交换的一般规则。随着私有制的确立和国家的产生，统治阶级为了维护私有制和正常的经济秩序，把商品交换的习惯和规则用法律形式加以规定，并以国家强制力保障实行。于是商品交换的合同法律形成便应运而生了。古罗马时期合同就受到人们的重视。签订合同必须经过规定的方式，才能发生法律效力。如果合同仪式的术语和动作被遗漏任何一个细节，就会导致整个合同无效。随着商品经济的发展，这种繁琐的形式直接影响到商品交换的发展。在理论和实践上，罗马法逐渐克服了缔约中的形式主义。要物合同和合意合同的出现，标志着罗马法从重视形式转为重视缔约人的意志，从而使商品交换从繁琐的形式中解脱出来，并且成为现代合同自由观念的历史渊源。

合同制在中国古代也有悠久的历史。《周礼》对早期合同的形式有较为详细的规定。判书、质剂、傅别、书契等都是古代合同的书面形式。经过唐、宋、元、明、清各代，法律对合同的规定也越来越系统。合同的传说还有一种说法，现代的合同都写有一式两份，因为以前民间订制合同时就是一张纸，写好后从中间撕开，一人拿一半，有争执的时候在合起来，所以就有了合同和一式两份的说法。最早的时候，合同被称作“书契”，《周易》记述：“上古结绳而治，后世对人易之以书契。”“书”是文字，“契”是将文字刻在木板上。这种木板一分为二，称为左契和右契，以此作为凭证。“书契”就是契约。周代的合同还有种种称谓：“质剂”，长的书契称“质”，购买牛马时所用，短的书契称“剂”，购买兵器以及珍异之物时所用；“傅别”，“傅”指用文字来形成约束力，“别”是分为两半，每人各持一半；“分支”，将书契分为二支。“判”就是将分为两半的书契合二为一，只有这样才能够看清楚契约的本来面目。现在代词汇中的判案、审判、判断、批判等都是由此而来。“合同”即合为同一件书契，这是“合同”一词的本义。今天签订的各种合同都是在纸张上，在古代却是实物。由此看来，古今意义上的合同已不可同日而语。

合同是当事人或当事双方之间设立、变更、终止民事关系的协议。依法成立的合同，受法律保护。广义合同指所有法律部门中确定权利、义务关系的协议，狭义合同指一切民事合同，还有最狭义合同仅指民事合同中的债权合同。《中华人民共和国合同法》第2条：合同是平等主体的自然人、法人、其他组织之间设立、变更、终止民事权利义务关系的协议。婚姻、收养、监护等有关身份关系的协议，适用其他法律的规定。

合同是平等的当事人之间设立、变更、终止民事权利义务关系的协议。合同作为一种民事法律行为，是当事人协商一致的产物，是两个以上的意思表示相一致的协议。只有当事人所做出的意思表示合法，合同才具有法律约束力。依法成立的合同从成立之日起生效，具有法律约束力。《中华人民共和国合同法》由第九届全国人民代表大会第二次会议于1999年3月15日通过，自1999年10月1日起施行。

建设工程合同：建设工程合同是承包人进行工程建设，发包人支付价款的合同。建设工程合同包括工程勘察、设计、施工合同。建设工程合同应当采用书面形式。

施工合同即建筑安装工程承包合同，是发包人和承包人为完成商定的建筑安装工程，明确相互权利、义务关系的合同。建设工程施工合同具有建设工程合同的特征，又具有它自身的特征：建设工程施工合同是双务合同以及有偿合同，也是诺成合同，建设工程施工合同的履行期限比较长，合同履行过程中的社会关系复杂多样。

建设工程施工合同的法律特征：

（1）签订建设工程施工合同，必须以建设计划和具体建设设计文件已获得国家有关部门批准为前提。

签订施工合同须以履行有关法定审批程序为前提，这是由于建设工程施工合同的标的物为建筑产品，需要占用土地，耗费大量的资源，属于国民经济建设的重要组成部分。凡是没有经过计划部门、规划部门的批准，不能进行工程设计，建设行政主管部门不予办理报建手续及施工许可证，更不能组织施工。在施工过程中，如需变更原计划项目功能的，必须报经有关部门审核同意。

（2）承包人主体资格受到严格限制。

建设工程施工合同的承包人，除了在经工商行政管理部门核准的经营范围内从事经营活动外，应当遵守企业资质等级管理的规定，不得越级承揽任务。

（3）签订及履行施工合同受到国家的严格监督管理。

国家对建设工程项目的发包实行招标投标制度。《招标法》第三条规定："中华人民共和国境内进行工程建设项目必须进行招标。第四条规定："任何单位和个人不得将依法必须进行招标的项目化整为零或者以其他方式规避招标。

（4）建设工程施工合同实行备案制度。

《房屋建筑和市政基础设施工程施工招标投标管理办法》第47条规定"订立书面合同7日内，中标人应当将合同送县级以上建设行政主管部门备案"。

在施工过程中，各级建设工程质量监督管理部门还要对工程建设的质量进行全面监督。

8.6.1 建筑设备安装施工合同示范文本

根据我国《合同法》和其他建设工程施工方面的法律、行政法规的规定，借鉴国际上使用的土木工程施工合同条件，尤其是FIDIC土木工程施工合同条件，根据我国建设工程施工领域的实际情况，原建设部和国家工商行政管理局联合印发了《建设工程施工合同（示范文本）》（GF-2017-0201）。

《建设工程施工合同（示范文本）》适用于各类公用建筑、民用建筑、工业厂房、交通设施及线路、管道的施工和设备安装。施工合同示范文本由合同协议书、通用合同条款、专用合同条款三个部分组成，并附有《承包人承揽工程项目一览表》、《发包人供应材料设备一览表》和《房屋建筑工程质量保修书》三个附件。

第一部分是"合同协议书"，是施工合同的核心部分。它主要规定了合同中的工程概况、工程承包范围、合同工期、质量标准、合同价款、组成合同的文件、承包人对发包人的承诺、发包人对承包人的承诺、合同生效等这些合同当事人双方权利和义务的主要内容，而且当事人双方在这一部分文件上要签字盖章。

第二部分是"通用合同条款"，属于施工合同的共性条款，适用于各类工程项目的建筑安装，对当事人双方的权利和义务做出了详细规定，除了双方通过协商一致在专用条款中对某些条款做出修改、补充或取消外，当事人都需要履行。

通用合同条款共计 20 条，具体条款分别为：一般约定、发包人、承包人、监理人、工程质量、安全文明施工与环境保护、工期和进度、材料与设备、试验与检验、变更、价格调整、合同价格、计量与支付、验收和工程试车、竣工结算、缺陷责任与保修、违约、不可抗力、保险、索赔和争议解决。

第三部分是“专用合同条款”，属于施工合同的个性条款。由于具体的工程项目都有自身的特点、性质和内容，再加上每个工程项目的环境和条件也不相同，发包人与承包人的能力也有差异性，所以仅有“通用条款”不能满足每个具体工程项目的需要，必须配以“专用条款”，当事人双方可以在协商一致的基础上对某些条款进行修改或补充，使第二部分和第三部分的条款成为双方统一意愿的体现。

在使用专用合同条款时，应注意以下事项：

(1) 专用合同条款的编号应与相应通用合同条款的编号一致；

(2) 合同当事人可以通过对专用合同条款的修改，满足具体建设工程的特殊要求，避免直接修改通用合同条款；

(3) 在专用合同条款中有横道线的地方，合同当事人可针对相应的通用合同条款进行细化、完善、补充、修改或另行约定；如无细化、完善、补充、修改或另行约定，则填写“无”或划“/”。

施工合同文本中的三个附件是对当事人双方权利义务的详细表明，便于在施工中执行和管理。

8.7 建设工程施工合同文件的组成及解释原则

建设工程施工合同文件应由两大部分组成：一部分是当事人双方签订合同时已经形成的文件；另一部分是双方在履行合同过程中形成的对双方具有约束力的补充合同文件。

第一部分的文件包括：

(1) 施工合同协议书；

(2) 中标通知书；

(3) 投标书及其附件；

(4) 施工合同专用条款；

(5) 施工合同通用条款；

(6) 标准、规范及有关技术文件；

(7) 图纸；

(8) 工程量清单；

(9) 工程报价单或预算书。

第二部分文件主要包括在合同履行过程中，当事人双方有关工程项目的洽商、变更等书面协议或文件。

以上建设工程施工合同文件，原则上应当能够互相解释、互相说明。当出现含糊不清或不一致的情况时，应以上述合同文件的序号为优先解释顺序。在合同履行过程中，双方当事人协商一致的洽商、变更等书面文件是协议书的组成部分，具有首先解释的效力。如果双方当事人对这种解释原则有异议，也可自行约定一种新的解释原则，并写在“专用条款”中。

8.7.1 建设工程施工合同的三大控制条款

建设工程施工合同的三大控制条款主要包括进度控制条款、质量控制条款、投资控制条款，它是施工合同的重要组成部分，也是双方当事人的主要权利和义务。

1. 进度控制

(1) 进度计划

承包人应按专用条款约定的日期，将施工组织设计和工程进度计划提交监理工程师。监理工程师接到承包人提交的进度计划后，应当按专用条款约定的时间给予确认或提出修改意见。如果监理工程师逾期不确认也不提出书面意见，视为已经同意。

承包人必须按照监理工程师确认后的进度计划组织施工，接受监理工程师对进度的检查和监督。一般情况下，监理工程师每月检查一次承包人的进度计划与执行情况，由承包人提交一份上月进度计划实际执行情况和本月的施工计划，必要时也可以进行现场实地检查。

工程实际进度与经确认后的进度计划不符时，承包人应按监理工程师的要求提出改进措施，经监理工程师确认后执行。因承包人的原因导致实际进度与进度计划不符，承包人无权就改进措施提出追加合同价款。如果采取改进措施后，工程实际进度赶上了进度计划，承包人仍可按原进度计划组织施工。如果采取改进措施后，工程实际进度仍明显与进度计划不符，监理工程师可要求承包人修改原进度计划，并经监理工程师确认后实施。但这种确认并不是监理工程师对工程延期的批准，承包人仍应承担相应的违约责任。

(2) 开工及延期开工

承包人应当按照协议书约定的开工日期开工。

承包人不能按时开工，应当不迟于协议书约定的开工日期前 7 天，以书面形式向监理工程师提出延期开工的理由和要求。监理工程师应当在接到延期开工申请后 48 小对内以书面形式答复承包人。监理工程师在接到延期开工申请后 48 小时内不答复，视为同意承包人的要求，工期相应顺延。如果监理工程师不同意延期要求或承包人未在规定时间内提出延期开工要求，工期不予顺延。

因发包人原因不能按协议书约定的开工日期开工，监理工程师应以书面形式通知承包人推迟开工日期。发包人赔偿承包人因延期开工造成的损失，并相应顺延工期。

(3) 暂停施工

工程项目在施工过程中，有些主观的或客观的情况发生，往往会导致工程的暂停施工。监理工程师认为确有必要暂停施工时，应当以书面形式要求承包人暂停施工，并在提出要求后 48 小时内提出书面处理意见。承包人应当按监理工程师要求暂停施工，并妥善保护已完工程。承包人实施监理工程师做出的处理意见后，可以书面形式提出复工要求，监理工程师应当在 48 小时内给予答复。监理工程师未能在规定时间内提出处理意见，或收到承包人复工要求后 48 小时内未予答复，承包人可自行复工。

因发包人原因造成停工的，由发包人承担所发生的追加合同价款，赔偿承包人由此造成的损失，相应顺延工期；因承包人原因造成停工的，由承包人承担所发生的费用，工期不予顺延。

由发包人承担责任的暂停施工的主要原因有：发包人不按合同规定及时向承包人支付工程预付款；发包人不按合同规定及时向承包人支付工程进度款且双方又未达成延期付款协议；施工中发现有价值的文物或构筑物；施工中发生不可抗力的事件等。

（4）工期延误

承包人应当按照施工合同约定的时间完成工程施工任务，如果是由于承包人自身原因造成的工期延误，应当由承包人承担违约责任。但有些情况下的工期延误，属于发包人违约或者应当由发包人承担的风险，经监理工程师确认后，工期可以相应顺延：

1）发包人未能按专用条款的约定提供图纸及开工条件；

2）发包人未能按约定日期支付工程预付款、进度款，致使施工不能正常进行；

3）监理工程师未按合同约定提供所需的指令、批准等，致使施工不能正常进行；

4）设计变更和工程量增加；

5）一周内非承包人原因停水、停电、停气造成停工累计超过8h；

6）不可抗力；

7）专用条款中约定或监理工程师同意工期顺延的其他情况。

承包人在以上工期可以顺延的情况发生后14天内，就延误的工期以书面形式向监理工程师提出报告。监理工程师在收到报告后14天内予以确认，逾期不予确认也不提出修改意见，视为同意顺延工期。经监理工程师确认的顺延工期应纳入合同工期作为合同工期的一部分。

2. 质量控制

（1）材料设备供应

建设工程施工过程中的材料设备供应的质量控制，是整个工程质量控制的基础，所以材料设备的供应不仅应符合建设工程施工合同的约定，而且还须与国家或现行行业有关材料设备的技术标准一致，从看样、订货、包装、储存、运输到核验，都必须严格把关。无论是发包人供应材料设备，还是承包人采购材料设备，都必须是具备相应法定条件的正规生产厂家生产的建筑材料、构配件和设备。

1）发包人供应材料设备

施工合同约定实行发包人供应材料设备的，双方应当约定发包人供应材料设备一览表。一览表包括发包人供应材料设备的品种、规格、型号、数量、单价、质量等级、提供时间和地点等内容。

发包人应当严格按照一览表约定的内容提供材料设备，并向承包人提供产品合格证明，对提供的材料设备质量负责。发包人在所供材料设备到货前24h，以书面形式通知承包人，由承包人派人与发包人共同清点。经双方共同验收后由承包人负责妥善保管，发包人支付相应的保管费用。因承包人原因发生丢失损坏，由承包人负责赔偿。但是，如果发包人未通知承包人清点，承包人不负责材料设备的保管，丢失损坏由发包人负责。

发包人供应的材料设备与一览表不符时，发包人承担有关责任。发包人应承担有关责任的具体内容，双方根据下列情况在专用条款内约定：

① 材料设备单价与一览表不符时，由发包人承担所有价差；

② 材料设备的品种、规格、型号、质量等级与一览表不符时，承包人可拒绝接受保

管，由发包人运出施工场地并重新采购；

③ 发包人供应的材料规格、型号与一览表不符时，经发包人同意，承包人可代为调剂串换，由发包人承担相应费用；

④ 到货地点与一览表不符时，由发包人负责运至一览表指定地点；

⑤ 供应数量少于一览表约定的数量时，由发包人补齐，多于一览表约定数量时，发包人负责将多出部分运出施工场地；

⑥ 到货时间早于一览表约定时间，由发包人承担因此发生的保管费用；到货时间迟于一览表约定的供应时间，发包人赔偿由此造成的承包人损失，造成工期延误的，相应顺延工期。

发包人供应的材料设备使用前，由承包人负责检验或试验，不合格的不得使用，检验或试验费用由发包人承担。如果材料设备在检验或试验合格后已经使用，而后又发现材料设备有质量问题，仍然由发包人承担重新采购及拆除重建的追加合同价款，并相应顺延因此延误的工期。

2）承包人采购材料设备

建设工程施工合同应在专用条款内约定哪些材料设备由承包人负责采购。承包人负责采购的材料设备，应当由承包人选择生产厂家或者供应商，发包人无权指定生产厂家或者供应商。

承包人负责采购材料设备的，应按专用条款约定及设计和有关标准要求采购，并提供产品合格证明，对材料设备质量负责。承包人在材料设备到货前24h通知监理工程师清点，清点验收后由承包人负责妥善保管，保管费由承包人承担。承包人采购材料设备与设计标准不符时，承包人应按监理工程师要求的时间运出施工场地，重新采购符合要求的产品，并承担由此发生的费用，由此延误的工期不予顺延。

承包人采购的材料设备使用前，承包人应按监理工程师的要求进行检验或试验，不合格的不得使用，检验或试验费用由承包人承担。监理工程师发现承包人采购并使用不符合设计或标准要求的材料设备时，应要求承包人负责修复、拆除或重新采购，并承担发生的费用，由此延误的工期不予顺延。

原则上，承包人在工程施工中是不得随意使用代用材料的，承包人认为确实需要使用代用材料时，应经监理工程师认可后才能使用，由此增减的合同价款由双方当事人以书面形式确定。

（2）工程质量

承包人应当严格按施工合同约定的工程质量组织施工，使工程质量达到协议书约定的质量标准，质量标准的评定以国家或行业，甚至是国际质量检验评定标准为依据。

因承包人原因造成工程质量达不到约定的质量标准，承包人承担相应的违约责任。双方当事人对工程质量有争议时，由双方同意的工程质量检测机构鉴定，所需费用及因此造成的损失，由责任方承担。双方都有责任，由双方根据其责任分别承担相应的费用和损失。

1）施工中的检查和返工

在工程项目施工过程中，发包人委托的监理机构的工作人员有权对工程进行检查检验，一旦发现工程的某一部分达不到约定的质量标准，可要求承包人返工。

承包人应认真按照约定的标准、规范和设计图纸要求以及监理工程师发出的指令施工，随时接受监理工程师的检查检验，并为检查检验提供便利条件。工程质量达不到约定标准的部分，监理工程师一经发现，应要求承包人拆除和重新施工，承包人应按监理工程师的要求拆除和重新施工，直到符合约定标准。因承包人原因达不到约定标准，由承包人承担拆除和重新施工的费用，工期不予顺延。

监理工程师的检查检验不应影响施工正常进行。如果影响施工正常进行，检查检验不合格时，影响正常施工的费用由承包人承担；除此之外影响正常施工的追加合同价款由发包人承担，相应顺延工期。因监理工程师指令失误或其他非承包人原因发生的追加合同价款，也由发包人承担。

2）隐蔽工程和中间验收

工程项目在施工期间会有一些工程需要隐蔽后才能继续施工，而隐蔽工程在施工中一旦完成隐蔽，很难进行质量检查，所以在工程隐蔽之前就要进行工程验收。发包人在签订合同时，应当在专用条款中约定隐蔽工程的名称、验收时间和质量要求等内容。

工程具备隐蔽条件或达到专用条款约定的中间验收部位，承包人进行自检，并在隐蔽或中间验收前48h以书面形式通知监理工程师验收。通知内容包括隐蔽或中间验收的内容、验收的时间和地点。承包人准备验收记录，验收合格，监理工程师在验收记录上签字后，承包人可以进行隐蔽和继续施工。验收不合格，承包人在监理工程师限定的时间内修改后重新验收。

监理工程师不能按时进行验收的，在验收前24h以书面形式向承包人提出延期要求，延期不能超过48h。监理工程师未能按以上时间提出延期要求，不进行验收，承包人可自行组织验收，监理工程师应承认验收记录。

经监理工程师验收，工程质量符合标准、规范和设计图纸等要求，验收24h内监理工程师应在验收记录上签字。监理工程师在验收24h后不在验收记录上签字，视为监理工程师已经认可验收记录，承包人可进行工程隐蔽或继续施工。

3）重新验收

无论监理工程师是否进行验收，当其要求对已经隐蔽的工程重新验收时，承包人应按要求进行剥露或开孔，并在验收后重新覆盖或修复。验收合格，发包人承担由此发生的全部追加合同价款，赔偿承包人损失，并相应顺延工期；验收不合格，承包人承担发生的全部费用，工期不予顺延。

4）工程试车

需要进行试车的工程项目，发包人与承包人在施工合同专用条款中应予以约定，而且试车内容应当与承包人承包的安装范围相一致。

① 单机无负荷试车

设备安装工程具备单机无负荷试车条件，承包人组织试车，并在试车前48h以书面形式通知监理工程师。通知内容包括试车内容、时间、地点。承包人准备试车记录，发包人根据承包人要求为试车提供必要条件。试车合格，监理工程师在试车记录上签字。

监理工程师不能按时参加试车，须在开始试车前24h以书面形式向承包人提出延期要求，延期不能超过48h。监理工程师未能按以上时间提出要求，不能参加试车，应承认试车记录。

② 无负荷联动试车

设备安装工程具备无负荷联动试车条件，发包人组织试车，并在试车前48h以书面形式通知承包人。通知包括试车内容、时间、地点和对承包人的要求，承包人按要求做好准备工作。试车合格，双方在试车记录上签字。

③ 试车双方的责任

(a) 由于设计原因试车达不到验收要求，发包人应要求设计单位修改设计，承包人按修改后的设计重新安装。发包人承担修改设计、拆除及重新安装的全部费用和追加合同价款，工期相应顺延。

(b) 出于设备制造原因试车达不到验收要求，由该设备采购一方负责重新购置或修理，承包人负责拆除和重新安装。设备由承包人采购的，由承包人承担修理或重新采购、拆除及重新安装的费用，工期相应顺延。

(c) 由于承包人施工原因试车达不到验收要求，承包人按监理工程师的要求重新安装和试车，并承担重新安装和试车的费用，工期不予顺延。

(d) 监理工程师在试车合格后不在试车记录上签字，试车结束24h后，视为监理工程师已经认可试车记录，承包人可以继续施工或办理竣工手续。

(e) 试车费用除已包括在合同价款之内或专用条款另有约定外，均由发包人承担。

(f) 投料试车应在工程竣工验收后由发包人负责，如发包人要在竣工验收前进行或需要承包人配合时，应征得承包人同意，另行签订补充协议。

3. 投资控制

(1) 施工合同价款的约定及调整

1) 施工合同价款的约定

建设工程施工合同价款应当是由双方当事人在协议书内约定的。招标工程的合同价款由发包人和承包人依据中标通知书中的中标价格在协议书内约定。非招标工程的合同价款由发包人和承包人依据工程预算书在协议书内约定。合同价款在协议书内约定后，任何一方当事人不得擅自改变。

建设工程施工合同规定，下列三种确定价款的方式，双方当事人可在专用条款内约定采用一种；

① 固定价格合同。即双方在专用条款内约定合同价款包含的风险范围和风险费用的计算方法，在约定的风险范围内合同价款不再调整。风险范围以外的合同价款调整方法，应当在专用条款内约定。

固定价格合同包括总价合同和单价合同。固定总价合同比较适用于中小型工程项目，而且要求招标文件和合同条件应详细确定。我国的很多工程项目采用固定总价合同。固定单价合同比较适合于大型工程项目，而且相对于固定总价合同来讲，它的更容易规避风险，因为它可以把工程施工中遇到的风险分散到各分部分项工程中占，只要措施得当，就可以降低或者避免风险。

② 可调价格合同。即合同价款可依据双方的约定而调整，双方在专用条款内约定合同价款的调整因素和调整方法。

可调价格合同也应当包括总价合同和单价合同。可调总价合同比较适用于中小型工程项目，因为计算总价比较方便和容易。可调单价合同比较适用于大型工程项目，它可以分部分项列出合同单价，然后按其工程量多少计算其总价。

③ 成本加酬金合同。即由发包人向承包人支付工程项目的实际成本，并按事先约定的某一种方式支付酬金的合同类型。也就是说，合同价款包括成本和酬金两部分，双方在专用条款内约定成本构成和酬金的计算方法。相对于固定价格合同和可调价格合同来说，成本加酬金合同在工程项目中采用得较少，因为这种合同价款的风险全部出发包人承担，承包人可以不承担任何风险，只是得到的酬金高低问题，所以它比较适合于特别小或者特别复杂、紧急的工程项目，以及大型工程实施中附加的小型工程项目等。

2）可调价格合同中合同价款的调整因素和程序

可调价格合同中合同价款的调整因素包括：

① 法律、行政法规和国家有关政策变化影响合同价款；

② 工程造价管理部门公布的价格调整；

③ 一周内非承包人原因停水、停电、停气造成停工累计超过 8h；

④ 双方约定的其他因素。

承包人应当在合同价款的调整因素发生后 14 天内，将调整原因、金额以书面形式通知工程师，工程师确认调整金额后作为追加合同价款，与工程款同期支付。监理工程师收到承包人通知后 14 天内不予确认也不提出修改意见的，视为已经同意该项调整。

（2）工程预付款

实行工程预付款的施工合同，双方应当在专用条款内约定发包人向承包人预付工程款的时间和数额，开工后按约定的时间和比例逐次扣回。预付时间应不迟于约定的开工日期前 7 天。发包人不按约定预付工程款，承包人可在约定预付时间 7 天后向发包人发出要求预付的通知，发包人收到通知后仍不能按要求预付的，承包人可在发出通知后 7 天停止施工，发包人应从约定应付之日起向承包人支付应付款的同期银行贷款利息，并承担违约责任。

（3）工程量的确认

工程款支付的前提是对承包人已完成工程量的核实确认。承包人应按专用条款约定的时间，向监理工程师提交已完成工程量的报告。报告应当包括完成工程量报审表以及作为其附件的完成工程量统计报表、项目的名称和简要说明。监理工程师接到报告后 7 天内按设计图纸核实已完工程量（以下简称计量），并在计量前 24h 通知承包人，承包人为计量提供便利条件并派人参加。承包人收到通知后不参加计量的，监理工程师的计量结果有效，作为工程价款支付的依据。

监理工程师收到承包人报告后 7 天内未进行计量，从第 8 天起，承包人报告中开列的工程量即视为被确认，作为工程价款支付的依据。监理工程师不按约定时间通知承包人，致使承包人未能参加计量的，计量结果无效。

对承包人超出设计图纸范围和因承包人原因造成返工的工程量，监理工程师不予计量。

（4）工程款（进度款）支付

1）工程款（进度款）的支付方式

① 按月结算。即实行旬末或月中预支，月末结算，竣工后清算的方式。适合于各类工程项目。

② 竣工后一次结算。即实行工程价款每月月中预支，竣工后一次结算的方式，适合于施工期较短或施工合同价格较低的工程项目。

③ 分段结算。即实行按照工程进度划分不同阶段进行结算的方式。适合于当年开工，当年不能竣工的单项工程或单位工程。

④ 其他结算方式。发包人和承包人也可通过协商约定采用其他结算方式，但必须征得开户银行的同意。

2）工程款（进度款）支付的程序和责任

在确认计量结果后 14 天内，发包人应向承包人支付工程款（进度款）。按约定时间发包人应扣回的预付款，与工程款（进度款）同期结算。可调价格合同中调整的合同价款和设计变更调整的合同价款及其他合同条款中约定在施工过程中的追加合同价款，也应与工程款（进度款）同期调整支付。

发包人超过约定的支付时间不支付工程款（进度款）时，承包人可向发包人发出要求付款的通知，发包人收到承包人通知后仍不能按要求付款的，可与承包人协商签订延期付款协议，经承包人同意后可延期支付。协商应明确延期支付的时间和从计量结果确认后第 15 天起计算应付款的贷款利息。发包人不按合同约定支付工程款（进度款），双方又未达成延期付款协议，导致施工无法进行的，承包人可停止施工，由发包人承担违约责任。

建设工程在施工期间，变更是经常发生的，监理工程师应尽可能采取相应措施减少工程变更的发生，因为工程变更往往对施工进度会有很大影响，如果确有必要进行工程变更，也应当按照国家的有关规定和双方当事人的合同约定的程序进行。

① 工程设计变更

（a）发包人对原工程设计的变更。施工过程中发包人需要对原工程设计进行变更，应提前 14 天以书面形式向承包人发出变更通知。变更超过原工程设计标准或批准的建设规模时，发包人应报规划管理部门或其他有关部门重新审查批准，并由原设计单位提供变更的相应图纸和说明。承包人按照监理工程师发出的变更通知及有关要求进行工程变更，并继续组织施工。因变更导致合同价款的增减及造成的承包人损失，由发包人承担，延误的工期相应顺延。

（b）承包人要求对原工程设计的变更。施工过程中承包人不得对原工程设计进行变更，因承包人擅自变更设计发生的费用和由此导致发包人的直接损失，由承包人承担，延误的工期不予顺延。

承包人在施工过程中提出的合理化建议涉及对设计图纸或施工组织设计的更改及对材料、设备的换用，须经监理工程师同意。监理工程师同意后还要报请发包人，由发包人报规划部门或其他有关部门重新审查批准，再由原工程设计单位提供变更的相应图纸和说明之后，承包人可按变更后的设计和说明继续组织施工。

因变更导致的合同价款的增减及造成承包人的损失，由发包人承担，延误的工期相应顺延。如果未经监理工程师同意，承包人擅自更改设计或换用材料设备，承包人承担由此发生的费用，并赔偿发包人的有关损失，延误的工期不予顺延。

② 其他变更

在施工合同履行过程中，发包人要求变更工程质量标准及发生其他实质性的变更时，由发包人与承包人协商解决，并达成书面补充协议，作为施工合同协议书的组成部分。如果发包人提高工程质量标准要求，必须增加合同价款和延长工期。

③ 确定变更价款

(a) 确定变更价款的程序。承包人在工程变更确定后 14 天内提出变更工程价款的报告，经监理工程师同意后调整合同价款。承包人在双方确定变更后 14 天内不向监理工程师提出变更工程价款报告的，视为该项变更不涉及合同价款的变更。监理工程师应在收到变更工程价款报告之日起 14 天内予以确认，监理工程师无正当理由不确认时，自变更工程价款报告送达之日起 14 天后视为变更工程价款报告已被确认。

监理工程师确认增加的工程变更价款作为追加合同价款，与工程款（进度款）同期支付。工程师不同意承包人提出的变更价款时，按照施工合同约定的争议解决方法处理。因承包人自身原因导致的工程变更，承包人无权提出变更工程价款报告，并无权要求追加合同价款。

(b) 确定变更价款的方法：

a) 合同中已有适用于变更工程的价格的，按合同已有的价格变更合同价款；

b) 合同中只有类似于变更工程的价格的，可以参照类似的价格变更合同价款；

c) 合同中没有适用或类似于变更工程的价格的，由承包人提出适当的变更价格，经工程师确认后执行。

4. 竣工验收与结算

承包人必须按照协议书约定的竣工日期或监理工程师同意顺延的工期竣工。因承包人原因不能按照协议书约定的竣工日期或监理工程师同意顺延的工期竣工的，承包人承担违约责任。

(1) 工程竣工验收程序

工程具备竣工验收条件，承包人按国家工程竣工验收有关规定，向发包人提供完整竣工资料及竣工验收报告。双方当事人约定由承包人提供竣工图的，应当在专用条款内约定提供的日期和份数。

发包人收到承包人提供的竣工验收报告后 28 天内组织有关单位验收，并在验收后 14 天内给予认可或提出修改意见。承包人按要求进行修改，并承担由自身原因造成修改的费用。

发包人收到由承包人送交的竣工验收报告后 28 天内不组织验收，或验收后 14 天内不提出修改意见，视为竣工验收报告已被认可。发包人收到承包人竣工验收报告后 28 天内不组织验收，从第 29 天起承担工程保管及一切意外责任。

工程竣工验收通过，承包人送交竣工验收报告的日期为实际竣工日期。工程按发包人要求修改后通过竣工验收的，实际竣工日期为承包人修改后提请发包人验收的日期。

中间交工工程的范围和竣工时间，双方当事人应在专用条款内约定，其验收程序也按照以上工程竣工验收程序办理。

工程未经竣工验收或竣工验收未通过的，发包人不得使用。用时，由此发生的质量问题及其他问题，由发包人承担责任。

(2) 发包人要求承包人提前竣工

工程项目施工过程中，发包人如果要求承包人提前竣工，应当与承包人进行协商，协商一致后双方签订提前竣工的协议，作为施工合同文件的组成部分。发包人应为承包人赶工提供方便条件，并增加赶工措施费，作为追加合同价款。

提前竣工协议应包括的内容有：

1）提前的时间；

2）承包人采取的赶工措施；

3）发包人为赶工提供的条件；

4）承包人为保证工程质量采取的措施；

5）提前竣工所需的追加合同价款等。

（3）甩项工程竣工

因特殊原因，发包人要求部分单位工程或工程部位甩项竣工的，双方当事人应当另行签订甩项竣工协议，明确双方当事人的责任和工程价款的支付方法。

（4）竣工结算

1）竣工结算的程序

工程竣工验收报告经发包人认可后28天内，承包人向发包人递交竣工结算报告及完整的结算资料，双方当事人按照协议书约定的合同价款及专用条款约定的合同价款调整内容，进行工程竣工结算。

发包人收到承包人递交的竣工结算报告及结算资料后28天内进行核实，给予确认或者提出修改意见。发包人确认竣工结算报告后通知经办银行向承包人支付工程竣工结算价款。承包人收到竣工结算价款后14天内将竣工工程交付发包人。

2）发包人不支付工程结算价款的违约责任

发包人收到竣工结算报告及结算资料后28天内无正当理由不支付工程竣工结算价款的，从第29天起按承包人同期银行贷款利率支付拖欠工程价款的利息，并承担违约责任。发包人收到竣工结算报告及结算资料后28天内不支付工程竣工结算价款的，承包人可以催告发包人支付结算价款。发包人在收到竣工结算报告及结算资料后56天内仍不支付的，承包人可以与发包人协议将该工程折价，也可以由承包人申请人民法院将该工程依法拍卖，承包人就该工程折价或者拍卖的价款优先受偿。

3）承包人未能及时递交竣工结算报告及资料的责任

工程竣工验收报告经发包人认可后28天内，承包人未能向发包人递交竣工结算报告及完整的结算资料，造成工程竣工结算不能正常进行或工程竣工结算价款不能及时支付，发包人要求交付工程的，承包人应当交付；发包人不要求交付工程的，承包人承担保管责任。

发包人和承包人对工程竣工结算价款发生争议时，如果当事人有仲裁协议的，可以向合同中约定的仲裁机构申请仲裁；没有仲裁协议的，任何一方当事人可以向人民法院起诉，由法院做出判决。

8.7.2 建设工程施工合同的其他条款

建设工程施工合同除了具有进度控制、质量控制和投资控制的条款规定外，还有其他一些相关的条款规定，比如合同管理、信息管理、安全管理等方面的条款，尤其是施工合同的监督管理，既会影响到合同的签订和履行，也会涉及各方当事人的权益。因此，施工合同的监督管理，不仅包括各级工商行政管理机关、建设行政主管部门、金融机构的监督，还包括发包单位、监理单位、承包单位各自对施工合同的管理。

建设工程施工合同的签订，基本上都是发包人对承包人进行了全面考察、审查、投标、评标等一系列活动之后选中的，这就意味着发包人对承包人的信任。因此，发包人与承包人一旦签订了施工合同，发包人就希望承包人以自身的力量和能力完成发包人委托的施工任务，绝不允许将工程任务转包，也尽可能地不要将一些工程任务分包。

1. 工程转包

工程转包是指承包人不行使其管理职能，不承担技术经济责任，将所承包的工程倒手转给他人承包的行为。我国的《建筑法》和《招标投标法》以及其他建设工程法律法规，都明确指出工程转包属于违法行为，绝不允许承包人将其承包的全部工程转包给他人，也不允许将其承包的全部工程肢解后以分包的名义分别转包给他人。具体的转包行为有：

（1）承包人将承包的工程全部包给其他施工单位，从中提取回扣；

（2）承包人将工程的主要部分转包给其他单位；

（3）承包人将群体工程中半数以上的单位工程包给其他施工单位；

（4）分包单位将承包的工程再次分包给其他单位。

2. 工程分包

工程分包是指施工合同有约定或经发包人认可，工程承包人将承包的工程中的部分工程包给其他人的行为。我国的建设工程法律法规明确规定工程分包是允许的，但不能违反有关规定和当事人约定的分包范围。承包人必须自行完成建设工程项目的主要部分，只能将工程的非主要部分或专业性较强的工程分包给具备相应资质和经营条件的、符合工程技术要求的施工单位。

在工程分包时，承包人必须依照施工合同专用条款的约定或发包人的许可，与分包人签订书面分包合同。分包人应对承包人负责，承包人对发包人负责，发包人与分包人之间没有直接的合同关系。

承包人应在分包场地派驻相应的监督管理人员，保证分包合同的履行，因为分包人的任何违约行为、安全事故或疏忽导致工程损害或给发包人造成其他损失，承包人都要承担责任。分包人的工程价款在承包人和分包人之间估算，发包人不得向分包人支付任何工程价款。

3. 施工中专利技术及特殊工艺涉及的费用

建设工程施工中，有时会使用一些专利技术或特殊工艺，这样就要涉及专利技术或特殊工艺的费用承担问题。

发包人要求使用专利技术或特殊工艺，应负责办理相应的申报手续，并承担申报、试验、使用等费用；承包人提出使用专利技术或特殊工艺，应取得监理工程师认可，承包人负责办理申报手续并承担有关费用。

擅自使用专利技术侵犯他人专利权的责任者依法承担相应责任。

4. 施工中发现文物和地下障碍物涉及的费用

在建设施工中发现古墓、古建筑遗址等文物及化石或其他有考古、地质研究等价值的物品时，承包人应立即保护好现场，并在4h内以书面形式通知监理工程师，监理工程师应于收到书面通知后24h内报告当地文物管理部门，发包人和承包人应当按照文物管理部门的要求采取妥善保护措施。发包人承担由此发生的费用，顺延延误的工期。如果发现后隐瞒不报，致使文物遭受破坏，责任人依法承担相应责任。

在建设工程施工中发现影响施工的地下障碍物时，承包人应于8h内以书面形式通知监理工程师，同时提出处置方案，监理工程师收到处置方案后24h内予以认可或提出修正方案。发包人承担由此发生的费用，顺延延误的工期。所发现的地下障碍物有归属单位时，发包人应报请有关部门协同处置。

5. 不可抗力

不可抗力是指合同当事人不能预见、不能避免并不能克服的客观情况。建设工程施工合同中，不可抗力主要包括战争、动乱、空中飞行物坠落或其他非发包人和承包人责任造成的爆炸、火灾，以及专用条款约定的风、雨、雷、雪、洪、地震等自然灾害。

不可抗力事件发生后，承包人应立即通知监理工程师，并在力所能及的条件下迅速采取措施，尽力减少损失，发包人应协助承包人采取措施。监理工程师认为应当暂停施工的，承包人应暂停施工。

不可抗力事件结束后48h内，承包人向监理工程师通报受害情况和损失情况，以及预计清理和修复的费用。不可抗力事件持续发生，承包人应每隔7天向监理工程师报告一次受害情况。不可抗力事件结束后14天内，承包人向监理工程师提交情理和修复费用的正式报告及有关资料。

因不可抗力事件导致的费用及延续的工期由双方按以下方法分别承担：

(1) 工程本身的损害、因工程损害导致第三方人员伤亡和财产损失以及运至施工场地用于施工的材料和待安装的设备的损害，由发包方承担；

(2) 发包人、承包人人员伤亡由其所在单位负责，并承担相应后果；

(3) 承包人机械设备损坏及停工损失，由承包人承担；

(4) 停工期间，承包人应监理工程师要求留在施工场地的必要的管理人员及保卫人员的费用由发包人承担；

(5) 工程所需清理、修复费用，由发包人承担；

(6) 延误的工期相应顺延。

因合同一方延迟履行合同后发生不可抗力的，不能免除延迟履行方的相应责任。

6. 工程保险

在我国的保险制度中，对建设工程保险有专门的规定，当事人可以根据工程需要办理财产保险和人身保险。虽然我国对工程保险没有强制性规定，但是随着建设工程项目管理逐步趋于国际化，再加上各方当事人为了避免和减少不可抗力风险带来的损失，参加工程保险的越来越多。施工合同双方当事人应在专用条款中约定具体投保的内容和相关责任：

(1) 工程开工前，发包人为建设工程和施工场地内的自有人员及第三方人员生命财产办理保险，支付保险费用；

(2) 运至施工场地内用于工程的材料和待安装设备，由发包方办理保险并支付保险费用；

(3) 发包人可以将有关保险事项委托承包人办理，费用由发包人承担；

(4) 承包人必须为从事危险作业的职工办理意外伤害保险，并为施工场地内自有人员生命财产和施工机械设备办理保险，支付保险费用；

(5) 保险事故发生时，发包人和承包人有责任尽力采取必要的措施，防止或减少损失。

7. 履约担保

发包人和承包人为了保证全面履行施工合同，可以互相提供以下担保：

（1）发包人向承包人提供履行担保，按合同约定支付工程价款及履行合同约定的其他义务。

（2）承包人向发包人提供履约担保，按合同约定履行自己的各项义务，保质、保量、保工期地完成工程项目的建设。

发包人或承包人提供履约担保的内容、方式和相互责任，双方除了在施工合同专用条款中约定外，被担保方与担保方还应签订书面担保合同，作为施工合同附件。目前在建设工程领域中，履约担保采用的方式主要是履约保证和履约保证书，保证人主要是银行或保证公司。一方当事人违约后，另一方可要求提供担保的保证人（第三人）承担相应责任。保证人向发包人开具的担保承包人履约的保证书比较常见。

8. 施工合同解除

我国《合同法》规定，依法成立的合同对当事人具有法律约束力。当事人应当按照约定履行自己的义务，不得擅自变更或解除合同。但是在合同订立后或在履行过程中，由于一些主观或客观的原因，合同没有履行或没有完全履行，当事人也可以解除合同。

（1）可以解除施工合同的原因

1）发包人与承包人双方协商一致，可以解除施工合同。

2）发包人不按合同约定支付工程款（进度款），双方又未达成延期付款协议，导致施工无法进行，承包人停止施工超过56天，发包人仍不支付工程款（进度款），承包人有权解除合同。

3）未经发包人同意，承包人将其承包的全部工程转包给他人或者将承包的全部工程肢解以后以分包的名义分别转包给他人，发包人有权解除合同。

4）因不可抗力致使合同无法履行，双方可以解除合同。

5）因发包人原因造成工程停建或缓建，双方可以解除合同。

6）因一方当事人违约致使合同无法履行，双方可以解除合同。

（2）施工合同解除的程序

合同解除有两种情况：一种是双方协议解除合同；另一种是一方当事人主张解除合同。

如果是双方协商解除合同，则发包人和承包人经过协商，意思表示一致，达成书面协议，施工合同即可以解除。

如果是一方当事人主张解除合同，应当以书面形式向对方发出解除合同的通知，并在通知发出的前7天告知对方，通知到达对方时合同解除。对解除合同有争议的，按照施工合同约定的争议解决方式和程序处理。

（3）施工合同解除后的善后处理

合同解除后，承包人应妥善做好已完工程和已购材料、设备的保护和移交工作，按发包人要求将自有机械设备和人员撤出施工场地。发包人应为承包人撤出提供必要条件，支付以上所发生的费用，并按合同约定支付已完工程价款。已经订货的材料、设备由订货方负责退货或解除退货合同，不能退还的货物和因退货、解除订货合同发生的费用，由发包人承担；因未及时退货造成的损失由责任方承担。除此之外，有过错的一方应当赔偿因合同解除给对方造成的损失。

施工合同解除后，不影响双方当事人在合同中约定的结算和清理条款的效力。

9. 施工合同违约、索赔和争议的解决

（1）施工合同的违约责任

施工合同一经订立，就具有法律约束力，发包人和承包人应当按合同约定履行各自的义务。如果发现发包人或承包人不履行合同义务或不按合同约定履行义务，就构成了违约行为，应承担相应的违约责任。

1）发包人的违约行为主要包括：

① 发包人不按时支付工程预付款；

② 发包人不按合同约定支付工程款（进度款），导致施工无法进行；

③ 发包人无正当理由不支付工程竣工结算价款；

④ 发包人不履行合同义务或不按合同约定履行义务的其他行为；

⑤ 合同约定应当由监理工程师完成的工作，监理工程师没有完成或者没有按照约定完成，给承包人造成损失的，也属于发包人的违约行为。

2）发包人承担违约责任的方式

① 赔偿损失。发包人和承包人应在施工合同专用条款中约定赔偿损失的计算方法。当发包人违约时，应当按约定赔偿给承包人造成的经济损失。

② 顺延工期。因发包人违约给承包人造成工期延误的，应当顺延延误的工期。

③ 支付违约金。违约金是具有补偿性和惩罚性双重属性的违约责任形式。双方当事人应在施工合同专用条款中约定违约金的支付比例和计算方法。

④ 继续履行合同。发包人承担了违约责任后，承包人要求继续履行施工合同的，发包人应当继续履行。

3）承包人的违约行为主要包括：

① 因承包人原因不按照协议书约定的竣工日期或监理工程师同意顺延的工期竣工；

② 因承包人原因工程质量达不到协议书约定的质量标准；

③ 承包人不履行合同义务或不按合同约定履行义务的其他行为。

4）承包人承担违约责任的方式

① 赔偿损失。按照施工合同专用条款中约定的赔偿损失计算方法，承包人赔偿因其违约给发包人造成的损失。

② 支付违约金。按照施工合同专用条款的约定，承包人应当支付相应的违约金。

③ 采取补救措施。当施工质量达不到约定的质量标准时，发包人有权要求承包人采取一些合理的补救措施或方法，对工程进行返工、修理、更换等。

④ 继续履行合同。承包人承担了违约责任后，发包人要求继续履行施工合同的，承包人应当继续履行。

（2）施工合同索赔

在施工合同履行中，一方当事人根据法律规定，双方约定对并非由于自己的过错，而是由于应由合同对方承担责任的情况造成的，而且实际发生了损失，可以向另一方当事人提出给予补偿的要求，这就是索赔。当一方向另一方提出索赔时要有正当索赔理由，并且有索赔事件发生的有效证据，否则索赔不能成立。

1）承包人向发包人提出索赔

发包人未能按合同约定履行自己的各项义务或发生错误以及应由发包人承担责任的其他情况，造成工期延误和（或）承包人不能及时得到合同价款及承包人的其他经济损失，承包人可按下列程序以书面形式向发包人索赔：

① 索赔事件发生后28天内，向监理工程师发出索赔意向通知；

② 发出索赔意向通知后28天内，向监理工程师提出延长工期和（或）补偿经济损失的索赔报告及有关资料；

③ 监理工程师在收到承包人送交的索赔报告和有关资料后，于28天内给予答复，或要求承包人进一步补充索赔理由和证据；

④ 监理工程师在收到承包人送交的索赔报告和有关资料后，于28天内未予答复或未对承包人作进一步要求，视为该项索赔已经认可；

⑤ 当该索赔事件持续进行时，承包人应当阶段性向监理工程师发出索赔意向，在索赔事件终了后28天内，向监理工程师送交索赔的有关资料和最终索赔报告。监理工程师收到承包人送交的索赔报告和有关资料后，于28天内给予答复，或要求承包人进一步补充索赔理由和证据，监理工程师在28天内未予答复或未对承包人作进一步要求，视为该项索赔已经认可。

2）发包人向承包人提出索赔

承包人未能按合同约定履行自己的各项义务或发生错误，给发包人造成经济损失，发包人也可在上述索赔程序规定的时限内向承包人提出索赔。

（3）施工合同争议的解决

发包人和承包人在履行合同时发生争议，可以和解或者要求有关主管部门调解。当事人不愿意和解、调解，或者和解、调解不成的，双方可以在专用条款内约定以以下两种方式解决争议：

第一种解决方式：双方达成仲裁协议，向约定的仲裁委员会申请仲裁；

第二种解决方式：向有管辖权的人民法院起诉。

施工合同当事人发生争议后和在解决争议过程中，原则上施工合同应当继续履行，保持施工连续，保护好已完工程，无权将施工停止。只有出现下列情况时，当事人才可停止履行施工合同：

1）单方违约导致合同确已无法履行，双方协议停止施工；

2）调解要求停止施工，且为双方接受；

3）仲裁机构要求停止施工；

4）法院要求停止施工。

8.8 合同管理及相关法规

施工合同管理是指各级主管部门和合同当事人根据法律和自身的职责对合同的订立和履行进行指导、监督、检查和管理。主管部门的管理主要从法律和市场管理的角度出发，执行指导、监督、检查、考核和调解合同纠纷的作用。建设单位对合同的管理体现在合同的前期策划和签订后的监督方面，施工企业是合同内容的主要执行者，要把合同管理转换成企业生产经营机制，建立合同管理制度、制定管理办法和指定管理人员。

施工合同管理的整个过程可分为合同签订和合同履行两个阶段的管理。施工合同签订阶段的管理任务是提出合理的工程报价和签订公平、合理、有利的施工合同。工作内容包括合同类型的选择、投标策略、风险防范、合同分析、合同谈判和签订等方面。合同签订管理是合同履行过程管理的基础。合同履行阶段管理的目标是保证工程进度、质量、造价和双方权益能够实现，施工企业能够获得赢利和信誉。工作内容包括合同分析、合同资料的文档管理、合同事件网络、合同实施控制、合同变更和索赔管理等。

8.8.1 合同管理的特点

合同管理是项目管理的重要组成部分，是项目管理的核心。合同管理贯穿于工程策划和实施的整个过程，完善的合同管理是项目管理中其他管理职能和项目目标实现的重要条件。由工程项目的特点决定合同管理具有下列特征：

（1）由于工程项目的工程量大、施工周期较长、变数多，一般情况下，工程合同的管理期较长、变更多、风险大、管理难度大。

（2）合同内容和条款多、涉及单位多、实施过程参与专业多，合同综合性强。

（3）工程项目造价高、市场竞争激烈，施工合同对经济效益影响大。

8.8.2 合同管理方法

（1）设立专门的合同管理机构和管理人员。合同管理是项目管理中的一个专业管理职能，必须由专业人员组成专门的合同管理机构负责合同管理。

（2）进行合同分析，落实合同责任。通过合同分析和合同交底，落实实施合同时的具体问题，明确各方或各施工小组的责任。用合同指导工程的实施。

（3）建立合同管理工作程序。建立严格的经常性合同管理工作程序，规范合同管理工作，使合同管理有序、协调进行。

（4）建立报告和行文制度。严格的报告和行文制度是合同履行管理和避免纠纷的保证。合同报告和行文都以书面形式，并应有相关机构或人员签收手续。

（5）建立文档管理制度。建立合同文档管理制度，全面、科学、系统地收集、保存合同管理中的大量资料、信息等。

思 考 题

1. 什么是工程招标？招标的条件、原则、招标方式是什么？不同招标方式的使用范围和程序是什么？
2. 什么是工程投标？在编制投标文件中应注意的事项是什么？
3. 什么是施工合同？施工合同的内容和分类是什么？
4. 示范文本中的通用条款、专用条款、协议条款以及附件是什么？
5. 合同的变更和解除程序是什么？
6. 工程索赔和反索赔及其相应内容是什么？

第 9 章　安装工程项目管理与施工

9.1　概　　述

工程项目管理一是指从事工程项目管理的企业（以下简称工程项目管理企业）受业主委托，按照合同约定，代表业主对工程项目的组织实施进行全过程或若干阶段的管理和服务。工程项目管理企业不直接与该工程项目的总承包企业或勘察、设计、供货、施工等企业签订合同，但可以按合同约定，协助业主与工程项目的总承包企业或勘察、设计、供货、施工等企业签订合同，并受业主委托监督合同的履行。工程项目管理的具体方式及服务内容、权限、取费和责任等，由业主与工程项目管理企业在合同中约定。二是指施工企业对工程项目有计划、有步骤地进行高效率的计划、组织、指导和控制过程。

施工项目管理是以工程建设项目为对象，以项目经理责任制为基础，以施工图预算为依据，以承包合同为纽带，以最佳效益为目的，从工程的投标、实施到验收交付使用的全过程中对项目的工期、质量、成本、安全等进行系统计划、组织、协调、控制的管理。施工项目管理同时又是内部施工任务承包管理方式。

9.1.1　施工企业项目管理的工作内容

施工企业项目管理的工作内容主要包括以下两方面：

1. 编制施工组织设计

施工组织设计是施工管理的重要内容，是施工企业在施工前，根据工程项目特点；施工企业自身的技术、装备、管理水平；招投标文件及合同条款等，针对即将实施的工程项目编制的，主要有以下内容：

（1）编制说明及编制依据；

（2）工程概况、特点及本次投标的施工目标（工程项目概况、招标工程概况）；

（3）工程重点及难点；

（4）项目组织管理机构及职责划分；

（5）项目经理及主要管理人员简介及相应资质文件；

（6）施工现场平面布置及说明；

（7）施工段划分及施工程序；

（8）工期、施工进度计划及保证措施，成品、半成品保护措施（为保证工程的工期、质量、安全、文明施工，拟采取的主要特殊措施）；

1）分包计划安排；

2）劳动力数量计划（按不同阶段、不同工种）；

3）施工机械设备计划。

（9）各分项工程施工方案及技术措施要求（包括采用新技术、新工艺的说明；冬雨季等气候条件下施工措施；成品、半成品保护措施）；

（10）质量目标及保证措施、防止质量通病的措施；

（11）安全文明施工保证措施；

（12）相关单位协调配合措施。

施工组织设计是指导工程施工的纲领性文件，该文件由施工企业编写，项目管理单位（监理）审查、审批后执行，要求施工管理人员严格按照批准后的施工组织设计实施管理。

2. 施工现场管理

施工现场管理的基本任务是现场的质量、进度、安全、合同、信息、资料、协调、风险等的管理，施工组织设计经审查通过后，在项目实施前成立项目经理部，配备相应的人员分工合作，相互协调，共同完成整个项目的现场管理工作。

施工现场管理的重要依据是施工组织设计，必须按照施工组织设计内容实行计划管理，这样才能保证项目顺利完成。

9.1.2 安装工程项目计划管理（PDCA）

工程项目计划管理是对工程项目预期目标进行筹划安排等一系列活动的总称。工程项目计划确定了项目实施的目标和实施方案，是工程项目实施的指导文件。工程项目计划管理是通过搜集、整理和分析项目相关信息，分析项目的可行性、规划预期目标及安排实施方案，使人力、材料、机械、资金等各种资源在工程项目实施的全过程得到充分运用，实现预期目标的规划、组织、指导和控制过程。

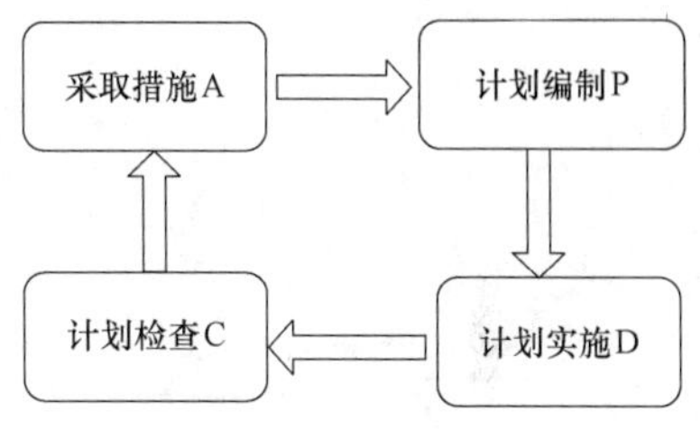

图 9-1 项目计划管理过程

工程项目计划管理可概括成计划编制（P）、计划实施（D）、计划检查（C）和采取措施（A）四个过程，如图 9-1 所示。

9.1.2.1 工程项目计划的内容

1. 项目计划系统

项目计划系统是项目计划编制的纲要，包括项目计划规格和管理计划两部分。项目计划规格是在编制计划前，对项目的设计、设备材料的采购、施工等的技术要求。项目管理计划是对项目各项工作进行计划、组织、协调、控制的计划文件，这些文件中包括各项工作的目标、任务、要求和相应的安排、组织和控制方法等内容。项目计划系统如图 9-2 所示。

2. 工程项目计划的编制程序和内容

（1）工程项目计划编制的程序如图 9-3 所示。

（2）工程项目的总体计划内容：

1）总则：包括工程项目概况，各方的责、权、利，项目管理机构，项目规格标准等。

2）项目的目标和基本原则：项目总目标详细说明，项目组织形式，各方关系和一些特殊规定。

3）项目实施总方案：包括技术方案和管理方案。

4）合同形式：项目合同类型和主要内容要求。

5）进度计划：总进度计划和各项工作进度安排。

6）资源使用：资金、人力、设备、材料等的使用估算、监督、控制的方法和程序。

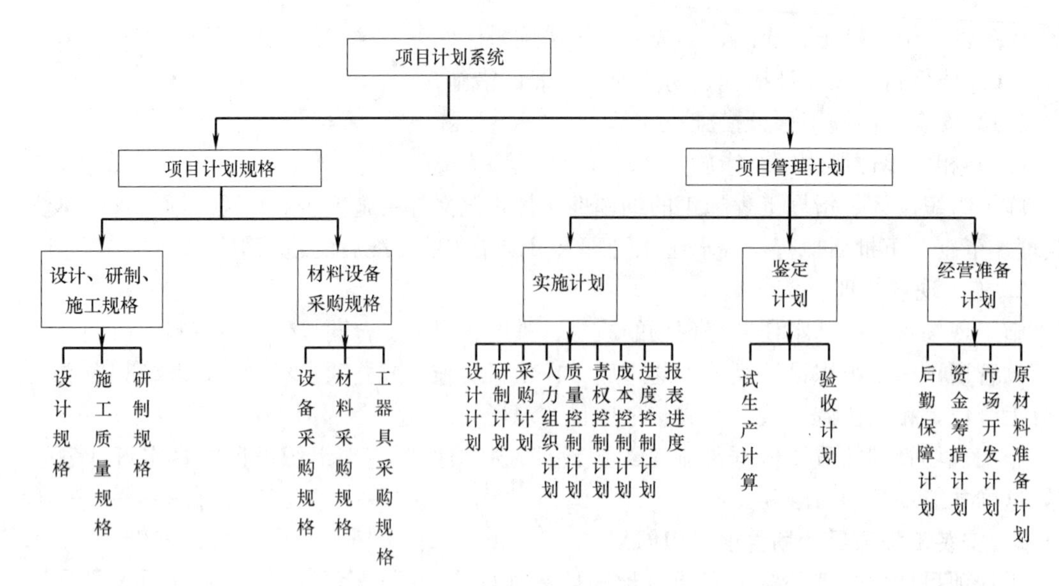

图 9-2　项目计划系统

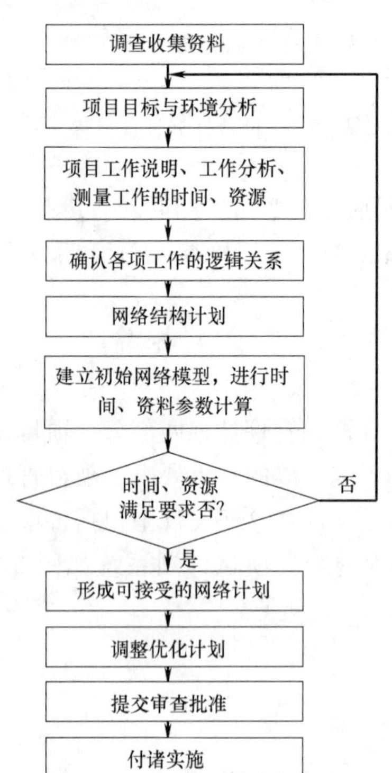

图 9-3　项目计划编制程序

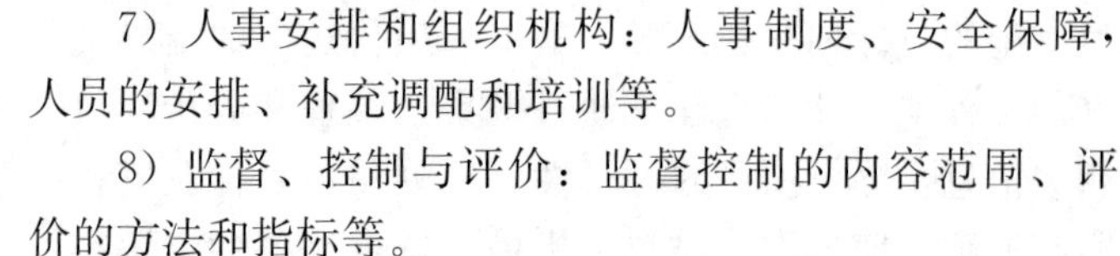

7）人事安排和组织机构：人事制度、安全保障，人员的安排、补充调配和培训等。

8）监督、控制与评价：监督控制的内容范围、评价的方法和指标等。

9）潜在问题：对可能发生的意外事故分析和应急计划。

（3）工程项目的分项计划内容：

1）组织计划：包括组织机构设置计划、生产人员组织计划、协作计划、章程制度计划和信息管理系统计划等，其目的是建立一个稳定、健全、责权明晰的管理机构。

2）综合进度计划：包括总进度计划、设计进度计划、设备供应进度计划、施工进度计划、竣工验收和试生产计划等内容。通过各项进度计划，对各单位的工作进行统一安排和部署，确保长期计划和短期计划、局部计划与整体计划能协调统一。

3）经济计划：包括劳动力工资计划、材料计划、构件及加工半成品需用量计划、项目成本降低计划、资金利用利润计划等。

4）物资供应和设备采购计划：确定物资供应和设备采购的方针、策略、数量、顺序、到货时间和地点等，满足工程施工需要。

5）施工总进度计划和单位工程进度计划：根据综合进度计划的要求，编制施工总进度计划和单位工程进度计划，合理安排各施工项目的先后顺序、开竣工时间和搭接关系，平衡各施工阶段的资源需用量和投资分配。

6）项目质量计划：根据工程要求、施工技术和管理水平确定质量目标和各阶段的质量管理要求。

7）报表计划：规定报表内容和信息范围、报表时间、报表填写负责人和接受对象。

8）应变计划：当产生意外情况时使用的规定和计划。

9）竣工验收计划：明确工程验收的时间、依据、标准、程序和工程移交时间等。

9.1.2.2 建筑安装工程项目组织

项目组织机构设置原则：

（1）在保证满足必要职能的前提下，机构精简，高效精干。

（2）适当划分管理层次，保证管理跨度的科学性，各级管理人员在工作范围内集中精力实施有效管理。

（3）组织管理机构能形成一个完整的系统体系，各职能部门之间形成一个相互制约、相互协调的封闭性有机整体。

（4）因事定岗、按岗定人、以责授权。

（5）适应工程项目变化需要，实行弹性组织机构和管理人员流动制度。

项目组织机构的形式：建设单位的项目管理组织机构形式有工程建设指挥部制、工程监理代理制、交钥匙管理制和建设单位自组织等方式。

工程建设指挥部制是由建设单位或建设单位与设计单位、施工单位及有关主管部门联合组成指挥部，实行指挥部首长负责制，统一指挥施工、设计、物资供应等工作。工程建设指挥部有现场指挥部、常设指挥部和工程联合指挥部等形式。

工程监理代理制是建设单位与施工单位和监理单位分别签订合同，由监理单位代表建设单位对项目实施管理。项目拥有权和管理权分离，由专业监理机构对项目进行管理、监督、控制、协调。工程监理代理制是国际通行的工程管理方式。

交钥匙管理制：由建设单位提出项目使用要求，将项目从设计、设备选型、工程施工验收等全部委托给一家工程总承包公司。

工程承包单位的项目管理组织机构主要形式有：直线职能式、事业部式、混合工程队式、矩阵式等。

1. 直线职能式

直线职能式是直线制与职能制的结合，它是在组织内部既有保证组织目标实现的直线部门，也有按专业分工设置的职能部门。职能部门的作用是作为该级直线领导者的参谋和助手，它不能对下级部门发布命令。这种组织结构形式吸取了直线制和职能制的优点：一方面，各级行政负责人有相应的参谋机构作为助手，以充分发挥其专业管理的作用；另一方面，每一级管理机构又保持了集中统一的指挥。但在实际工作中，直线职能制有过多强调直线指挥，而对参谋职权注意不够的倾向，应该注意规避。直线职能式管理模式如图9-4所示。

优点：

（1）把直线制组织结构和职能制组织结构的优点结合起来，既能保持统一指挥，又能发挥参谋人员的作用；

（2）分工精细，责任清楚，各部门仅对自己应做的工作负责，效率较高；

（3）组织稳定性较高，在外部环境变化不大的情况下，易于发挥组织的集团效率。

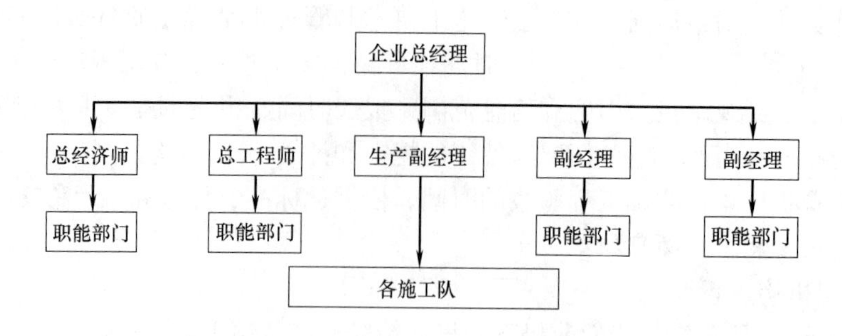

图 9-4　直线职能式管理机构

缺点：

（1）部门间缺乏信息交流，不利于集思广益地做出决策；

（2）直线部门与职能部门（参谋部门）之间目标不易统一，职能部门之间横向联系较少，信息传递路线较长，矛盾较多，上层主管的协调工作量大；

（3）难以从组织内部培养熟悉全面情况的管理人才；

（4）系统刚性大，适应性差，容易因循守旧，对新情况不易及时做出反应。

改进措施：

（1）行政管理部门做好部门协调和沟通；

（2）职能部门建立服务意识，以生产业务直线部门为主；

（3）建立大局意识，要求各部门对他部门工作流程作理解性掌握；

（4）建立灵活的机制，如信息接收反馈责任制、信息沟通问责制。

2. 事业部式

事业部式管理方式将企业划分成若干个相对独立的职能部门，对各部门职能范围内给予较大的管理权力，由各部门对现场施工直接指挥。其特点是由专业职能部门直接管理、分工明确，保证决策正确；命令统一，执行畅通。缺点是每个工程项目需要单独设立管理机构、人力资源需要量大；各职能部门横向联系不便。事业部式管理组织机构如图 9-5 所示。

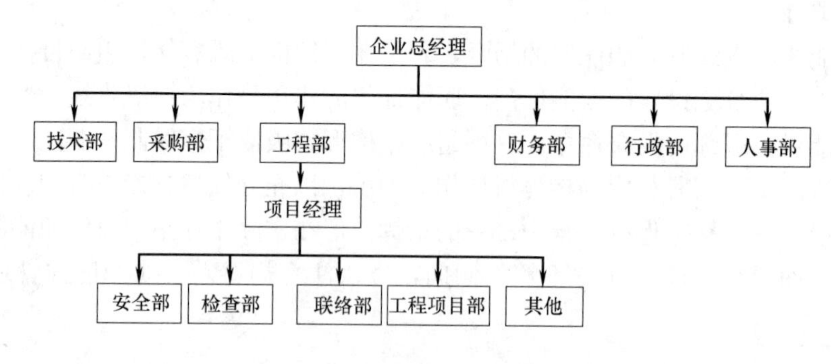

图 9-5　事业部式管理机构

3. 混合工程队式

在企业内部聘用职能人员组成项目管理机构，即混合工程队。组成人员在项目施工期间与原部门脱离，由项目经理指挥，项目结束后所有人员仍回原所在部门和岗位。这种形式的特点是：人员择优聘用，素质高；但因来自不同部门，需要相互协调和配合；各专业人才集中，现场办公效率高，但同一时期各自的管理任务可能有较大差别，会出现忙闲不均，导致人员浪费；行政干预少，项目经理权力集中，指挥灵便；不影响企业原建制。适用于大型项目或工期要求紧的项目。混合工程队式管理组织结构如图 9-6 所示。

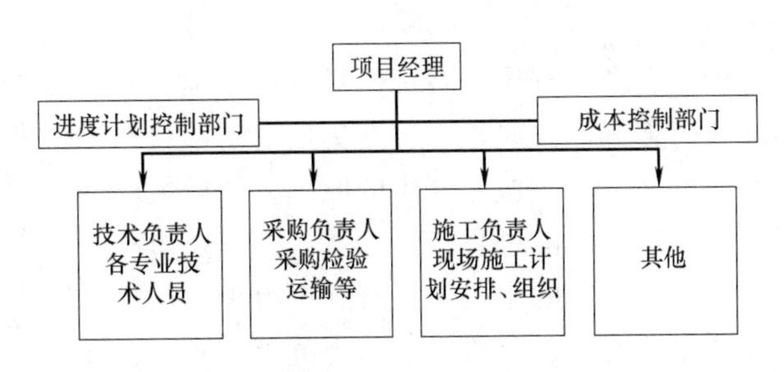

图 9-6 混合工程队式管理组织结构

4. 矩阵式

矩阵式项目管理组织是结构形式呈矩阵状的组织，项目管理人员由企业有关职能部门派出并进行业务指导，受项目经理的直接领导。矩阵式管理方式综合了事业部式和混合工程队式管理的优点，一方面要求工程队专业分工长期稳定，另一方面要求项目组织有较强的综合性。把职能原则、对象原则结合起来，发挥项目管理组织的纵向优势和企业职能部门的横向优势。图 9-7 所示为矩阵式管理的结构图。图中纵向表示不同的职能部门，负责对项目的监督、考察管理，部门人员不抽调到各项目中；横向表示项目，设项目经理领导各专业人员的工作。矩阵式管理方式对项目双向领导，要求管理水平高，项目经理责任大于权力，可利用尽可能少的人力实现多项目管理。这种方法适用于大型复杂的项目和企业同时承担多个项目的管理。

矩阵式项目管理组织在一定意义上弥补了单纯的职能制的弱点，加强了横向的协调。在专门从事横向协调的职位上，其责任和权力是不对等的，也就是说这些项目办或者项目经理的责任和权力是不对等的，在大多数情况下，这种项目负责人的责任要大于他的权力。因为在这种矩阵制的结构中，组织成员虽然从理论上来讲受到纵横两方面的上司的指挥，但是直接决定组织成员薪酬增长的各种因素，实际上比较多的是集中在纵向方面。而横向的项目经理，拥有的只是工作、任务和协调，要能够比较高明地处理各种各样的人际关系。

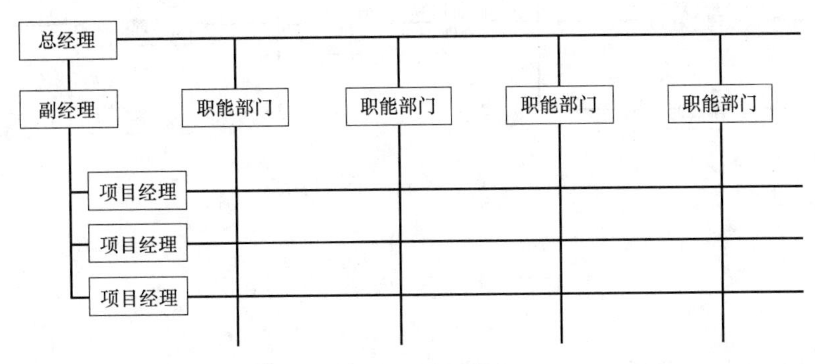

图 9-7 矩阵式管理的结构图

9.1.3 建筑安装工程项目控制及协调

工程项目的实施是一个动态、随机、多方的过程。为了实现工程项目管理目标，工程项目的参与者必须以工程承包合同、工程项目计划和有关规范标准等为依据，围绕项目的工期、成本和质量，对工程的实施过程进行全面、周密的监控，对项目实施过程个涉及的各方进行协调。

工程项目的控制是指在实现工程项目目标的过程中，项目管理机构依据事先拟定或认可的计划、原则、标准和措施等，及时检查、搜集项目实施状态的信息，并将之与原定计划或标准进行比较，发现偏差，分析偏差产生的原因，然后采取措施纠正偏差，保证施工计划正常进行，实现工程预定目标的过程。

（1）控制依据。工程项目控制的主要依据有施工组织设计、合同文件、计划文件、工程实施中有关信息、设计图纸资料、有关标准、规范等。

（2）控制原理。工程项目的控制通过检查、比较、分析和纠错等过程实现，整个控制过程是一个信息的采集、反馈及根据信息调节工程实施状态的过程，控制系统原理如图 9-8 所示。

（3）各方关系。工程项目的控制是由业主、勘察、设计单位、监理单位和工程承包商共同协作完成的，其在项目控制中的关系如图 9-9 所示。

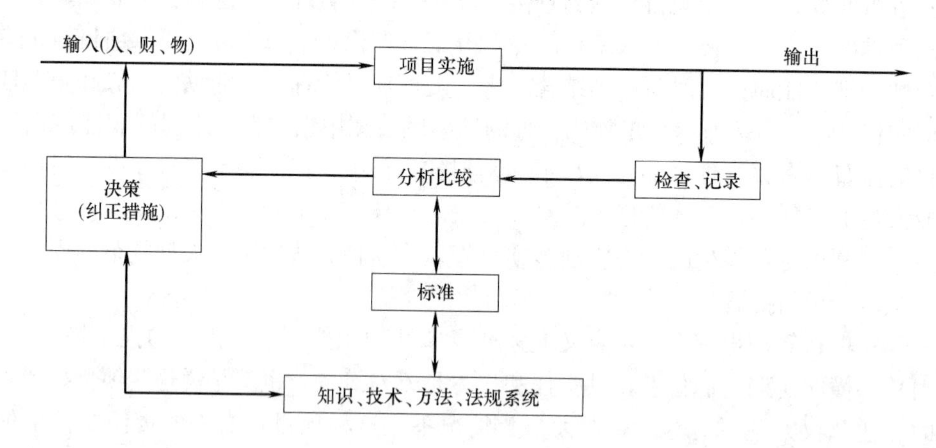

图 9-8　工程项目控制系统原理图

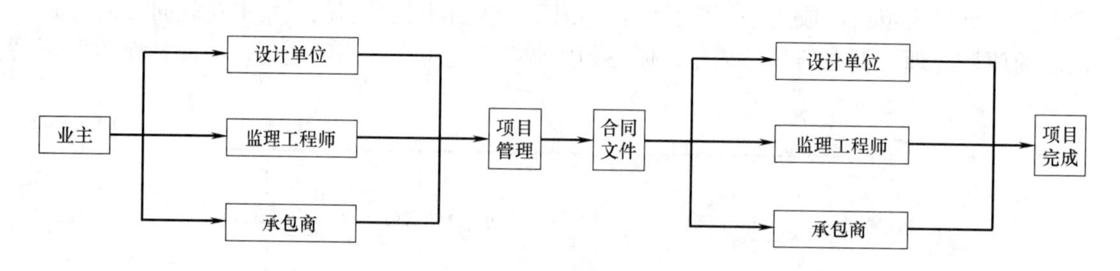

图 9-9　项目控制中的各方关系

9.2　施工组织设计

建筑安装施工是一项复杂而又有规律的生产过程，施工过程呈现各专业工种在时间和空间上的有序配合，要求合理安排人力、资金、材料和机械等各生产因素，才能保证施工过程有组织、有秩序、按计划进行，实现高效率的生产过程。

施工组织设计是对拟建工程施工过程进行规划和部署，以指导施工全过程的技术经济文件，其编制程序如图 9-10 所示。

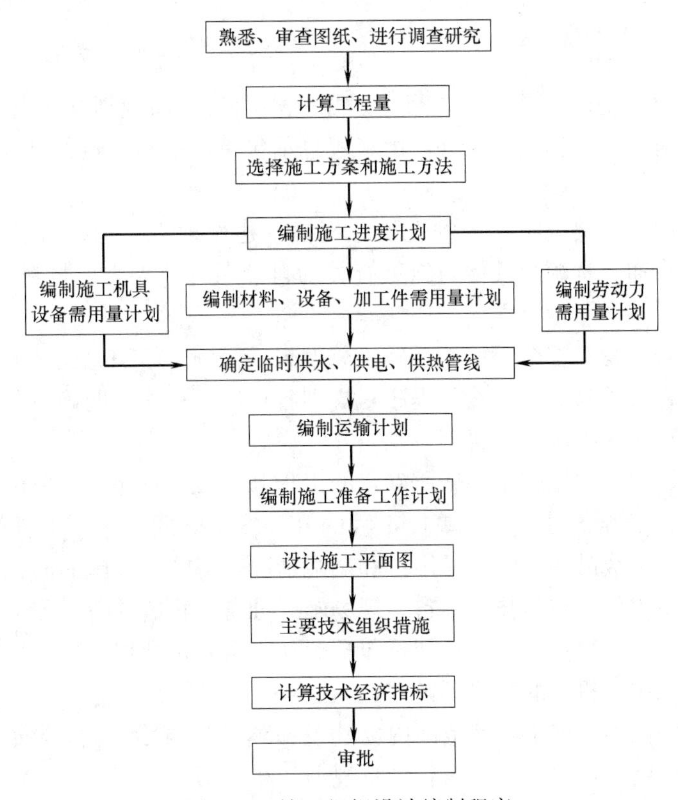

图 9-10　施工组织设计编制程序

9.2.1　施工组织设计的任务

在施工组织设计中，通过制定先进合理的施工方案和技术措施，确定施工顺序，编制进度计划，编制各种资源的供需计划，进行施工现场布置规划。达到以最低的成本、最少的劳动力消耗、最合理的工期，高质量地完成工程。其具体任务为以下方面：

（1）确定在施工过程中应执行和遵循国家的法令、规程、规范和标准；

（2）确定开工前必须完成的各项准备工作；

（3）确定施工方案，选择施工方法和施工机具，做好施工部署；

（4）合理安排施工程序，编制施工进度计划，确保工程按期完成；

（5）计算劳动力和各种物资资源的需用量，为后期供应计划提供依据；

（6）合理布置施工现场平面图；

（7）提出切实可行的施工技术组织措施。

9.2.2　施工组织设计的分类和内容

施工组织设计分为专用型和通用型两种。通用型施工组织设计适用于建设单位编制招标文件，主要是根据标准的施工工艺流程、标准施工工艺方法、预算定额、相关规范、标准等编制而成，是编制招标控制价和其他招标文件的基础。专用型施工组织设计主要用于施工企业编制投标文件，它是企业根据自身的技术、装备、管理水平、企业定额，结合项目具体情况，参照相关标准规范等编制而成，是企业编制投标报价和其他投标文件的基础，同时也是项目现场管理的纲领性文件。根据施工对象的规模和阶段、编制内容的深度和广度，施工组织设计可分为施工组织总设计、单位工程施工组织设计和分部工程施工组织设计。

1. 施工组织总设计

施工组织总设计是以整个建设项目为对象，对项目全面规划和部署的控制性组织设计。在初步设计阶段，根据现场条件，由工程总承包单位编制。施工组织总设计的主要内容有：

(1) 工程概况：主要说明工程的性质、规模、建设地点、总投资、总工期，工程要求，建设地区的交通、资源及其他与施工有关的自然条件，人力、材料、成品及半成品、机具的供应等。

(2) 施工部署：是对整个工程项目施工总设想，是施工组织总设计的核心，主要内容包括确定拟建工程各项目的开、竣工程序，规划各项准备工作，明确各分包施工单位的任务，以及工地大型临时设施的布置等。

(3) 总进度计划：根据施工部署所确定的工程开、竣工程序，对单位工程施工在时间上的安排。确定施工准备时间、各单位工程的开、竣工时间，各项工程的搭接关系，人力、材料、成品、半成品和水电的需用量和调配情况，各临时设施的面积等。

(4) 施工准备工作：包括技术准备、现场施工准备、物资准备、施工队伍准备等。

(5) 劳动力和主要物资需要量计划：包括劳动力需要量计划，主要材料、成品、半成品等需要量计划和主要机具的需要量计划。

(6) 施工总平面图：施工工区范围内已建及拟建的建筑物、构筑物、各种临时设施、临时建筑、运输线路和供水供电等内容的总规划和布置图。

(7) 技术经济指标：主要包括工期指标、劳动生产率指标、工程质量指标、安全生产指标、机械化施工程度指标、劳动力不平衡系数、降低成本率等。

施工组织总设计的重点在于对建设项目质量、投资、进度、安全等的总体控制，一般以单项工程或单位工程为基本单元进行编制，是整个建设项目的管理依据，同时也是单位工程施工组织设计编制的重要依据。

2. 单位工程施工组织设计

以单位工程为对象对施工组织总设计的具体化，是指导单位工程施工准备和现场施工过程的技术经济文件。它是由施工单位根据施工图设计和施工组织总设计所提供的条件和规定编制的，具有可实施性。

单位工程施工组织设计主要包括以下内容：

(1) 工程概况和施工条件（建设工程概况、招标工程概况）。

(2) 施工方案：确定单位工程施工程序，划分施工段，确定主要项目的施工顺序、施工方法和施工机械，制定劳动组织技术措施。

(3) 施工进度计划：确定单位工程施工内容及计算工程量，确定劳动量和施工机械台班数，确定各分部分项工程的工作日，考虑工序的搭接，编排施工进度计划。

(4) 施工准备计划：单位工程的技术准备，现场施工准备，劳动力准备，施工机具和各种施工物资准备。

（5）资源需要量计划：单位工程劳动力、材料、成品、半成品和机具等的需要量计划。

（6）施工现场平面图：各种临时设施的布置，各施工物资的堆放位置，水电管线的布置等。

（7）各项经济技术指标：单位工程工期指标、劳动生产率指标、工程质量和安全生产指标、主要工种机械化施工程度指标、降低成本指标和主要材料节约指标等。

（8）质量及安全保障措施和有关规定。

3. 分部工程施工组织设计

分部工程施工组织设计是以分部工程为对象，用于具体指导分部工程施工的技术经济文件。所涉及的内容与单位工程施工组织设计相同，但更具体、更详尽。

9.2.3 编制施工组织设计的依据和原则

1. 编制依据

（1）工程的计划任务书或上一级的施工组织设计要求，建设单位的要求，设计文件和施工图纸，有关勘测资料。

（2）国家现行有关施工规范和质量标准、操作规程、技术标准等。

（3）施工企业拥有的资源状况、施工经验和技术水平。

（4）工程承包合同。

（5）施工现场条件等。

2. 编制原则

（1）严格遵守基本建设程序，保证重点、统筹安排，确保工程按期按质完成。

（2）科学安排施工工序，合理安排各工序在时间和空间上的搭接，在保证质量的前提下，缩短工期。

（3）确保工程质量，推行全面质量管理，遵守施工操作规程和技术规范。重视安全教育，贯彻安全技术，落实安全防范措施，确保安全生产。

（4）积极采用先进的施工技术和施工组织方法，提高施工技术和组织管理水平。

（5）提高施工机械化水平和预制装配化程度，提高劳动生产率，加快施工进度。

（6）重视季节性施工措施，提高施工的连续性和均衡性。

（7）加强经济核算，注意节约，减少施工消耗和临时设施规模，努力降低成本。

9.3 工程项目进度控制

工程项目的进度控制采用的基本手段是施工进度计划，目前，施工进度计划有横道图和网络计划技术。在编制施工进度计划前，必须了解相关施工方法。

9.3.1 施工方法概述

建筑安装施工的基本展开形式有顺序施工法、平行施工法和流水施工法三种形式。

1. 顺序施工法

将工程对象按劳动量相当划分成若干个施工段，各专业班组依次进入各施工段完成施工任务，一个施工段的施工任务全部完成后，再以同样的施工顺序进入下一个施工段施工

（见图 9-11）。顺序施工法同时投入的劳动力和物资资源较少，但各专业班组的施工是间歇性的，有窝工现象，施工工期太长。只适用于工程规模小、对工期要求不紧或工作面有限的场合。

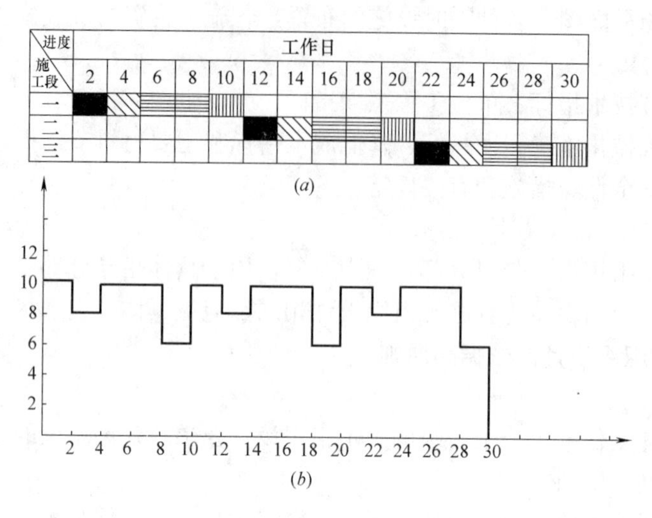

图 9-11　顺序施工

（a）施工进度图；（b）劳动力需用图

2. 平行施工法

各专业班组同时进入各施工段，采用同样的工序平行作业，同时竣工（见图 9-12）。平行施工法的特点是充分利用工作面、施工工期短，但同时投入的劳动力和物资资源与施工段的数量成倍数关系，各专业班组的施工是间歇性的。适用于工期要求紧的工程。

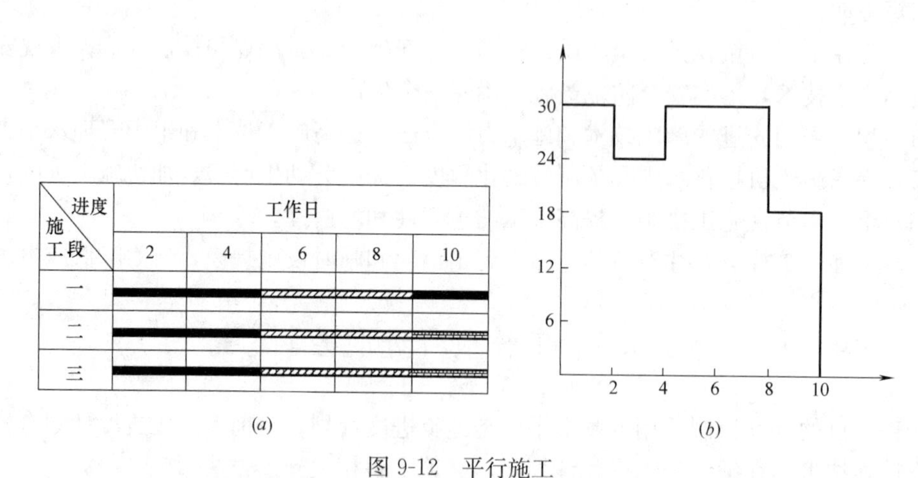

图 9-12　平行施工

（a）施工进度图；（b）劳动力需用图

3. 流水施工法

流水施工法综合以上两种施工法的优点，每个施工段内各专业班组按工序依次施工，每个专业班组完成前一个施工段施工后进入下一个施工段施工。这样，各施工段的开、竣工间隔为一个专业班组的施工时间（见图 9-13）。流水施工法各专业班组和各施工面上都是连续施工，消除了窝工现象，便于提高施工人员的技术熟练程度，保证工程的质量和生产安全。施工过程对劳动力、材料和机具要求等能保持连续性、均衡性和节奏性，提高了施工经济效益。流水施工法是比较科学、先进的施工方法，在施工组织中应推广采用。

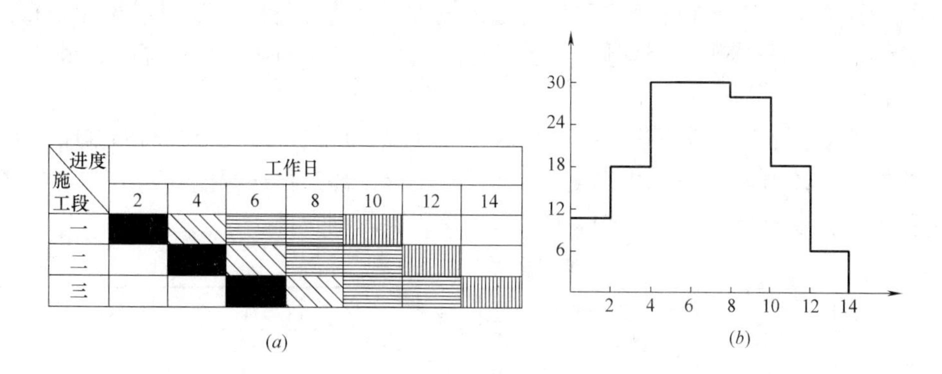

图 9-13　流水施工

(a) 施工进度图；(b) 劳动力需用图

9.3.2　施工进度计划编制方法

建筑安装工程施工进度计划编制方法主要有横道图计划和网络图计划两种。横道图计划编制简单，各施工过程进度形象、直观，流水情况表达清楚，但只反映计划编制的结果，难以反映计划内部各工序的相互联系，不能对计划进行控制和调整。网络图计划编制过程比较复杂，能反映工程各工序之间的逻辑关系，突出关键线路，显示各工序的机动时间，便于在计划制定阶段进行优化、在实施阶段根据实际情况进行及时调整。实际编制施工进度计划时，二者可以组合使用，用网络计划技术编制计划和调整计划，用横道图计划来表达进度计划，完成执行和检查功能，其编制程序如图 9-14 所示。

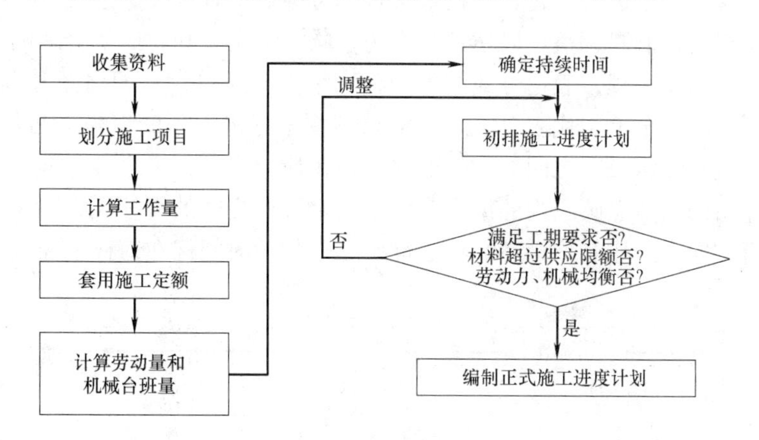

图 9-14　施工进度计划编制程序

9.3.2.1　横道图施工进度计划

横道图计划又称水平图表计划。横道图形式如表 9-1 所示，图表由两部分组成。左边部分按施工顺序反映工程各施工项目（施工过程组合）的工程量、定额、劳动量、机械台班量、工作班制、劳动力人数和施工持续时间等内容，即反映工程量要求和预计投入的劳动力、机械和施工时间。右边用横线表示各施工项目的持续时间和时间安排，综合反映各施工项目相互关系及各施工班组在时间上和空间上的配合关系，反映施工的进度安排。

施工进度横道图应按照流水施工的原理编制，具体方法有两种：一种是根据已确定的各个施工项目的施工持续时间和施工顺序，凭编制人员的经验直接画出所有施工项目的进度线。另一种方法是先排主导施工项目的施工进度，将各主导施工项目尽可能搭接起来，尽量能够保证主导施工项目连续施工，其他施工项目配合主导施工项目穿插、搭接或平行施工。

在实际编制过程中，根据进度计划编制对象情况，可能进行几个层面的排序。如在单位工程施工进度计划中，应先根据以上原则安排主导分部工程和其他分部工程，再对主导分部工程内寻找主导分项工程（或施工项目）按以上原则安排。

横道图施工计划样表　　表 9-1

序号	施工项目	工程量		定额	劳动量		机械		工作班制	每班人数	工作日	进度							
		单位	数量		工种	工日	名称	台班				月						月	
												5	9	15	20	25	30	35	40

9.3.2.2　网络计划技术

网络计划技术是利用网络图进行计划和控制的管理方法。其原理是用网络的形式表达出一个计划中各施工过程的先后顺序和相互关系，通过计算找出关键线路和关键工作，再以关键线路为主对网络进行优化，获得最优计划方案。在计划实施过程中，依据优化网络图对执行过程进行控制和调整，以达到对人力、物资、资金和时间最合理的利用。

根据工序（施工过程）表达方式的不同，网络图分为单代号网络图和双代号网络图。单代号网络图上的一个节点代表个工序，节点圆圈中标出工序的编号、名称和作业时间，节点之间的箭线只表示工序之间的衔接顺序，箭头所指方向为工序进行方向。双代号网络图中一个工序由两个节点圆圈内的编号表示，两个节点之间的箭杆代表工序，箭头所指方向为工序进行方向，工序名称标在箭杆上面，工序作业时间标在箭杆下面（见图 9-15）。

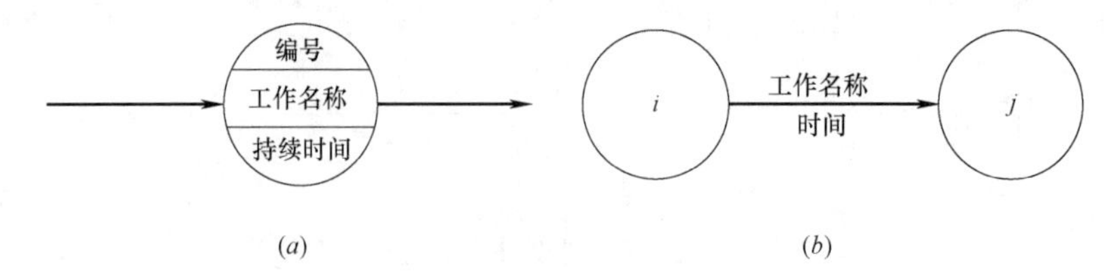

图 9-15　网络计划技术工序表示方法
（a）工序的单代号表示；（b）工序的双代号表示

根据计划目标的数量，网络计划分单目标网络计划和多目标网络计划。单目标网络计划网络图只有一个终点，网络计划只有一个目标。多目标网络计划网络图有两个终点，网络计划可有多个目标。

根据工序的作业时间是否肯定，网络计划可分为肯定型和非肯定型两种。前者又称为关键线路法（CPM），是以经验数据或定额来规定各工序的持续时间；后者也称为计划评审（PERT）技术，工序的持续时间无经验可循，只能采用估值。

网络图由工序、事项和线路三部分组成。

工序，即需要消耗人力、物资和时间的某一作业过程。根据它们之间的关系，工序分为紧前工序、紧后工序、平行工序、交叉工序和虚工序。紧前工序指紧接在某工序之前的工序；紧后工序指紧接在某工序之后的工序；与某工序平行的工序称为平行工序；相互交叉进行的工序称互为交叉工序；虚工序只反映其前后两个工序的逻辑关系，不消耗人力、物资和时间。

事项是指网络图中的节点，反映某工序开始或结束的瞬间，不消耗人力、物资和时间。根据事项发生时的状态，事项可分成开始事项、结束事项、起点事项和终点事项。开始事项和结束事项分别反映工序的开始和结束；起点事项和终点事项分别反映工程的开始和结束。网络图中两工序之间的节点既代表前面工序的结束事项，也代表后续工序的开始事项。

线路是指从起点事项开始，顺着箭头所指方向，经过一系列事项和箭线，最终到达终点事项的一条通路。线路经过的所有工序的作业时间之和就是该线路所需的时间。在一个网络图中，一般都有多条线路，由于每条线路经过的事项和箭线方差别，各线路的时间也不一定相同。时间最长的线路为关键线路，关键线路控制整个工程的总工期，此线路上的任何工序的延误必然影响总工期。关键线路上的各工序为关键工序，要缩短总工期，就必须压缩关键工序的施工时间。

1. 网络图绘制

由于双代号网络图逻辑关系比较清楚，适应关键线路分析，以下主要介绍双代号网络图的绘制。

（1）绘制规则

1）双代号原则：网络图绘制必须符合双代号网络图表示方法。图中每一条箭线必须都是单箭头，并从一个节点指向另一个节点。不能出现双箭头箭线、无箭头箭线，或者箭线的一端无节点。

2）一一对应原则：每个工序必须与箭线两端的代号一一对应，两节点之间只能有一条箭线。不能出现几个工序用一个代号的现象。

3）无循环线路原则：因为时间的不可逆性，不应该出现经过一系列工序后，又回到原开始事项的线路。在有时间坐标的网络图中，不应该出现与时序逆向的箭线。

4）唯一起点、终点原则：一个网络图只有一个起点事项和一个终点事项。

5）客观实际原则：网络图中的事项、箭线关系必须与实际工程中的工序原则相符合。不能出现无关工序直接联系。若要反映无关工序的逻辑关系，则应引入虚工序。

（2）网络图绘制步骤和方法

首先确定工序项目，计算各工序的劳动量、机械台班和所需要的时间，然后根据施工工艺流程和施工组织要求，确定各工序之间的逻辑关系，最后根据上述规则绘制网络图。

1）分解工程任务。根据工程任务规模的大小、复杂程度和组织管理的要求，将工程任务划分到单位工程、分部或分项工程。

2）编制工序逻辑关系明细表。工序逻辑关系明细表应包括工序的序号、名称、代号、作业时间、紧前工序和紧后工序。工序应按照施工的先后顺序依次排列。排列时要分析某工序开始前，哪些工序必须完成以及哪些工序可以同时进行施工，某一个工序结束后，哪些工序可以接着开工。

3）绘制网络图。网络图绘制可采用顺推法或逆推法，前者是从工程起点事项开始，依次确定其后的紧后事项，直到工程终点事项。后者是从工程终点事项开始，依次确定其前的紧前事项，直到工程起点事项。在网络图中每绘制一个工序，要在工序逻辑关系明细表中找出和已绘制工序的所有逻辑关系，并反映在网络图上。网络图中应体现所有工序和它们的逻辑关系。网络图完成后要认真检查，去除不必要的虚工序，找出重复、矛盾的逻辑关系分析后合理解决。

4）网络图编号。编号从网络起点事项开始，由小到大，终点事项的编号最大。一个事项对应一个编号，两个相关事项的编号要保证开始事项的编号小于结束事项。编号排列要有规律，可采用从上到下的垂直编号，从左到右推移的方法；或从左到右的水平编号，从上到下推移的方法。

（3）网络图时间参数计算

网络图时间参数分为节点时间参数和工序时间参数。一般先计算节点时间参数，再根据节点时间参数计算工序时间参数，最后计算时差。

1）节点时间参数计算

① 节点最早时间（TE）

节点最早时间是指在某事项以前各工序完成后，从该事项开始的各项工序最早可能开工时间。在网络图上表示为以该节点为箭尾节点的各工序的最早开工时间，反映从起点到该节点的最长时间。起点节点时间定为0，其他节点最早时间的确定方法如下：

$$TE_j = \max\{TE_i + t_{ij}\}$$

式中 TE_j——计算节点最早时间；

TE_i——紧前节点最早时间；

t_{ij}——一紧前工序作业时间。

当只有一个箭头指向节点时，该节点的最早时间为紧前节点的最早时间加上其紧前工序作业时间；当有两个以上的箭头指向节点时，该节点的最早时间为各紧前节点的最早时间与对应紧前工序作业时间之和中取最大值。

② 节点最迟时间（TL）

节点最迟时间指某一事项为结束的各工序最迟必须完成的时间。在网络图上表示为以该节点为箭头节点的各工序的最晚开工时间，反映从终点到该节点的最短时间。终点节点$TL_n = TE_n \leqslant T$（工期），其他节点最迟时间的确定方法如下：

$$TL_i = \min\{TL_j - t_{ij}\}$$

式中 TL_i——计算节点的最迟时间；

TL_j——紧后节点的最迟时间。

当只有一个箭头从节点引出时，该节点的最迟时间为紧后节点的最迟时间减去其紧后工序作业时间。当有两个以上的箭头从节点引出时，该节点的最迟时间为各紧后节点的最迟时间与对应紧后工序作业时间之差中取最小值。

2）工序时间参数计算

① 工序最早开始时间（ES）：一个工序在具备了一定工作条件和资源条件后可以开始工作的最早时间，要求所有紧前工序完成后才能开始工作。起点工序的最早开始时间 $ES=0$；其他工序最早开始时间（设 $h<i<j$）：

$$ES_{ij}=TE_i=\max\{ES_{hi}+t_{ij}\}$$

② 工序最迟开始时间（LS）：在不影响施工任务按期完成，并满足工序的各种逻辑约束条件下工序最迟必须开工时间，要求在计划紧后工序开始之前完成，（设 $i<j<k$）：

$$LS_{ij}=TL_j-t_{ij}=\min\{LS_{jk}-t_{ij}\}$$

③ 工序最早结束时间（EF_{ij}）：工序最早结束时间等于工序最早开始时间与工序作业时间之和：

$$EF_{ij}=ES_{ij}+t_{ij}$$

④ 工序最迟结束时间（LF_{ij}）：工序最迟结束时间等于工序最迟开始时间与工序作业时间之和：

$$LF_{ij}=LS_{ij}+t_{ij}=TL_i+t_{ij}$$

⑤ 工序总时差（TF）：一个工序在不影响总工期的情况下所拥有的机动时间的极限值，其本质是工序所在线路的机动时间总和。工序总时差计算如下：

$$TF_{ij}=LS_{ij}-ES_{ij}=TL_{ij}-ES_{ij}-t_{ij}$$

⑥ 工序自由时差（FF）：在不影响其紧后工序最早开始时间的情况下，工序所具有的机动时间，反映工序本身独立的机动时间。工序自由时差计算如下：

$$FF_{ij}=ES_{jk}-EF_{ij}=ES_{jk}-ES_{ij}-t_{ij}$$

网络图上参数计算步骤：

① 从起点事项顺着箭杆计算各节点的最早时间 TE，直到终点事项；

② 从终点事项逆着箭杆计算各节点的最迟时间 TL，直到起点事项；

③ 计算工序最早开始时间 ES、工序最迟开始时间 LS、最早结束时间 EF；

④ 计算工序总时差 TF 和自由时差 FF。

（4）关键线路和关键工序的确定

关键线路是网络图中需要时间最长的线路，线路上的所有工序都是关键工序。关键线路的长短决定工程的工期，反映工程进度中的主要矛盾。关键线路有以下特点：

1）关键线路中各工序的自由时差总和为零；

2）关键线路是从起点事项到终点事项之间最长的线路；

3）在一个网络图中，关键线路不一定只有一条；

4）如果非关键线路中各工序的自由时差都被占用，次要线路变成关键线路；

5）非关键线路中的某工序占用了工序总时差时，该工序成为关键工序。

在网络图中计算各工序的总时差，总时差为零的工序为关键工序；由关键工序组成的线路即为关键线路。

例：某空调系统的安装进行网络图的绘制和计算。根据工程施工特点和施工方案将工程分解成三个施工段，每个施工段都包括风管制作、风管安装、空调机安装、保温和系统调试 5 个工序，计算各工序作业持续时间，按工艺过程要求和施工组织要求确定各工序的紧前工序和紧后工序。将分析计算结果填写到工序逻辑关系明细表中（见表 9-2）。

工序逻辑关系明细表　　**表 9-2**

序号	工序名称	工序代号	紧前工序	持续时间(天)	紧后工序
1	制作风管 1	A	……	5	B,F
2	空调机安装 1	B	A	3	C,G
3	风管安装 1	C	B	3	D,H
4	风管保温 1	D	C	4	E,J
5	系统调试 1	E	D	1	J
6	制作风管 2	F	A	3	G,K
7	空调机安装 2	G	B,F	5	H,L
8	风管安装 2	H	C,G	2	I,M
9	风管保温 2	I	D,H	3	J,N
10	系统调试 2	J	E,J	1	O
11	制作风管 3	K	F	4	L
12	空调机安装 3	L	G,K	4	M
13	风管安装 3	M	H,L	3	N
14	风管保温 3	N	I,M	2	O
15	系统调试 3	O	J,N	1	……

根据各工序允许紧前工序的条件确定各紧后工序，根据各紧前工序确定其紧前节点位置，根据各紧后工序确定其紧后节点位置，绘制网络计划草图，每绘制完成一个工序要将对应的内容从工序逻辑关系明细表中抹去，并按照一定的规律对绘出网络计划图进行编号。网络草图绘制完后要检查逻辑关系。图 9-16（*a*）是根据表 9-2 绘制的网络图，经检

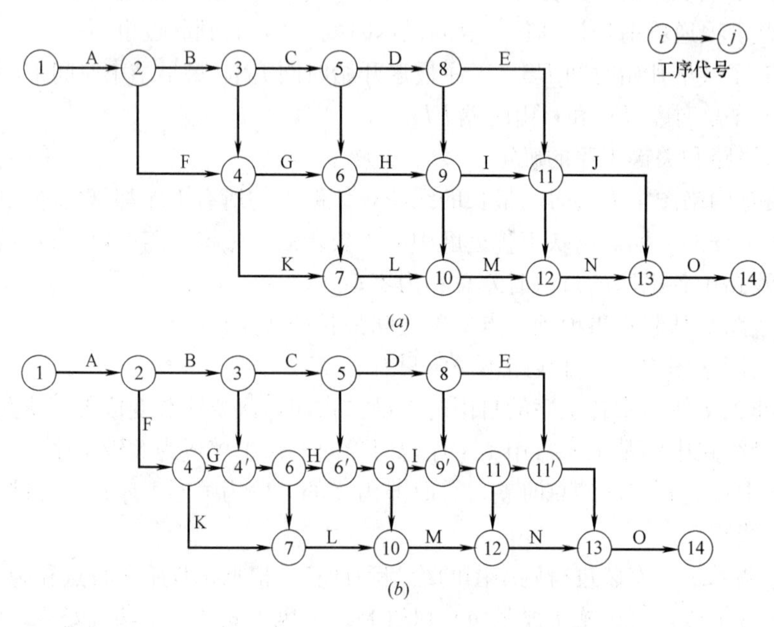

图 9-16　网络计划图

（*a*）逻辑关系不正确；（*b*）逻辑关系正确

查发现在节点 4、6、9、11 处逻辑关系不正确，如制作风管 3 与空调机安装 1 工艺上没有直接关系，但在图上却显示空调机安装 1 对制作风管 3 的制约关系。引入虚工序调整后正确的网络图如图 9-16（*b*）所示。

根据前述各计算公式在图上直接计算或列表计算时间参数，在图上直接计算节点时间参数的形式和结果见图 9-17（*a*）。列表计算工序时间参数见表 9-3，将计算结果表示到图上如图 9-17（*b*）所示。

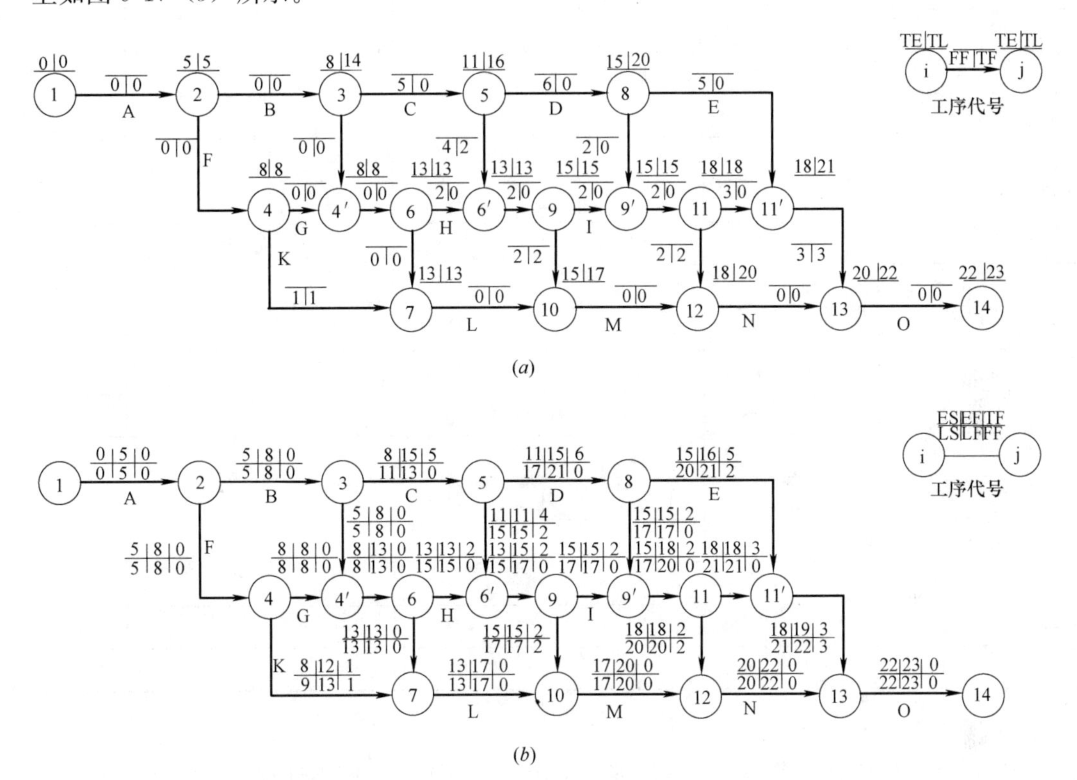

图 9-17　工序时间参数计算结果

（*a*）节点时间参数计算结果；（*b*）工序时间参数计算结果

工序时间参数列表计算　　　　**表 9-3**

序号	工序代号	节点编号		持续时间	最早时间		最迟时间		总时差	自由时差	关键工序
		i	j	t_{ij}	ES_{ij}	EF_{ij}	LS_{ij}	LF_{ij}	TF_{ij}	FF_{ij}	
		①	②	③	④	⑤=③+④	⑥	⑦=⑥+③	⑧=⑦−⑤	⑨=紧后④−⑤	
1	A	1	2	5	0	5	0	5	0	0	√
2	B	2	3	3	5	8	5	8	0	0	√
3	F	2	4	3	5	8	5	8	0	0	√
4	C	3	5	3	8	11	13	16	5	0	
5	虚	3	4	0	8	8	8	8	0	0	√
6	K	4′	7	4	8	12	9	13	1	1	
7	虚	4	4′	0	8	8	8	8	0	0	√

续表

序号	工序代号	节点编号		持续时间	最早时间		最迟时间		总时差	自由时差	关键工序
		i	j	t_{ij}	ES_{ij}	EF_{ij}	LS_{ij}	LF_{ij}	TF_{ij}	FF_{ij}	
		①	②	③	④	⑤=③+④	⑥	⑦=⑥+③	⑧=⑦-⑤	⑨=紧后④-⑤	
8	G	4′	6	5	8	13	8	13	0	0	√
9	D	5	8	4	11	15	17	21	6	0	
10	虚	5	6′	0	11	11	15	15	4	2	
11	虚	6	7	0	13	13	13	13	0	0	√
12	虚	6	6′	0	13	13	15	15	2	0	
13	H	6′	9	2	13	15	15	17	0	0	
14	L	7	9	4	13	17	13	17	0	0	√
15	E	8	11′	1	15	16	20	21	5	2	
16	虚	8	9′	0	15	15	17	17	2	0	
17	虚	9	9′	0	15	15	17	17	2	0	
18	虚	9	9	0	15	15	17	17	2	2	
19	I	9′	11	3	15	18	17	20	2	0	
20	M	9	12	3	17	20	17	20	0	0	√
21	虚	11	11′	0	18	18	21	21	3	0	
22	虚	11	12	0	18	18	20	20	2	2	
23	J	11′	13	1	18	19	21	22	3	3	
24	N	12	13	0	20	22	20	22	0	0	√
25	O	13	14	1	22	23	22	23	0	0	√

2. 网络计划的优化

网络计划的优化是在满足既定条件下，利用工序时差调整网络计划，按照某一指标寻求最佳方案。工程项目网络计划的技术评价指标包括工期、成本和资源消耗等。网络计划的优化主要解决两方面的问题：(1) 在指定工期（或最短工期）的情况下寻求资源使用最优或成本最低；(2) 在资源条件限定下寻求与最低成本对应的最优工期。一般情况下，首先要保证工程按期完成，在此前提下，进行工期—资源优化和工期—成本优化。工期—资源优化的主要目的是在工期指定的前提下，调整工序，以减少资源供应的不均衡性。工期—成本优化的目标是在既定条件下寻找工期和成本之间的最优结合。

(1) 工期和成本的关系

工程成本由直接费和间接费组成。一般情况下，随着工期的延长，直接费会降低；间接费主要由工程组织管理费用构成，工期越长，间接费越高。工程成本与工期之间存在最佳组合点（见图 9-18）。

工期—成本优化的主要思想是从工期与成本的关系中找出既能使工程工期缩短，又能使工程直接费增加额最少的工序；缩短该工序作业时间，分析由此而减少的间接费、综合直接费增加额和直接费减少额，即可获得与合理成本工程对应的最优工期或与指定工期对应的最低成本。

(2) 工期—成本优化方法

1) 按各工序的正常作业时间和最短作业时间分别绘制网络图。

2) 计算时间参数，确定关键线路，正常作业时间总工期和相应的总成本、最快作业时间总工期和相应的总成本。

3) 在正常作业时间网络图的每条关键线路上选择成本斜率（成本随作业时间的增加率）最小的关键工序，对选择的各关键工序缩短相同作业时间。计算调整点的总工期和总成本。

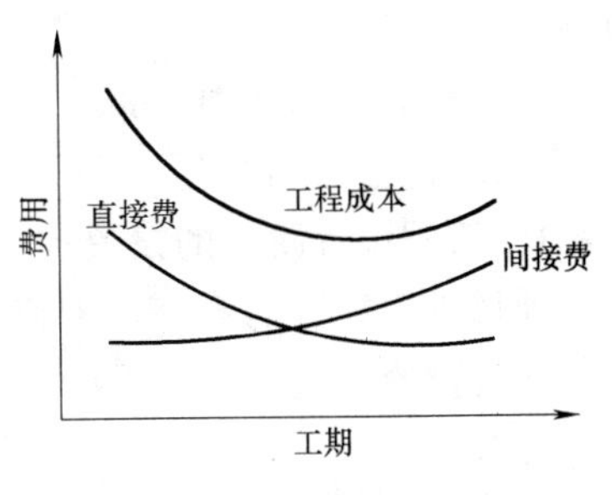

图 9-18　工期费用曲线

4) 比较调整后的总工期与最短作业时间总工期。若前者仍大于后者，重新寻找前者的关键线路并重复第三步调整和计算。直到调整后的总工期与最短作业时间总工期相等。

5) 在各调整结果中寻找成本最低的计划，其对应的工期为最佳工期。

9.4　工程项目成本（投资）控制

项目成本控制是针对施工单位而言的，对于建设单位而言，与之对应的是项目投资控制。

项目投资控制是在投资决策阶段、设计阶段、施工阶段及竣工阶段把项目投资控制在批准的投资限额以内，在不影响工程进度、质量和生产安全的前提下，随时纠正发生的偏差，将项目实际支出控制在预算范围之内。控制过程是首先将计划投资额作为投资控制目标，再与工程项目实施过程的实际支出比较，找出偏差，并采取有效调整措施进行控制。这种控制是动态的并贯穿于项目建设全过程，其原理见图 9-19。

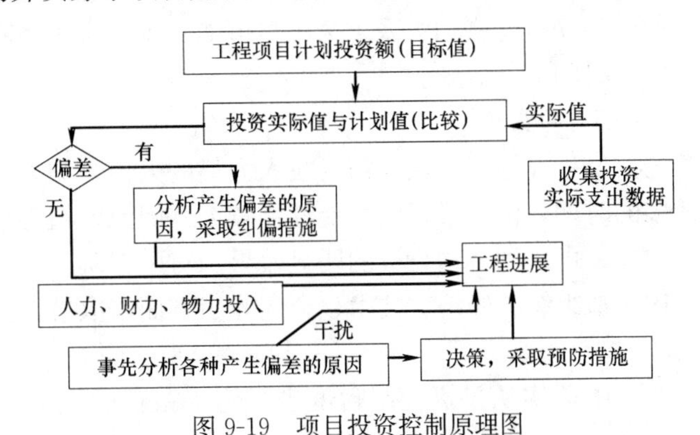

图 9-19　项目投资控制原理图

项目成本控制的内容：

(1) 事前控制。包括进行成本预测、参与经营决策、编制成本计划、确定成本目标、规定成本限额以及建立健全成本管理责任制、实行成本归口管理等内容。

(2) 成本计划执行中的控制。包括对生产资料消耗的控制、人工费的控制和费用开支的控制等。在计划执行过程中，按照成本计划人力、工料和机械设备的消耗定额、费用开支标准等对实际成本发生的时间、数量作用等进行检查、分析、调整，确保达到成本控制目标。

（3）事后控制。对项目成本形成以后的分析和考核，查明差异形成的原因，明确责任，考核有关人员和部门业绩。

9.4.1 工程设计阶段的投资控制

项目投资控制的重点在于施工以前的投资决策和设计阶段，在项目做出投资决策后，控制项目投资的关键就在于设计。设计阶段投资控制的主要措施是提高设计经济合理性，其途径有：

（1）执行设计标准；

（2）推行标准设计；

（3）推行限额设计；

（4）优选设计方案。

9.4.2 工程施工阶段的投资控制

投资控制的目的是确保投资目标的实现，因此必须编制资金使用计划，合理确定投资控制目标值，包括投资的总目标值、分目标值、各详细目标值。通过进行项目投资实际支出值与目标值的比较，分析找出偏差，提出控制措施。

9.4.2.1 投资目标的分解

根据投资控制目标和要求的不同，投资目标的分解可以分为按投资构成、子项目和时间分解三种类型。

（1）按投资构成分解的资金使用计划。工程项目的投资主要分为建筑安装工程投资、设备工器具投资及工程建设其他投资。

（2）按子项目分解的资金使用计划。项目总投资分解到单项工程和单位工程中，对各单位工程的建筑安装工程投资在施工阶段一般可分解到分部分项工程。

（3）按时间进度分解的资金使用计划。工程项目的投资总是分阶段、分期支出的，资金的合理应用与资金的时间安排有密切关系，为了尽可能减少资金占用和利息支出，有必要将项目总投资按其使用时间进行分解。

9.4.2.2 施工阶段投资控制的措施

建设工程的投资主要发生在施工阶段，需要投入大量的人力、物力、资金等，是工程项目建设费用消耗最多的时期，浪费投资的可能性比较大。因此，精心组织施工，挖掘各方面潜力，节约资源消耗，可收到节约投资的明显效果。对施工阶段的投资控制仅靠工程款的支付是不够的，还应从组织、经济、技术、合同等多方面采取措施控制投资。

1. 组织措施

（1）在项目管理部门中落实从投资控制角度进行施工跟踪的人员、任务分工和职能分工。

（2）编制阶段投资控制工作计划和详细的工作流程图。

2. 经济措施

（1）编制资金使用计划，确定分解投资控制目标。对工程项目造价目标进行风险分析，并制定防范性对策。

（2）进行工程计量。

（3）复核工程付款账单，签发付款证书。

(4) 在施工过程中进行投资跟踪控制，定期进行投资实际支出值与计划目标值的比较；发现偏差并分析产生偏差的原因，采取纠偏措施。

(5) 协商确定工程变更的价款。审核竣工结算。

3. 技术措施

(1) 对设计变更进行技术经济比较，严格控制设计变更。

(2) 设计挖潜节约投资。

(3) 审核施工组织设计，对主要施工方案进行技术经济分析。

4. 合同措施

做好工程施工记录，保存各种工程施工文件资料，特别是实际涉及施工变更的文件，为正确处理可能发生的索赔提供依据。正确处理索赔事宜。

9.4.2.3 投资偏差分析

投资偏差分析是指定期进行投资计划值与实际值的比较，分析产生偏差的原因，采取适当的纠偏措施。

9.4.2.4 投资偏差的概念

投资偏差指投资的实际值与计划值的差异。

投资偏差=已完工程实际投资−已完工程计划投资

进度时间偏差=已完工程实际时间−已完工程计划时间

进度投资偏差=拟完工程计划投资−已完工程计划投资

在进行偏差分析时，还要考虑以下投资偏差参数：

(1) 局部偏差和累计偏差。局部偏差参数可使投资控制清楚了解偏差发生的时间、所在的单项工程，有利于分析偏差产生原因。累计偏差分析建立在对局部偏差进行综合分析的基础上，所以其结果更能显示出代表性和规律性，对投资控制工作在较大范围内具有指导作用。

(2) 绝对偏差和相对偏差。

(3) 偏差程度：

投资偏差程度=投资实际值/投资计划值

进度偏差程度=已完工程时间/已完工程计划时间

9.4.2.5 偏差分析的方法

常用的有横道图法、表格法和曲线法。

9.4.2.6 偏差原因分析

进行偏差原因分析首先应将已经导致和可能导致偏差的各种原因逐一列举出来。导致不同工程项目产生投资偏差的原因具有一定的共性，因而可以通过对已建项目的投资偏差原因进行归纳总结。

9.4.2.7 纠偏

纠偏首先要确定纠偏的主要对象，主要对象是业主的设计原因造成的投资偏差。确定纠偏的主要对象后，需要采取有针对性的纠偏措施。

9.5 工程项目质量控制

质量是一组固有特性满足要求的程度。工程质量是指工程满足业主需要的，符合国家法律、法规、技术规范标准、设计文件及合同规定的特性综合。建设工程是一种特殊的产品，除具有一般产品的质量特性外，还具有特定的内涵，主要包括：适用性、耐久性、安全性、可靠性、经济性、与环境的协调性。上述工程质量特性相互依存，缺一不可。

建设工程及其生产具有以下特点：一是产品的固定性，生产的流动性；二是产品多样性，生产的单件性；三是产品形体庞大、高投入、生产周期长，具有风险性；四是产品的社会性、生产的外部约束性。正是由于这些特点而形成了工程质量本身的特点：影响因素多、质量波动大、质量隐蔽性、终检的局限性和评价方法的特殊性。

9.5.1 工程质量形成过程与影响因素分析

1. 工程建设各阶段对质量形成的作用与影响

项目可行性研究需要确定工程项目的质量要求，并与投资目标相协调，直接影响项目的决策质量和设计质量。项目决策阶段对工程质量的影响主要是确定工程项目应达到的质量目标和水平。

工程勘察设计质量是决定工程质量的关键环节，设计的严密性和合理性决定了工程建设的成败。

工程施工是形成实体质量的决定性环节。

工程竣工验收则是保证最终产品的质量。

2. 影响工程质量的因素

影响工程的因素很多，归纳起来主要有：人、材料、机械、方法和环境，简称4M1E因素。

人是工程建设的主体，人员素质将直接和间接地对规划、决策、勘察、设计和施工的质量产生影响，是影响工程质量的重要因素。工程材料和机械设备是工程建设的物质条件，是工程质量的基础。方法指工艺方法、操作方法和施工方案，是保证工程质量稳定提高的重要因素，而环境条件也对工程质量特性起重要作用。

9.5.2 工程质量控制的原则和方法

工程质量控制应坚持以下原则：质量第一，以人为核心，以预防为主，质量标准。

由于施工阶段是形成工程实体的阶段，是最终形成工程实体质量的过程，所以施工阶段的质量控制是一个由对投入的资源和条件的质量控制，进而对生产过程及各环节质量进行控制，直到对所完成的工程产出品的质量检验与控制为止的全过程的系统控制过程。该过程可以根据在施工阶段工程实体质量形成的时间阶段不同来划分，也可以根据施工阶段工程实体形成过程中物质形态的转化来划分，或者是将施工的工程项目作为一个大系统，按施工层次加以分解来划分。

9.5.2.1 施工质量控制的系统过程

按工程实体质量形成过程的时间阶段划分：施工准备控制、施工过程控制、竣工验收控制。

1. 施工准备质量控制

施工准备阶段的质量控制主要有：施工承包单位资质的核查；施工组织设计的审查；现场施工准备的质量控制。

其中，施工组织设计审查应掌握以下原则：

1）施工组织设计的编制审查和批准应符合规定的程序；

2）施工组织设计应符合国家的技术政策，充分考虑承包合同规定的条件、施工现场条件及法规条件的要求，突出“质量第一、安全第一”的原则；

3）施工组织设计的针对性与可操作性；

4）技术方案的先进性；

5）质量管理和技术管理体系、质量保证措施是否健全且切实可行；

6）安全、环保、消防和文明施工措施是否切实可行并符合有关规定。

2. 施工过程质量控制

施工过程体现在一系列的作业活动中，作业活动的效果将直接影响到施工质量。因此，质量控制工作应体现在对作业活动的控制上。为确保施工质量，应对施工过程进行全过程、全方位的质量监督、控制与检查，可按事前、事中、事后进行控制。

（1）作业技术准备状态的控制。作业技术准备状态是指各项施工准备工作在正式开展作业技术活动前，是否按预先计划的安排落实到位的状况。应着重抓好以下环节的工作：质量控制点的设置；作业技术交底的控制；进场设备材料的质量控制；环境状态的控制；进场施工机械设备性能及工作状态的控制；施工测量及计量器具性能、精度的控制；施工现场劳动组织及作业人员上岗资格的控制。

（2）作业技术活动运行过程的控制。主要工作包括：承包单位自检与专检工作的监控；技术复核工作监控；见证取样送检工作的监控；工程变更的监控；见证点的实施控制；计量工作质量监控；质量记录资料的监控；工地例会的管理；停、复工令的实施。

（3）作业技术活动结果的控制。作业技术活动结果指作业工序的产出品、分项分部工程中已完施工及已完准备交验的单位工程等。作业技术活动结果的控制是施工过程中间产品及最终产品质量控制的方式，只有作业活动的中间产品质量都符合要求，才能保证最终单位工程产品的质量，主要内容有：基槽基础验收；隐蔽工程验收；工序交接验收；检验批、分项分部工程的验收；联动试车或设备的试运转；单位工程或整个工程项目的竣工验收；不合格的处理；成品保护。

作业活动结果的质量检查验收主要是对质量性能的特征指标进行检查，采取一定的检测手段进行检验，根据检验结果分析、判断该作业活动的质量。

质量检验的主要方法一般可分为三类：目测法、量测法、试验法。

3. 竣工验收质量控制

是指对于通过施工过程所完成的具有独立的功能和使用价值的最终产品（单位工程或整个工程项目）及有关方面（例如质量文档）的质量进行控制。

上述三个环节的质量控制系统过程及其所涉及的主要方面如图 9-20 所示。

按工程实体形成过程中物质形态转化的阶段划分：

由于工程对象的施工是一项物质生产活动，所以施工阶段的质量控制系统过程也是一个经由以下三个阶段的系统控制过程。

（1）对投入的物质资源质量的控制。

（2）施工过程质量控制。即在使投入的物质资源转化为工程产品的过程中，对影响产品质量的各因素、各环节及中间产品的质量进行控制。

（3）对完成的工程产出品质量的控制与验收。

在上述三个阶段的系统过程中，前两阶段对于最终产品质量的形成具有决定性的作

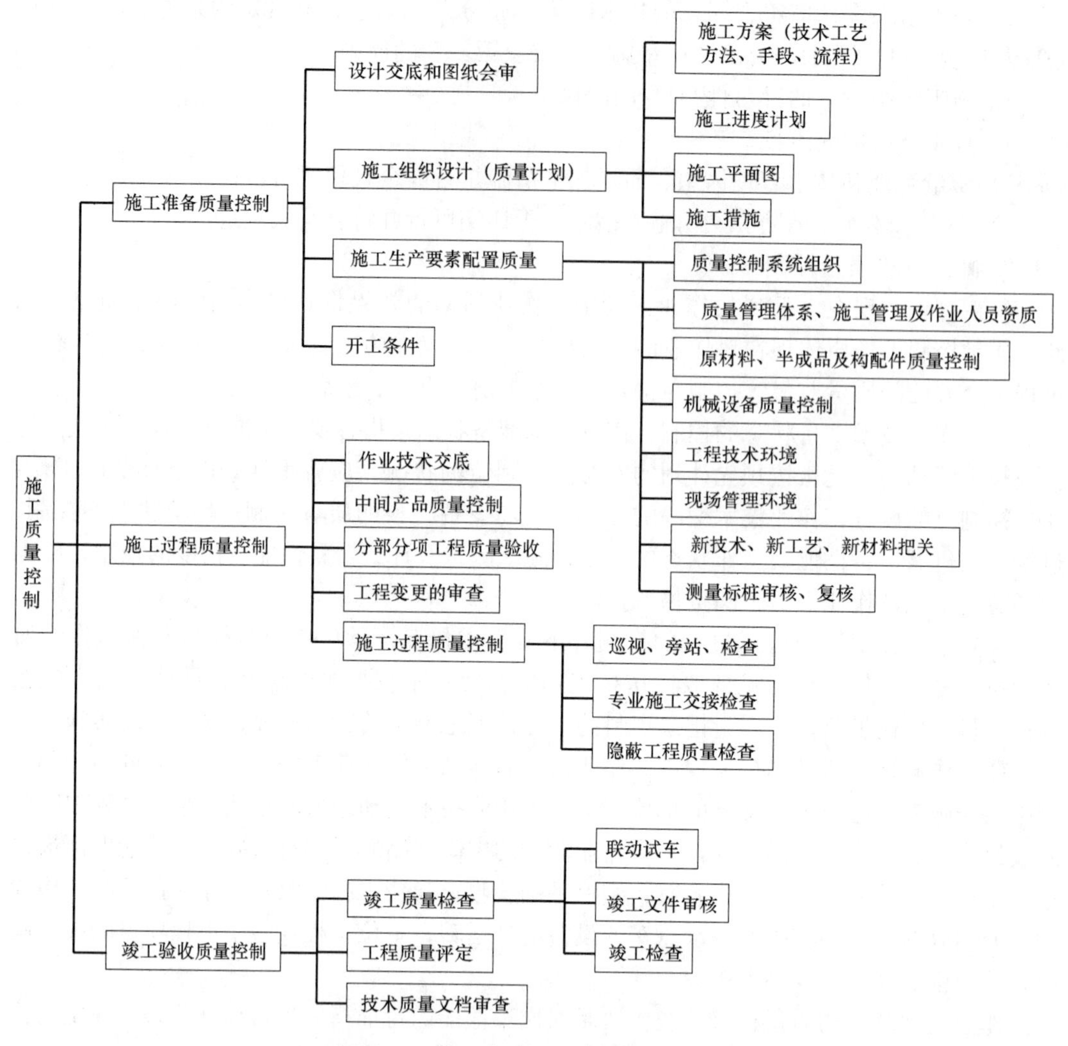

图 9-20　施工阶段质量控制的系统过程

用，而所投入的物质资源的质量控制对最终产品质量又具有举足轻重的影响。所以，质量控制的系统过程中，无论是对投入物质资源的控制，还是对施工及安装生产过程的控制，都应当对影响工程实体质量的五个重要因素方面，即对施工有关人员因素、材料（包括半成品、构配件）因素、机械设备因素（生产设备及施工设备）、施工方法（施工方案、方法及工艺）因素以及环境因素等进行全面的控制。

9.5.2.2　施工质量控制的依据

施工质量控制的依据大体上有以下四类：

（1）工程合同文件。工程施工承包合同文件和委托监理合同文件中分别规定了参与建设各方在质量控制方面的权利和义务，有关各方必须履行在合同中的承诺。施工质量控制据此进行质量监督和控制。

（2）设计文件。“按图施工”是施工阶段质量控制的一项重要原则。因此，经过批准的设计图纸和技术说明书等设计文件，无疑是质量控制的重要依据。但是从严格质量管理和质量控制的角度出发，施工前还应进行设计交底及图纸会审工作，以达到了解设计意图和质量要求，发现图纸差错和减少质量隐患的目的。

（3）相关的质量标准及验收规范。如《建筑给排水及采暖工程施工质量验收规范》GB 50242—2002、《通风与空调工程施工质量验收规范》GB 50243—2016等。

（4）国家及政府有关部门颁布的有关质量管理方面的法律、法规性文件，如《中华人民共和国建筑法》、《建设工程质量管理条例》、《建筑业企业资质管理规定》等。

以上列举的是国家及建设主管部门所颁发的有关质量管理方面的法律法规。这些文件都是建设行业质量管理方面所应遵循的基本法规文件。

9.6 建筑设备安装工程施工组织设计实例

某工程空调系统安装施工组织设计。

1. 工程概况

（1）工程简介与施工范围

本工程位于××市××路，南临××，北临××；建筑面积30000m^2。全框架结构，主楼24层、楼高95m；裙房4层、一～四层层高6m；地下1层，层高5.4m，为车库和机房；裙房以上为办公室，标准层层高3.3m，十三、二十四层层高4.5m；建筑平面尺寸66.35m×42.6m；楼内设上人电梯一部、客货电梯三部、防火楼梯7部。

施工范围包括通风空调系统、排风系统、防烟排烟系统和冷热水系统安装。

1）空调系统

一～四层的营业厅、会议室、多功能厅、计算机主机房和终端室设8个半集中式空调系统，一～二十四层其他房间为风机盘管＋新风系统；系统热媒为60℃的热水，由两台热水锅炉提供95℃/70℃的热水，经两台板式换热器获得；系统冷媒由两台离心冷水机组提供，计算机主机房和终端室内两台风冷空调机提供冷媒。

2）排风系统

共有8个排风系统，P_1～P_5为地下车库、仓库、制冷机房、锅炉房、泵房和营业厅、会议室排风；P_6、P_7为高层卫生间排风；P_8为多功能厅排风。

3）防烟排烟系统

地下车库、制冷机房、锅炉房、南面走廊、裙房和会议室分别设置PY_1～PY_3三套排烟系统；裙房两部楼梯间和高层部分楼梯间前室设置5套正压送风系统S_1～S_5；地下人防设置1套送风系统S_6。

4）冷热水系统

冷热水管道为冬夏共用管道。

（2）工程特点

1）本工程为高层建筑，施工面狭小，安装工程量大，需考虑各安装工种的配合问题；

2）施工现场面临闹市、场地狭窄，需充分合理地利用有限场地；

3）管道竖井内安装难度大、工作量多，应注意质量控制；

4）土建、安装多工种、多层次交叉作业，需要精心组织，既要保证工程进度，又要确保施工安全。

2. 编制依据

（1）与建设单位签订的施工合同；

（2）设计图纸和与设计有关的标准图等资料；

（3）现行的通风空调工程安装施工规范和验收规范；

（4）现行建筑安装工程质量检验评定标准；

（5）现行建筑安装统一劳动定额、工期定额和安装工程全国统一预算定额。

3. 施工技术方案

（1）施工流向和施工顺序

根据本工程特点和通风空调安装工程施工工艺要求，整个工程施工流向为由低向高逐层向上施工，每层流向为由主要设备向末端施工（见图9-21）。

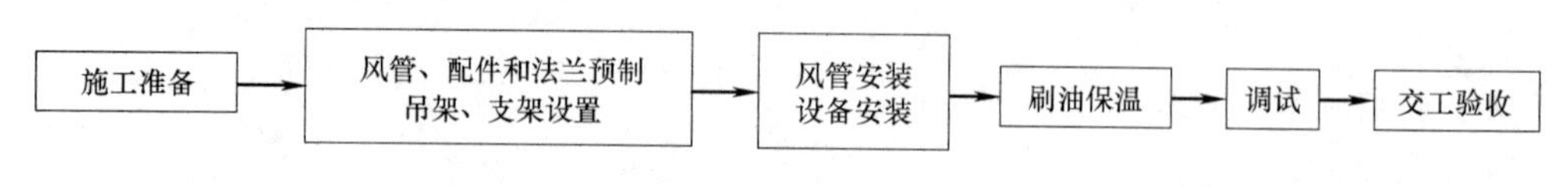

图9-21　施工顺序图

（2）流水段划分、施工方法和施工机械选择

以建筑层和各空调、防排烟分区系统为流水段，由低层向高层组织流水施工；设置临时加工厂，现场加工主要非标管道、部件；标准构件、部件和材料外购；主要施工机械有套丝机、风管咬口机、折方机和卷扬机等。

（3）施工技术措施及要求

1）本工程严格按设计要求施工，设计无要求时严格按国家规范执行，如发现设计与施工有问题时应及时和设计方联系解决。

2）施工前要对施工人员进行质量技术交底，施工中加强质量检查，发现质量问题及时返修。

3）施工前要对设备、主要材料及半成品、成品进行检查，必须有厂家合格证明，并作好检查记录，发现质量问题及时向负责方或材料部门反映。

4）风道制作全部采用机械加工，制作尺寸要正确，咬口要平整，如风管应采用对角线凸棱加固。

5）风道安装应根据现场实况，在总送回风始末端和干管的分支处设置测量孔。

6）穿越沉降缝和变形缝处的风道不得变径，两侧风道应由软接头严密牢固相连。

7）保温风道的支、吊、托架应安装在保温层的外面，在风道与支架之间应衬垫木。

8）防火阀安装位置和方向要正确，保持阀片水平，气流方向与阀体上所标的箭头方向一致，严禁逆向，并应单独设置吊、支架。

9）薄钢板风道及其配件、吊支架应除锈后涂两道防锈漆，如不保温应涂两道面漆。

10）空调送回风管及新风系统送风管均保温，材料为A级橡塑保温板，厚度30mm。机房风管保温保护层用0.3～0.35mm镀锌钢板。

11）风口及散流器安装应牢固、整齐、美观、位置应正确。

12）风机盘管安装支架应牢固，各吊杆受力要均匀、平衡，以防风机盘管受力不均匀而扭曲，造成风机叶轮碰壳。风机盘管排水坡度应正确，不得倒坡，凝结水应畅通地流到指定位置，避免滴水盘积水太多而往下淌水。

13）冷热水系统最高点应设放气装置，最低点应设排水装置。

14）冷热水系统安装前先清洗管内污物；支、吊、托架不允许有气割孔、气切割型钢现象，支、吊、托架必须除锈后再涂两道红丹防锈漆和两道面漆。

15）管道安装完后应做水压试验，试验合格后应对管道进行冲洗（冲洗前须将所有过滤器网卸下），然后进行保温，保温材料为阻燃性聚乙烯保温管壳，保护层为玻璃纤维铝箔。

16）冷水管的支、吊架必须安装在保温层外部，在通过支、吊架处应设置垫木。

17）冷热水管道（包括送回水）应有3%的坡度，管道严禁倒坡。

18）无缝钢管焊接要求焊口宽度均匀，无裂纹、焊瘤、夹渣及气孔等缺陷。

19）管井内主干管安装，固定应牢靠，支托应有足够的承重能力，大口径管道吊装时，宜有起重工参加。

20）管路上的阀门应尽可能保证阀杆垂直向上（蝶阀应保持水下），位置应在便于操作的地方。

21）安装完毕后应进行调试，测定风机风量风压，调整风量分配，测定加热器、表冷器喷水室加湿器、热交换器、制冷机等的能力，调整室内温度、湿度，最后使各项指标符合设计要求。

4. 施工组织及施工进度计划

（1）施工组织

成立项目经理部，实施项目部管理。

项目经理部成员：项目经理1人：×××；专业工长1人：×××；质量员1人：×××；安全保卫1人；×××；材料员1人：×××；其他管理人员由分公司工程处管理人员兼任。

（2）施工进度计划

工程量、劳动量、施工时间、机械台班按照现行定额标准计算，计算过程略。

本施工进度计划以土建“统筹施工图”为基础，按照通风空调安装工程施工的特点编制，为保证工程按期竣工，土建和其他安装工程应相互配合，作好现场协调，以便进行交叉施工。

工程安装施工进度分为三个阶段：第一阶段从××年××月到××年××月，为安装配合阶段；第二阶段从××年××月到××年××月，为安装高峰阶段；第三阶段从××年××月到××年××月，进入调试、收尾阶段。

工程量见工程施工图预算，安装总工日数为27069工日，工期461天，平均安装人数59人/日。施工进度计划安排见表9-4。

5. 施工准备计划、劳动力及物资计划

（1）技术准备

1）熟悉施工图，学习有关施工及验收规范、标准，会同甲方、现场监理、设计和主要设备厂家进行图纸会审。

2）编制详细、切实可行的技术保证措施，从技术上保证工程工期和质量要求。

3）编制施工图预算和施工预算。

4）编制施工组织设计。

(2) 物资准备、施工现场材料管理计划

1) 主要材料需用量见表9-5。现场材料供应按照与甲方签订的有关协议执行。

2) 根据工程进度，由现场施工人员及时提出材料需要计划，报现场材料员或相关部门准备实施。对于一般常用材料应尽可能就地采购，减少运输费用。

3) 为了确保工程质量和进度的正常进行，材料员对进入现场的材料、设备都要严格检查，不合格者均不准用于工程中。一切材料、部件，都应有产品质量合格证书，并保管好技术资料。

某空调系统安装施工进度计划表 **表9-4**

序号	项目		进度计划																
			2000年										2001年						
			3月	4月	5月	6月	7月	8月	9月	10月	11月	12月	1月	2月	3月	4月	5月	6月	7月
1	风管预制																		
2	地下室空调、排风、防排烟风管	设备安装																	
		支吊架安装																	
		风管安装																	
3	裙房空调、排风、防排烟风管安装	设备安装																	
		支吊架安装																	
		风管安装																	
4	新风机组安装																		
5	新风系统风管安装	支吊架安装																	
		风管安装																	
6	风机盘管机组安装																		
7	水系统管道安装	地下室																	
		裙房																	
		土楼																	
8	油漆、保温																		
9	试压																		
10	风口安装																		
11	系统调试																		

注：1. 计划总工数为27069工日，工程日历天数461天。

2. 本计划安排根据承包合同工期及土建施工进度计划进行设计。若因其他原因造成土建进度节点推后，则本计划顺延。

3. 冷冻机房、锅炉房、电气安装和给水排水安装等制约空调系统施工的进度应尽量提前。

主要材料用量表 **表9-5**

序号	名称	规格	单位	数量	备注
1	薄钢板	0.5～1.5mm	m^2	7900	
2	镀锌钢板	0.3mm	m^2	650	机房保温
3	排烟钢管		m	740	

续表

序号	名称	规格	单位	数量	备注
4	蝶阀		个	367	
5	风管止回阀		个	4	
6	多叶调节阀		个	94	
7	电动调节阀		个	5	
8	防火调节阀		个	77	
9	排烟防火阀		个	30	
10	方型百叶活动窗口		个	1	
11	方形散流器		个	400	
12	消声百叶风口		个	3	
13	双层百叶风口		个	472	
14	风管插板风口		个	4	
15	135 双层风口		个	23	
16	单面送吸风口		个	9	
17	格栅壁式风口		个	417	
18	防火风口		个	9	
19	多叶送风口		个	60	
20	消声器		个	41	
21	散流器静压箱		个	181	
22	手动密封阀		个	8	
23	自动排气活门		个	3	
24	风机减震器		个	24	
25	玻璃棉保温板		m^3	324	
26	镀锌钢管		m	9500	
27	无缝钢管		m	1160	
28	平衡阀		个	6	
29	单流蝶阀		个	5	
30	电动阀		个	504	
31	闸阀		个	23	
32	中线阀		个	196	
33	减震喉		个	9	
34	水位控制阀		个	1	
35	滤水器		个	5	
36	自动放气阀		个	12	
37	波纹补偿器		个	5	
38	温度计		个	24	
39	压力表		个	22	
40	聚乙烯保温管壳		m^3	22	
41	玻璃纤维铝箔		m^2	16300	

4）材料保管：对已到达现场的材料，按“施工现场平面布置图”安排、计划堆放整齐，并有防护措施。易燃易爆物品应隔离堆放，并有防火措施。

5）凡代用材料，应经设计单位或建设单位认可并签证后方可使用，不得擅自改变设计。

6）建立和健全材料明细账，按制度现场发料，并做到账、物、卡相符。

7）当施工进度达到80%左右时，材料员应对现场料具进行一次盘点，对剩余工程用料数量做好预测，防止积压，做到工完场清，努力降低材料消耗。

（3）机具、计量器具计划

1）机械设备：大型运输、吊装机械由公司配备或于当地租赁。现场施工材料吊运作业与土建协商，使用土建单位的吊运机械。施工中常用的机具如：试压泵、套丝机、电焊机、电钻、冲击钻、切割机、卷扬机等，由公司统一调配。对损坏和不安全的机具及时更换和维修，禁止带病运转。现场设备要有专人负责，应悬挂：操作铭牌、设备铭牌、岗位责任制标牌。使用时要严格遵守操作规程。在室外放置的机械设备，应有防护措施，避免锈蚀、损坏。

2）施工机具：安装用工具要根据施工需要和工种进行配备，尽量配备一些先进的、便于操作的工具，以减轻劳动强度，并提高工效。

3）为确保工程质量，必须使用经检查合格并在允许使用期内的计量器具。施工班组必须按照“施工工艺计量检测网络图”配备计量器具，严禁使用不合格或超期未检定的计量器具。计量器具使用人员必须训练掌握所使用的计量器具性能、原理、操作程序、测量方法，保证测试结果准确。使用前认真检查是否处于良好技术状态，使用后做好经常性的维护保养工作。主要机具和计量器具需要量见表9-6。

主要机具和计量器具需要计划表 **表9-6**

序号	名称	规格型号	单位	数量	备注	序号	名称	规格型号	单位	数量	备注
1	电焊机	交流	台	3		14	倒链	2～9t	台	3	
2	冲击钻	TF22、52/72	台	5		15	汽车	5t	台	1	
3	套丝机	QT-A1/2-4	台	1		16	汽车吊	5t	台	1	
4	套丝机	QT-B1/2-6	台	1		17	铁尺水平	300mm	把	2	
5	砂轮切割机	Φ400	台	2		18	铁尺角尺	150mm、300mm	把	2	
6	台钻	Φ13	台	2		19	塞尺	2号	把	1	
7	手电钻	Φ6	台	2		20	钢卷尺	2m、3m	把	4	
8	台式砂轮机	Φ150	台	2		21	焊接检查尺	0～40mm	把	2	
9	液压开孔机	YL－120	台	3		22	水准仪	Ds1	台	1	
10	通风咬口机	YZL、YZA、YW1/ZL	台	5	1套	23	压力表	0～1.6MPa、0～0.6MPa	个	4	
11	折方机	WS－12	台	1		24	万用表	MF	块	2	
12	试压泵		台	1		25	氧气表	0～0.25MPa	块	2	
13	卷扬机	5t	台	1		26	乙炔表	0～0.25MPa	块	2	

（4）劳动力计划

工程安装总工日数为27069工日，平均安装人数59人/日。工程主要工种为管道工、通风工、电工、起重工、油漆工、电焊工、气焊工和调试人员，见劳动力需用表9-7。其中大多数由公司调配，少量技术要求不高的普工在当地招聘。表 9-7 中的人数是从配合阶段到工程竣工期间的平均工人数，配合阶段人数应减少，安装高峰期人数应增加。

劳动力需用计划表 **表 9-7**

序号	工种	需用人数	备注	序号	工种	需用人数	备注
1	管道工	37	配合阶段 2～5 人/日	5	油漆工	4	配合阶段 1 人/日
2	通风工	12	配合阶段 2 人/日	6	电焊工	5	配合阶段 2 人/日
3	电工	8	配合阶段 2～4 人/日	7	气焊工	3	配合阶段 1 人/日
4	起重工	4	设备、管道安装	8	调度	4	

6. 施工组织措施

(1) 质量保证措施

1) 严格工程质量控制，一切为用户着想。将该工程列为“创优”项目，密切与土建公司等单位配合，争创“样板工程”。

2) 为实现上述目标，施工现场特成立质量管理领导小组，组长：××；副组长：××；组员：×××、×××、×××等。领导小组接受公司主任工程师的领导和技术质量科的监督。

3) 质量责任制落实：按公司统一制定的管理办法，落实各级质量责任制，分头负责，层层把关，强化现场质量管理，坚持“百年大计，质量第一”的方针，把质量作为施工过程的主题。

4) 保证措施：

① 按照材料、工艺、人员等主要环节进行安装质量程序控制，见图 9-22。

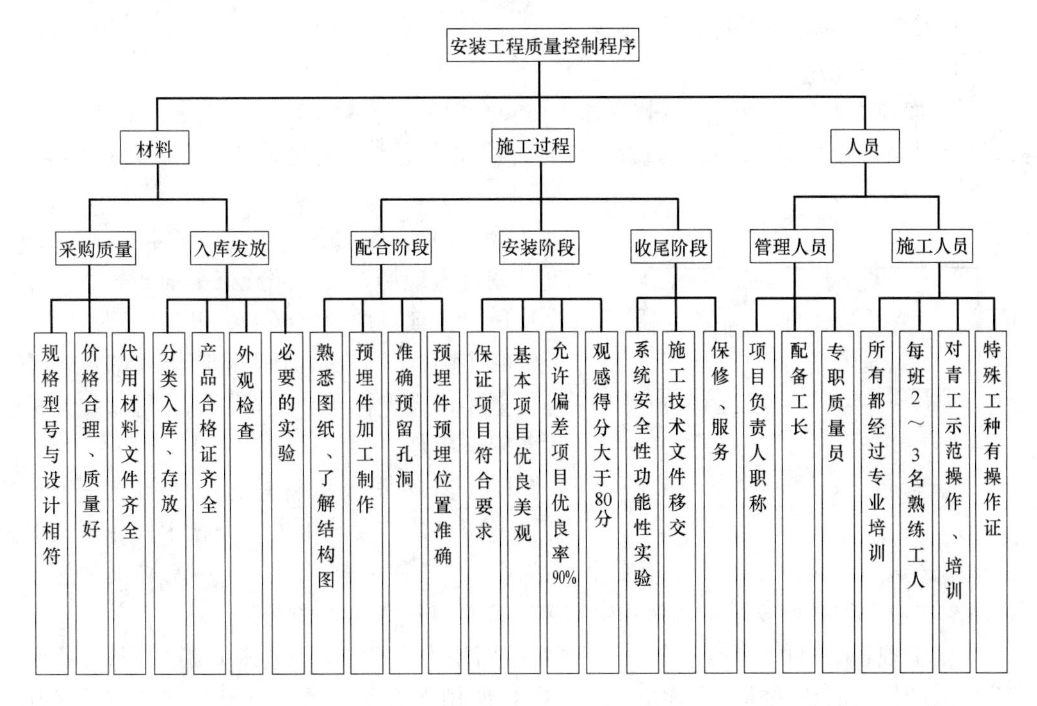

图 9-22 安装工程质量控制程序

② 材料：材料出库依据用料计划，按规格、型号核实并应附有产品合格证。当材质或规格不符合要求时，班组有权拒绝领用；施工中使用的材料应按工艺、规格要求，合理配料，保证产品质量。如遇不能处置的质量问题时，应及时向上级反映，请求解决。

③ 施工：施工过程中除应遵守设计、规范、标准等技术文件外，还应依据本施工组织设计进行分项工程质量控制。质量检验要坚持“自检、互检、专检”相结合的三检制；班组每星期六下午为质量安全会，班长应向组员做一周的质量工作小结；班组施工任务书结算实行质量认定，即任务书验收结算必须有专职质量员的签字，否则劳资员不予以结算。

④ 消除质量通病：施工中必须消除公司在管道、电气、通风〔空调）方面总结出的质量通病。对出现质量通病，采取严管重罚办法，即：每出现一项（处）质量通病，罚款××～××元，同时必须限期整改。

⑤ 整改措施：凡出现不合格项，班组任务书暂停结算，同时填写“不合格项处理报告书”，班组一周内必须整改完毕，将整改结果返回质保部门。待整改全部确认后，再作任务书结算。

⑥ 工程质量实行“三级检验一级评定”制，即施工队、工程处、公司三级质量部门检验，公司质量科最后评定质量等级。

5）施工技术资料管理：各专业施工技术资料（技术资料、评定资料、竣工图、其他）必须随工程同步填写，以确保其真实性和完整性。

6）质量回访及保修：按施工合同及有关规定，对保修期内出现的安装质量问题，应及时进行处理，保证设计使用功能，做好质量回访工作，虚心听取用户意见，处理存在的问题，做到用户满意。

（2）安全、消防及保卫措施

1）施工安全措施

① 参加施工人员要经过安全教育和岗位安全操作技术教育，熟记安全技术操作规程。各级领导要做好安全生产的宣传教育，抓好各项安全生产措施的落实，建立安全生产网络（见图 9-23）。

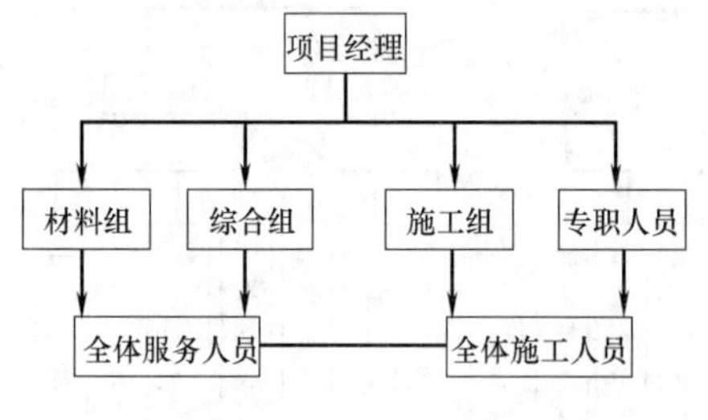

图 9-23　安全管理网络图

② 施工现场的各种设备、材料应按工期进度计划进入现场，并按照施工平面布置堆放于安全地段，保证场内道路畅通、平整。

③ 施工现场入口处及危险作业部位，均应挂安全生产大型标语和安全标志，随时提醒职工注意安全生产。

④ 施工人员要服从总包单位的统一安排指挥，遵照《建筑安装工人安全技术操作规程》进行安全生产。施工人员要正确使用安全防护用品。任何人进入施工区域都必须戴好安全帽，高空作业必须挂好安全带，禁止穿拖鞋、高跟鞋进入施工现场。

⑤ 施工现场临时用电应遵照《施工现场临时用电安全技术规范》的有关规定执行。

⑥ 电动机具的金属外壳必须接地或接零，所用保险丝的额定电流与其负荷容量相适应，禁止用其他金属代替。

⑦ 文明施工，自觉遵守现场管理制度。保护产品安全，防止污染。

2）消防措施

① 对职工进行消防宣传教育，提高职工灭火、防火意识。建立消防管理制度及网络。

② 施工现场设消火栓，在消火栓周围 5m 内不准堆放物料。

③ 施工现场要备有足够的灭火器材，随着施工进展应分层设置消防器材。

④ 施工现场设置明显的消防标志，特别是在装修工程交叉施工阶段，应严格执行动火证制度，提高防火意识。在有易燃物周围动火，应有人监护。

3）保卫措施

① 遵守国家治安管理条例，加强现场保卫工作，建立现场保卫管理网络。

② 建立施工人员出入证制度，凭证出入施工现场，严防不法分子偷盗破坏。

③ 夜间必须设立保卫值班人员，搞好现场治安保卫工作，严厉打击各种犯罪活动。

4）降低成本措施

① 合理使用机械，提高机械综合使用率。

② 合理安排现场材料堆放，减少二次搬运费用

③ 对施工班组实行经济承包制，降低材料损耗，

④ 编制降低成本计划表、并进行综合评价分析，

7. 主要经济技术指标测算

（1）每平方米产值＝工程预算造价/建筑面积＝6188000/2800＝221 元/m^2。

（2）单位产品劳动力消耗＝计划总工日/建筑面积＝27069/28000＝0.96 工日/m^2。

（3）安全、质量指标：确保不发生重大事故，一般事故率控制在 1‰以下，工程合格率 90％，工程质量优良率达到 95％以上。

8. 临时设施及总平面布置

该工程场地狭小，安装工程的现场加工及材料堆放场地需另行考虑。现场平面图布置如图所示（略），生活设施占地 15m×25m；消防采用泡沫灭火器、消防桶等措施；生活、生产用水接总承包单位布置的临时水源，引入管径为 DN50；电源由现场变压器配电室引入。

思　考　题

1. 工程项目管理有两类定义，分别是什么？
2. 施工企业项目管理的工作内容主要包括哪两方面？
3. 工程项目计划管理的基本内容是什么？如何理解它们之间的联系？
4. 项目组织机构设置原则有哪些？项目组织机构形式有哪些？各有什么特点？
5. 施工组织设计的内容有哪些？
6. 编制施工组织设计的依据有哪些？
7. 简述施工进度计划的种类及编制方法。
8. 简述项目成本控制的内容及控制方法。
9. 工程质量控制的原则和方法是什么？

第10章　建筑设备安装企业管理

10.1　企业管理概述

企业管理是对企业生产经营活动进行计划、组织、指挥、协调和控制等一系列活动的总称，是社会化大生产的客观要求。企业管理是尽可能利用企业的人力、物力、财力、信息等资源，实现多、快、好、省的目标，取得最大的投入产出效率。

企业管理是社会化大生产发展的客观要求和必然产物，是由人们在从事生产、经营过程中的共同劳动所引起的。在社会生产发展的一定阶段，一切规模较大的共同劳动，都或多或少地需要进行指挥，以协调个人的活动；通过对整个劳动过程的监督和调节，使单个劳动服从生产总体的要求，以保证整个劳动过程按人们预定的目的正常进行。尤其是在科学技术高度发达、产品日新月异、市场瞬息万变的现代社会中，企业管理就显得愈发重要。

企业管理大致包含了战略管理、营销管理、商战谋略、物资管理、质量管理、成本管理、财务管理、资本运营、人力资源、领导力提升等内容。

企业管理使企业的运作效率大大增强；让企业有明确的发展方向；使每个员工都充分发挥他们的潜能；使企业财务清晰，资本结构合理，投融资恰当；向顾客提供满意的产品和服务；树立企业形象，为社会多做实际贡献。

10.1.1　企业管理原理

企业管理原理是从企业管理的共性出发，对企业管理工作实质内容进行科学的分析、综合、抽象与概括后所得出的企业管理的规律。

1. 系统原理

系统是指各个相联系的要素之间所构成具有特定功能的有机整体。系统各要素之间、系统与要素之间、系统与环境之间相互联系，形成多层次、多种结构形式的关系。通过这些联系，系统在一定的环境条件下能产生其特有的功能。企业活动中，企业的各个管理职能、企业各要素存在多层次的联系，是一种系统性的活动。在企业管理中应用系统原理，首先要建立系统的管理观念，如整体性观念、层次性观念、目的性观念和环境适应性观念；其次要在企业管理过程中运用系统分析的方法，了解企业管理系统的要素、分析研究管理组织结构和各职能部门之间的联系、掌握管理系统的功能和发展。

2. 人本原理

人本原理是指在企业管理活动中应以调动人的积极性、主观能动性和创造性为根本，并设法满足人的物质需要与文化素质、精神追求。人本原理要求在管理活动中重视人的因素的重要作用，通过调动人的积极性、主观能动性和创造性来提高管理效率和效益。

3. 权变原理

权变原理是指在管理组织活动的环境和条件不断变动的前提下，管理应该因人、事、时、地而权宜应变，采取与具体情况相适应的管理对策，以达到管理目标。权变原理要求在管理过程中做到灵活适应、注意反馈、弹性观点、适度管理。

4. 效益管理

效益管理是追求效益；组织或其活动的效益首先要通过提高管理水平获得；管理活动要注意其工作的有效性；影响效益的因素可从多个角度分析；管理对效益的追求是多方面的内容。

10.1.2 企业管理职能

施工企业的管理职能主要包括计划职能、组织职能、指挥职能、控制职能、激励职能和创新职能。施工企业的管理职能主要是针对企业生产、经营过程而言，其任务是把握、调整企业的发展方向；协调企业内部、企业与外部环境之间的关系；保证企业正常生产、经营活动，是企业宏观管理职能。项目管理的计划、组织、协调和控制职能主要是针对工程项目而言，其任务是充分发挥项目经理部内部管理能力和施工组织能力，保证项目能完成成本、质量、工期等指标，达到一定的经济效益和社会效益，是施工企业对于项目的微观管理职能。

1. 计划职能

计划职能是企业在对生产经营环境调查预测的基础上，根据客观需要和主观条件确定企业生产经营目标和实现目标的行动方案、方针等。计划职能是企业管理的首要职能，企业的一切管理活动都始于计划职能并为之服务。计划职能的基本工作内容包括：确定目标、制定行动方案、预算资源投入和规定企业行为准则。

2. 组织职能

组织职能是为了实现企业生产经营目标和计划，企业系统的各种构成要素和生产过程中各个环节在时间和空间上的组织，协调各部门、工种、工序，使企业各要素得到最优结合和充分利用，保证企业生产经营活动能顺利进行。组织职能包括合理设置管理机构、明确各职能机构的职责和权限、规定各级主管人员的权力和责任等。

3. 指挥职能

指挥是指管理者对下级各类人员发布命令、指派任务、提出要求并限期完成的过程。指挥职能是保证生产经营过程各部门和个人步调一致，在企业运行中保持平衡的重要手段，是有效实施组织职能的关键。

4. 控制职能

控制职能是指在计划执行过程中，通过检查、考核、测定、评估等形式和手段，掌握管理对象的实际情况和有关指标，并与计划对比，找出差异，及时采取纠正措施的过程。控制包括预先控制、过程控制和反馈控制，分别针对生产经营计划实施之前的准备、实施过程中的检查、纠偏和计划周期结束后的总结。控制职能由三个要素组成：控制标准的制定，控制对象实际状态的测定，采取纠正措施。控制标准包括各种技术标准、管理标准、工作标准和制度等；控制对象实际状态的测定包括对工期、成本、质量、库存、财务等的测定、考核等；纠正措施是将控制对象实际状态的测定结果与控制标准比较，找出差距，分析原因，采取针对性措施。

5. 协调职能

企业与外部之间的关系不能完全用计划解决，更不能采用指挥职能；即使在企业内部，仅靠计划、组织、指挥和控制职能也难以达到保证生产经营完全按照计划进行。企业管理的协调职能是通过联系、磋商和调度等方式，以求企业与外部及企业内部各职能部门之间在生产经营各环节上能良好配合，减少脱节，实现计划目标。

6. 激励职能

利用精神激励和物质激励，调动职工的积极性、主动性和创造性。

7. 创新职能

通过创新职能可以提高施工企业的施工技术水平，当在施工过程中遇到技术难题时，要发挥创新职能，克服施工技术难题，提高企业的施工质量，提高竞争力。

10.1.3 企业管理系统

1. 企业管理系统的要素

企业的管理系统是由人、财、物、信息和任务五个基本要素构成，如图10-1所示。

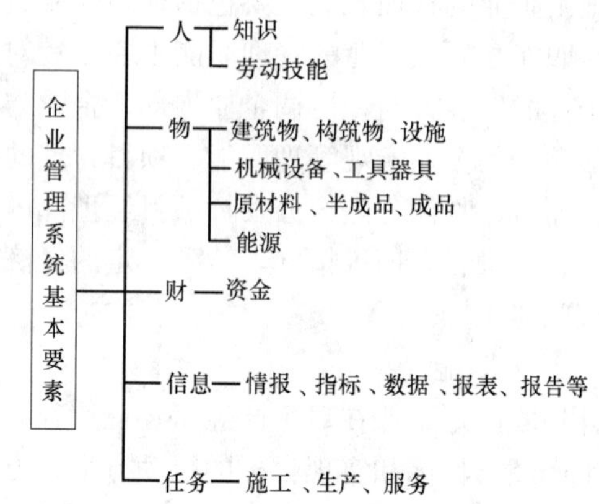

图 10-1 企业管理系统基本要素

各种要素中，人既是管理的实施者，是管理的主体，也是管理的对象。因为人具有能动性，企业的管理水平关键在于发挥人的能动性，所以人是企业管理系统第一要素。构成管理系统的 5 个基本要素是不断流通的，企业管理的任务就是掌握流通的条件，保障流通，特别是人流、物流和信息流的顺畅。

2. 企业管理系统的结构

根据管理职能专业划分，施工企业管理系统由 8 个主要的子系统构成，分别是：经营计划子系统、施工管理子系统、技术管理子系统、质量管理子系统、劳动人事管理子系统、机械设备管理子系统、物资供应管理子系统和财务管理子系统，各子系统的功能见表10-1。这些子系统作为一个职能部门，管理职能由上而下贯通。对于较大的管理系统，为了使各子系统协调统一的运作，还需要合理划分管理层次、建立等级结构、分解管理目标。管理层次一般划分为决策层、管理层和执行层。

施工企业管理系统的功能 **表 10-1**

子系统	功　能
经营计划子系统	经营预测、经营分析、综合计划、综合协调、合同预算
施工管理子系统	编制施工作业计划和综合进度计划、施工准备、施工组织、施工核算、施工生产调度
技术管理子系统	研究开发、新技术推广应用、项目施工计划、技术监督、技术保证
质量管理子系统	制定质量管理目标和控制方法、质量检查、质量检测评定
劳动人事管理子系统	定额、定员、人员招聘、培训、调配、考核、工资、奖金分配
机械设备管理子系统	机械设备的保管、使用、养护、维修及更新改造
物资供应管理子系统	物资供应计划、物资订购、供应、管理
财务管理子系统	资金的筹措、运用、费用、成本利润核算等

3. 企业管理系统运作程序

企业管理包括计划、实施和控制三个基本活动。计划活动是根据企业内、外部环境条件和企业目标，以及已有管理活动的反馈信息，制定企业经营发展和具体施工项目的各种计划。实施活动是根据制定的计划和企业外部环境条件进行开拓市场、承包工程和工程项目管理。控制活动包括对实施过程的检查、纠偏、测定和评价等，考核计划实施和效果，为以后的管理提供经验。由此可见，完整的企业管理系统除了包含企业管理活动外，还要将企业的内、外部环境和企业目标纳入其运作过程，企业管理系统运作程序如图 10-2 所示。

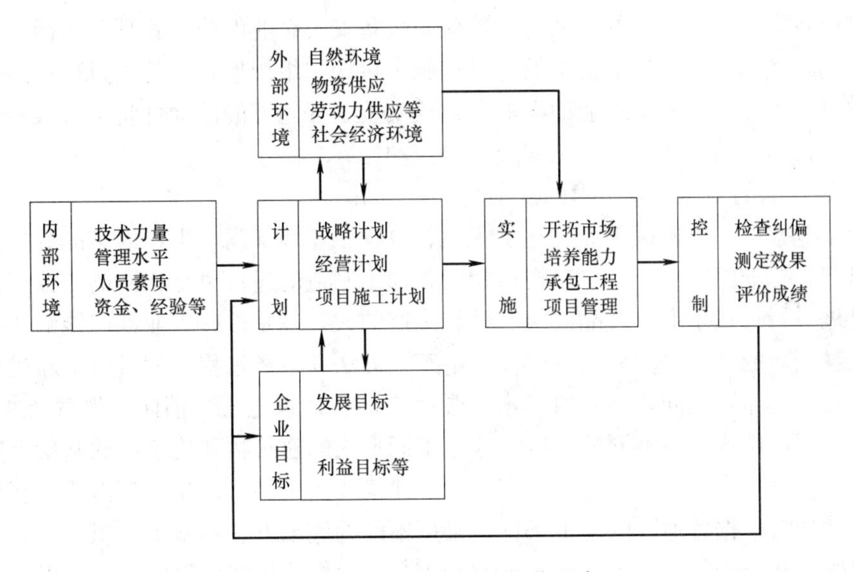

图 10-2 企业管理系统运作程序

10.2 建筑设备安装企业的特点

建筑设备安装企业是指具有独立法人资格、具备相关资质和完善的组织机构，专门从事建筑设备采购、安装、运行管理及售后服务的企业单位。

建筑设备是指安装在建筑物内为人们居住、生活、工作提供便利、舒适、安全等条件的设备；包括建筑内部给排水系统、燃气及热水供应系统、建筑消防系统、建筑通风及建筑防排烟系统、供热工程、空气调节工程、建筑电气及设备工程、检测与控制仪表、建筑智能化等内容。

建筑设备安装企业除具有一般企业的特点外，还有自身的一些特点，概括如下：

1. 建筑设备安装企业的从属性

建筑设备安装企业的安装工作一般是在建筑后期进行，其工作往往受建筑主体的制约，建筑主体的施工进度对设备安装有直接的影响；而且，在施工现场，设备安装企业基本上是分包性质，需要接受总包的管理。

建筑设备安装企业的从属性使安装企业受制约的条件增多，这给企业的施工组织管理带来较大的不确定性，如建筑主体不能按时提交工作面或不能按时提交足够的工作面、施工工序交接条件不明确、建设方的变更等均对设备安装带来直接影响。这需要设备安装企业在施工管理过程中增大协调力度，同时准备备用施工组织方案，以尽可能减少因此而造成的停工、窝工等。

2. 施工场所、施工机具的不固定性

建筑设备安装工程由于产品需要安装在固定场所，因此，其安装工程需要经常流动，施工者、施工机具、施工材料、设备等需要从一个施工段转移到另一个施工段、从一个单位（单项）工程转移到另一个单位（单项）工程。当一个建设项目完成后，还要从一个工地转移到另外一个工地。

建筑设备安装工程施工的流动性，给建筑设备安装企业的施工管理和生活安排带来了很大的影响，例如生产、生活基地的建设；施工机构的组织形式；施工过程中运距的经济合理问题等。当然，随着建筑业的发展，建筑安装工程施工的流动性将会大大减少，但是这也不能从根本上消除建筑安装工程施工的流动性。

3. 安装产品的多样性及技术的复杂性

一般工业部门，如机械工业、化学工业、电视工业等部门，生产的产品数量很大，而产品本身都是标准的同一产品，其规格相同，加工制造的过程也是相同的，按照同一设计图纸反复地进行批量生产，产品的统一性和生产的大量性是这些工业部门能够实行大量生产的基础：当新的产品出现以后，改变一下工艺方法和生产过程，就可以重新进行批量生产。建筑安装产品则不同，涉及给排水、暖通空调、建筑电气、消防、燃气等多个专业，它是根据不同的用途，在不同的地区，建造不同形式的建筑物和构筑物的基础上安装相应的产品，这就表现出建筑安装产品的多样性。建筑业的每一个产品，都需要一套单独的图纸，而在建造时根据各地区的施工条件，采用不同的施工方法和施工组织。就是采用同一种设计图纸的建筑产品，由于地形、地质、水文、气候等自然条件的影响，以及交通、材料资源等社会条件的不同，在建造时，往往也需要对设计图纸和施工方法与施工组织设计等作相应的改变。由于建筑产品的这个特点，使得每个建筑产品的生产都具有个体性。

4. 环境的不确定性

建筑设备安装企业在项目实施过程中可能遇到各种各样的环境，不同的地理环境、气候环境；不同的海拔高度等。随时可能面临雨期施工、冬期施工、高海拔施工等特殊施工环境，同时还需要应付其他各种特殊气候带来的困难。这需要设备安装企业在施工组织时需要有充分的前瞻性、预见性，精心组织施工，随时做好应付各种特殊环境带来的困难。

5. 工种、机具的多样性

建筑设备安装企业由于涉及专业多种多样，因此，施工工种、施工机具呈现多样化，其中还涉及不少特殊工种和特种设备。如焊工、电工、起重工等特殊工种和起重设备、压力设备等特种设备。因此，员工的岗前培训、持证上岗、特殊设备的维护、检验、检修、保养等是保证项目顺利实施的基本条件。

10.3 建筑设备安装企业的组织机构

由于建筑设备安装企业性质的特殊性，其组织机构也根据企业特点设立相应的组织管理机构，其组织管理机构的设立原则是：

1. 组织管理机构具有较强的独立性

由于建筑设备安装企业施工环境的不确定性、企业从属性等特点，需要组织管理机构能根据现场情况快速反应，现场决策。不能采取层层上报、层层审批的方式来实行现场管理。因此，组织管理机构在设立时需要考虑较强的独立自主性，以适应施工现场的复杂性。

2. 组织管理机构具有较大的灵活性

组织管理机构的灵活性是为了适应现场的多变性，建筑设备安装企业受制约因素较多，需要根据施工现场情况灵活调整，包括施工方案、施工部署能灵活调整；施工机具、施工人员能灵活调动。当某一个制约条件出现时，可以避开该条件的约束，转而从事不受约束的部位施工。

3. 组织管理机构设立专门的信息沟通、信息处理机构

组织管理机构的信息沟通、信息处理相当重要，随时掌握建设项目总体进度、设计图纸变更情况、设备、材料供应情况等，可以提前根据收集到的信息进行预判，从而对施工部位做出相应调整，这样可以尽可能避免因信息不畅造成的怠工、窝工现象。

4. 组织管理机构应有完善的组织、管理措施、完备的人员配置

完善的组织、管理措施、完备的人员配置是保证项目顺利进行的基本条件，各部门、各人员根据组织管理措施各司其职、各尽其责、明确分工、相互协调、相互沟通，这样才能保证项目的顺利实施。

10.4 建筑设备安装企业管理内容

建筑设备安装企业的管理可分为生产管理和经营管理两部分。生产管理指对建筑设备安装生产过程的管理。生产过程包括基本生产过程、辅助生产过程、施工准备和技术准备过程、生产所需的服务过程等。生产管理是企业的内部管理。经营管理是指对建筑设备安装企业与企业外部的流通、分配、消费等的管理，包括安装工程承包、物质资料的供应、劳动力和施工设备的调配、企业外部环境的调查研究等与外部的经济关系的处理协调。生产管理和经营管理是施工企业管理的密不可分的两个部分。良好的经营管理为企业提供充足的生产任务，并为生产过程提供有利的条件；生产管理是经营管理的基础，合理组织生产过程、提高劳动生产率、降低生产成本才能保证企业在经营管理过程中获得竞争优势。

10.4.1 经营管理的内容

企业经营管理的内容大致可以分为以下几种：

1. 计划管理

根据企业外部环境和内部条件制定企业在生产、技术、经济等方面的发展目标和中长期计划，年度、季度计划，并为实现目标制定行动的基本方针、措施和步骤。

2. 协调管理

对企业内部：协调生产力诸要素和生产要求的关系，合理组织生产力，全面做好生产计划、生产准备、生产调度、设备维修、原材料供应、劳动力组织、经济核算和技术工作，保证生产顺利进行。对企业外部：协调企业与企业之间的经济关系。

3. 工程招投标管理

工程招投标管理是企业经营管理的重要内容之一，它涉及能否顺利完成企业的计划管理。因此，招投标管理部门（一般为市场部或工程部）搜集、传递市场信息，调研、分析、预测建筑市场发展动态，提供决策依据；项目承接前期，由招投标管理部门对项目进行筛选，对投资方、项目情况要作全面的了解分析，严格控制业务承接质量。

投标的关键是标价和技术方案。招投标管理部门组织成立投标文件编制小组，由小组长负责召集相关人员认真研究招标文件，深刻领会招标文件精神，选定标书编制方案。报送的标书要做到标价合理、方案优化、工期合理、送达及时。

整个投标过程按招投标管理部门的投标工作流程要求进行，根据招标文件要求，编制投标文件；在编制投标文件前招投标管理部门及其他相关部门必须对招标文件、招标图纸、合同条件、技术规范、工程量清单等进行研究分析，以便合理确定编制方案。

4. 合同、信息管理

合同管理的目的是减少和避免不完善合同的出现，预防合同纠纷和减少诉讼，提高合同履约率等。因此，企业的合同管理应做到：

（1）对合同管理情况进行监督检查，通过检查，发现问题，提高合同履约率。

（2）经常对项目经理及有关人员进行相关法律教育，提高合同业务人员素质。

（3）建立健全工程项目合同管理制度，包括项目合同归口管理制度、考核制度、合同用章管理制度、合同台账、统计及归档制度等。

（4）对合同履行情况进行统计分析，包括工程合同份数、涉及金额、履约率、违约原因、纠纷次数、变更情况等，以便发现问题，提高利用合同进行生产经营的能力。

（5）组织、配合相关部门做好有关工程项目合同的鉴证、公证和调解、仲裁及诉讼活动。

信息管理分为内部信息管理和外部信息管理。内部信息管理主要是对企业内部信息进行收集、分类、保存。主要有企业组织管理机构、管理体系构成、人员及人员构成、资产构成、企业财务状况、企业信誉等；外部信息主要是市场信息、材料、设备、机具价格信息、政策信息、同行业信息等。

无论是内部信息还是外部信息，均要求及时更新，为企业决策提供最新的信息服务。

5. 成本、安全、质量管理

企业的成本控制关系到企业利润及企业的市场竞争力，如何在保证质量、进度的前提下将成本控制在合理的范围是企业成本控制的主要任务。

成本控制的手段是成本核算，对于每一个实施的项目，其成本控制采用事前控制和事中控制。事前控制是在编制施工组织设计时，根据企业自身的技术、管理、装备水平，结合具体项目情况、市场信息等编制详细的施工组织设计。成本管理部门利用施工组织设计文件进行工料平衡计算，并根据计算结果进行调整，事先将成本控制在合理地范围内。而事中控制是在施工过程中严格按照施工组织设计实施管理。合理地组织人、材、机的供应量和供应时间，严格按照既定的施工进度和质量方针组织施工，尽量避免窝工、怠工、资金积压及返工等情况发生。

企业的安全、质量管理也是企业成本控制的基础，要清楚认识“安全出效益、质量出效益”的重要性，在企业生产过程中制定全面的安全、质量方针，坚持安全、文明生产，严把质量关。

10.4.2 生产管理的内容

1. 计划管理

根据经营管理的中长期计划，年度、季度计划，结合施工项目制定综合进度计划、项目施工中的各项组织设计。

2. 项目施工管理

合理组织人力、财力和物力，保证按期、按质、安全、经济地完成施工任务。包括施工计划、施工准备、作业管理和交工验收等，项目施工管理的内容如图 10-3 所示。

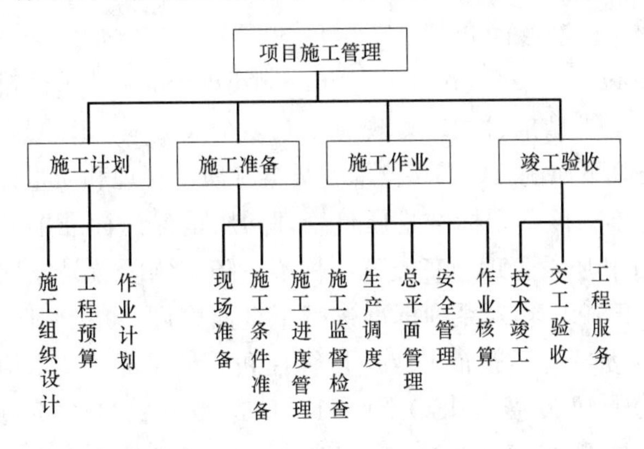

图 10-3 项目施工管理的内容

3. 科技管理

科技管理分为技术基础工作、施工技术管理和技术开发管理三方面内容。技术基础工作包括制定和贯彻技术标准和技术规程、技术档案管理、技术情报管理等工作；施工技术管理包括图纸会审、技术交底、“五新”（新技术、新工艺、新材料、新机具和新结构）实验和培训、技术复核、技术检验、技术核定、技术组织措施等工作；技术开发管理包括技术开发规划、新科技成果推广应用、合理化建议和技术改进等工作。

4. 质量管理

包括对勘测、设计文件质量的管理；施工组织设计或施工作业设计的管理；物资供应质量和保管的管理；施工现场准备质量的管理；工艺过程管理；竣工验收时的检查等。

5. 劳动人事管理

劳动人事管理的主要工作内容有劳动定额的编制与管理、编制定员、人员招聘、人员使用与考核、劳动报酬分配等。

6. 财务管理

财务管理可分为资金、成本和利润管理三部分。资金管理的主要工作内容是对固定资产、流动资产、无形资产和其他资产的筹集、运用、分配、核算等。成本管理包括成本预测、计划、核算、控制、分析和考核等工作。利润管理包括利润总额的组成计算、增加利润的途径、利润计划和利润分配等。

7. 材料和机械设备管理

材料管理包括材料定额管理；材料供应计划的编制和实施管理；材料现场的运输、库存、发放、回收管理；材料的集中加工和配置管理等。机械设备管理包括机械设备的调配、使用、维护和修理管理；机械设备的更新和改造管理等。

10.5 安装企业管理国际认证

在国际建筑市场上，由于项目业主的要求越来越高，国际上普遍把是否具备 ISO 9000 质量认证和 ISO 14000 环保认证作为获取工程承包资质的重要条件。

1. ISO 9000 质量标准族认证

（1）ISO 9000 质量标准族简介

ISO 是 International Organization for Standardization（国际标准化组织）的缩写。ISO 成立于 1947 年，是非政府性组织，现有 100 多个成员国。ISO 9000 质量管理和质量保证系列标准是由 ISO 下属的 TC 176 技术委员会（质量管理和质量保证技术委员会）于 1987 年发布的质量标准。该系列标准是质量管理和质量保证标准中的主体标准，共包括"标准选用、质量保证和质量管理"三类五项标准。随着国际贸易发展的需要和标准实施中出现的问题，ISO 于 1994 年对系列标准进行了全面修订，并于当年 7 月 1 日正式发布实施。此外，TC 176 委员会还颁布了《质量管理和质量保证——术语标准》ISO 8402—1994。随后 ISO 9000 标准发展成 ISO 9000-1、ISO 9000-2、ISO 9000-3 和 ISO 9000-4；ISO 9004 发展成 ISO 9004-1、ISO 9004-2、ISO 9004-3 和 ISO 9004-4 等项标准。2008 年，TC 176 委员会颁布了 ISO 9000 最新标准，一般称为 ISO 9000：2008 版。我国依据 ISO 9000 国际标准制定了 GB/T 19000。

我国于 1988 年等效采用 ISO 9000 系列标准，当年 12 月 10 日发布 GB/T 10300 质量管理和质量保证系列标准。1992 年 10 月 13 日发布 GB/T 19000-1992-ISO 9000：1987 质量管理和质量保证系列标准，把等效采用 ISO 9000 系列标准改为等同采用。1994 年根据 ISO 9000：1994 版标准对国家标准 1992 版标准进行修订，于 1994 年 12 月 24 日发布了 GB/T 19000-1994-ISO 9000：1994 质量管理和质量保证标准，并于 1995 年 6 月 30 日实施至今。

ISO 9000 族标准可分为 5 个部分：术语标准；使用或实施指南标准；质量保证标准；质量管理标准；支持性技术指南。

术语标准编号为 ISO 8402，阐明了质量管理领域所用的 67 个质量术语的含义，其中基本术语 13 个，与质量有关的术语 19 个，与质量体系有关的术语 16 个，与工具和技术有关的术语 19 个。

使用或实施指南标准总编号为 ISO 9000，为企业如何选择、使用和实施质量管理和质量保证标准提供指南。

质量保证标准包括 ISO 9001、ISO 9002、ISO 9003 这三个标准。ISO 9001 是质量体系——设计、开发、生产、安装和服务的质量保证模式；ISO 9002 是质量体系——生产、安装和服务的质量保证模式；ISO 9003 是质量体系——最终检验和试验的质量保证模式。在内容上，ISO 9001 完全包含了 ISO 9002；ISO 9002 又完全包含了 ISO 9003，代表了在具体情况下对供方质量体系要求的三种不同模式，反映了不同复杂程度的产品所要求的质量保证能力的不同，是质量体系认证的依据。企业可根据自身要求申请三种质量体系认证的一种。

质量管理标准总编号为 ISO 9004，包括 4 个分标准，其作用是用于指导企业进行质量管理和建立质量体系的。

支持性技术标准编号从 10001 到 10020，是对质量管理和质量保证中某一专题的实施方法提供指南。

（2）ISO 9000 标准族的特点和作用

1）ISO 9000 的特点和作用

ISO 9000 标准是一个系统性的标准，对责、权进行明确划分、计划和协调，从而使企业能有效、有秩序地开展各项活动，保证工作顺利进行。强调管理层的介入，明确制订质量方针及目标，并通过定期的管理评审，达到了解公司的内部体系运作情况，及时采取措施，确保体系处于良好的运作状态的目的。强调纠正及预防措施，消除产生不合格或不合格的潜在原因，防止不合格的再发生，从而降低成本。强调不断的审核及监督，达到对企业的管理及运作不断地修正及改良的目的。强调全体员工的参与及培训，确保员工的素质满足工作的要求，并使每一个员工有较强的质量意识。强调文化管理，以保证管理系统运行的正规性、连续性。如果企业有效地执行这一管理标准，就能提高产品（或服务）的质量，降低生产（或服务）成本，建立客户对企业的信心，提高经济效益，最终大大提高企业在市场上的竞争力。

2）ISO 9001 的特点和作用

ISO 9001 用于供方保证在开发、设计、生产、安装和服务各个阶段符合规定要求的情况。对质量保证的要求最全，要求提供质量体系要素的证据最多。从合同评审开始到最终的售后服务，要求提供全过程严格控制的依据。要求供方贯彻“预防为主、检验把关相结合”的原则，健全质量体系，有完整的质量体系文件，并确保其有效运行。

3）ISO 9002 的特点和作用

ISO 9002 用于供方保证在生产和安装阶段符合规定要求的情况。对质量保证的要求较全，是最常用的一种质量保证要求。除对设计不要求提供控制证据外，要求对生产过程进行最大程度的控制，以确保产品的质量。要求供方贯彻“预防为主、检验把关相结合”的原则，健全质量体系，有完整的质量体系文件，并确保其有效运行。

4）ISO 9003 的特点和作用

ISO 9003 用于供方只保证在最终检验和试验阶段符合规定要求的情况。对质量保证的要求较少，仅要求证实供方的质量体系中具有一个完整的检验系统，能切实把好质量检验关。通常适用于较简单的产品。

ISO 9001、ISO 9002、ISO 9003 用于合同环境下的外部质量保证。可作为供方质量保证工作的依据，也是评价供方质量体系的依据，都可作为企业申请 ISO 9000 族质量体系认证的依据。

ISO 9000 族标准的作用是以标准化的形式，一为企业实现有序、有效的质量管理提供方法指导，二为贸易中的供需双方建立信任，实施质量保证提供通用的质量体系规范。按照这套标准建立质量体系并坚持运行，都可取得明显的经济效益和社会效益，因此受到世界各国的普遍重视和广泛采用，成为世界各国发展经济贸易的一项重要措施。

(3) ISO 9000 质量体系认证程序

我国质量体系认证的程序分为以下四个阶段：

1) 提出申请

申请企业按照规定的内容和格式向体系认证机构提出书面申请，并提交质量手册的和其他必要的信息。质量手册的内容应能证实其质量体系满足所申请的质量保证标准（GB/T 19001或19002或19003）的要求。认证机构在收到认证申请之日起60天内做出是否受理申请的决定，并书面通知申请者；如果不受理申请应说明理由。

2) 体系审核

体系认证机构指派审核组对申请的质量体系进行文件审查和现场审核。文件审查的目的主要是审查申请者提交的质量手册的规定是否满足所申请的质量保证标准的要求；如果不能满足，审核组需向申请者提出，由申请者澄清、补充或修改。只有当文件审查通过后方可进行现场审核。现场审核的主要目的是通过收集客观证据检查评定质量体系的运行与质量手册的规定是否一致，证实其符合质量保证标准要求的程度，做出审核结论，向体系认证机构提交审核报告。审核组的正式成员应为注册审核员，其中至少应有一名注册主任审核员，必要时可聘请技术专家协助审核工作。

3) 审批发证

体系认证机构审查审核组提交的审核报告，对符合规定要求的批准认证，向申请者颁发认证证书，证书有效期三年；对不符合规定要求的亦应书面通知申请者。体系认证机构应公布证书持有者的注册名录，其内容应包括注册的质量保证标准的编号及其年代号和所覆盖的产品范围。通过注册名录向注册单位的潜在顾客和社会有关方面提供对注册单位质量保证能力的信任，使注册单位获得更多的订单。

4) 监督管理

标志使用的规定：体系认证证书的持有者应按体系认证机构的规定使用其专用的标志，不得将标志使用在产品上，防止顾客误认为产品获准认证。

通报方面的规定：证书的持有者若改变其认证审核时的质量体系，应及时将更改情况报体系认证机构。体系认证机构根据具体情况决定是否需要重新评定。

监督审核的规定：体系认证机构对证书持有者的质量体系每年至少进行一次监督审核，以使其质量体系继续保持。

监督后处置的规定：通过对证书持有者质量体系的监督审核，如果证实其体系继续符合规定要求，则保持其认证资格。如果证实其体系不符合规定要求，则视其不符合的严重程度，由体系认证机构决定暂停使用认证证书和标志或撤销认证资格，收回其体系认证证书。

换发证书的规定：在证书有效期内，如果遇到质量体系标准变更，或者体系认证的范围变更，或者证书的持有者变更时，证书持有者可申请换发证书，认证机构决定作必要的补充审核。

注销证书的规定：在证书有效期内，由于体系认证规则或体系标准变更或其他原因，证书的持有者不愿保持其认证资格的，体系认证机构应收回其认证证书，并注销认证资格。

(4) ISO 14001 环境管理体系认证

ISO 14000 环境管理系列标准是国际标准化组织继 ISO 9000 系列标准之后推出的又一管理体系标准，主要目的是通过国际标准来规范组织的环境管理行为，改善组织的环境绩效。随着世界经济的高速发展，环境保护问题日益为各国所重视，绿色环保成为共识和发展的前提。为了适应这一趋势，ISO 的 TC 207 技术委员会从 1993 年起开始制订环境管理体系 ISO 14000 国际标准。其内容包括环境管理体系、环境管理体系审核、环境标志、生命周期评估和环境行为评价等统一标准，旨在减少人类活动对环境造成的污染和破坏，实现可持续发展。

1) ISO 14001 环境管理体系标准的基本内容

① 环境方针。主要陈述组织的环境工作的宗旨和原则，为制定环境目标、指标和方案提供框架（依据）。包括确定适合组织的特点、规模及其活动、产品、服务的环境因素；法律和其他要求以及对持续改进、污染预防的承诺；文件化、全体员工了解并公之于众等内容。

② 规划（策划）。为实现环境方针而确定环境目标、指标、工作重点、资源、措施和时间表。包括依据组织的活动、产品和服务所表现的环境因素和环境影响；依据法律和其他要求以及持续发展的要求；依据组织的环境方针。

③ 实施与运行。执行环境规划，使环境管理体系正常动作。要求明确全体有关人员的任务、责任、权限，并文件化；对环境产生重要影响的工作人员进行培训，并建立程序；针对组织活动所发生的重大环境影响进行内、外交流；建立描述环境管理体系要素及其相互关系的文件；建立文件化控制程序，对文件实行有效控制；建立常规运行的控制程序，使之与方针、目标始终一致；建立针对事故和紧急情况做出反应的程序，阻止或缓和环境影响。

④ 检查和纠正措施。要求对可能造成重大影响的过程，建立监控测量程序，并进行追踪；建立反映环境管理体系运行状态的记录程序，对记录进行有效管理；建立对不符合事件进行调查的程序，以便采取措施，防止再发生；建立环境管理体系考核程序，考核其是否符合要求、是否有效。

⑤ 管理评审。依据对环境管理体系审核的结果以及承担的改变环境状况的任务书方针、目标、程序变动的要求，以求持续改进。

2) ISO 14001 认证的作用

① ISO 14001 是一个具有灵活性的环境管理体系标准。它除了要求企业在其环境方针中对遵守有关法律、法规和持续改进做出承诺外，并不规定环境绩效的绝对要求，因此两个从事类似活动但具有不同环境绩效的企业，可能都达到 ISO 14000 的要求。同时，ISO 14000 强调根据本国、本地区的环境状况，符合本国、本地区而非出口市场所在国的环保法律法规。这就体现了贸易的对等原则，有助于消除技术性贸易壁垒。

② 提高企业管理水平、增强企业竞争力。使企业增强环境管理意识，改善企业形象，减少了由于环境问题而产生的事故、摩擦或法律诉讼的风险等。使企业经营减少清洁工作的费用，提高技术水平，节能降耗，降低成本，减少废物处置成本。

ISO 14001 环境管理体系认证程序与 ISO 9000 质量体系认证程序基本相同。

思 考 题

1. 企业的管理有哪些基本原理?
2. 企业管理有哪些基本职能?
3. 企业的管理系统是有哪些基本要素，其核心要素是什么?
4. 建筑设备安装企业有哪些特点?
5. 建筑设备安装企业的组织机构有哪些要求?
6. 建筑设备安装企业经营管理的内容有哪些?
7. 建筑设备安装企业生产管理的内容有哪些?
8. 什么是安装企业国际认证，认证的内容有哪些?认证的目的是什么?

参考文献

[1] 保罗．萨缪尔森，威廉．诺德豪斯．经济学．萧琛主译．第17版．北京：人民邮电出版社，2008.

[2] 刘晓君．工程经济学．第2版．北京：中国建筑工业出版社，2008.

[3] 刘长滨等．建筑工程技术经济学．第2版．北京：中国建筑工业出版社，2007.

[4] 王智伟主编．建筑设备安装工程经济与管理．第2版．北京：中国建筑工业出版社，2011.

[5] 陈传明，周小虎．管理学原理．第2版．北京：机械工业出版社，2013.

[6] 丁云飞等．安装工程预算与工程量清单计价．第2版．北京：化学工业出版社，2012.

[7] 宋春岩，付庆向．建设工程招标投标与合同管理．北京：北京大学出版社，2008.

[8] 赵丕熙．建筑安装企业质量管理．北京：科学技术文献出版社，1988.

[9] 岳云明．全国统一安装工程预算定额．北京：中国计量出版社，2000.

[10] 中华人民共和国住房和城乡建设部．建设工程工程量清单计价规范 GB 50500—2013．北京：中国计划出版社，2013.

[11] 常振亮．建设工程质量、投资、进度控制．北京：化学工业出版社，2008.

[12] 丰艳萍等．安装工程计量与计价．北京：机械工业出版社，2014.